高等数学(一)
第 3 版

主　编　董银丽　李星军
副主编　任翠萍　徐　威　吴　睿
参　编　张新锋　马明远

北京理工大学出版社
BEIJING INSTITUTE OF TECHNOLOGY PRESS

内容提要

本书主要介绍了一元微积分的内容，包括极限、一元微分学、一元积分学、空间解析几何、Matlab 软件介绍. 内容设计时注重融入应用性案例，降低知识的抽象性，提升知识的应用性. 在文字表达及符号采用方面，力求做到用词规范，表达准确，符号表达科学合理. 内容选择时，注重结合其他学科所需的知识，为后续课程学习做好铺垫. 本书的内容广度和深度适用于应用型本科院校数学基础课程教学的基本需要，包含了 Matlab 软件求解本课程问题的介绍，并且课后练习题给出了参考答案.

本书可作为经济与数据分析类专业、计算机类专业、信息工程类专业、建筑工程类专业、工商管理类专业的本科生学习用书，也可作为工程技术与工程管理培训、继续教育人员的学习参考用书.

图书在版编目（CIP）数据

高等数学. 一 / 董银丽，李星军主编. —3 版. -- 北京 ：北京理工大学出版社，2022.6

ISBN 978-7-5763-1388-8

Ⅰ. ①高… Ⅱ. ①董… ②李… Ⅲ. ①高等数学-高等学校-教材 Ⅳ. ①O13

中国版本图书馆 CIP 数据核字（2022）第 099082 号

出版发行 / 北京理工大学出版社有限责任公司
社　　址 / 北京市海淀区中关村南大街 5 号
邮　　编 / 100081
电　　话 / (010) 68914775（总编室）
(010) 82562903（教材售后服务热线）
(010) 68944723（其他图书服务热线）
网　　址 / http：//www. bitpress. com. cn
经　　销 / 全国各地新华书店
印　　刷 / 唐山富达印务有限公司
开　　本 / 787 毫米×1092 毫米　1/16
印　　张 / 12.25
字　　数 / 296 千字
版　　次 / 2022 年 6 月第 3 版　2022 年 6 月第 1 次印刷
定　　价 / 72.00 元

责任编辑 / 孟祥雪
文案编辑 / 孟祥雪
责任校对 / 周瑞红
责任印制 / 李志强

前言

《高等数学》分为一、二两册. 本书为一册，包括一元函数微积分、空间解析几何和数学软件 MATLAB；二册包括多元函数微积分学、微分方程、级数. 各章配有习题，书末附有习题答案.

本书在编写中注重概念的表述形式，以使学生更好地理解微积分基本思想. 根据教学改革目标，本书在内容设计上注重数学的应用性介绍，让学生了解在专业知识领域中是如何运用数学这一工具解决问题的，有利于提升学生专业素质.

本书可作为高等学校本科"高等数学"课程的教材.

参加《高等数学》编写工作的有(按照编写章节次序介绍)：西安欧亚学院任翠萍、张新锋，负责编写第一章、第二章、第三章和第八章的内容；西安欧亚学院董银丽、徐威，负责编写第四章、第五章、第九章和第十章的内容；西安欧亚学院吴睿、马明远，负责编写第六章、第七章、第十一章和 MATLAB 的数学实验内容. 本书的编写得到了学院领导、部门领导和同事的支持与鼓励，在此表示感谢!

限于编者水平，书中存在的不足之处，希望广大读者批评指正.

与第 2 版相比较，第 3 版教材在内容和习题两方面做了较大的调整和修改，李星军老师参与了第 3 版教材的大量工作.

编　者

微积分简介

在微积分产生之前，数学发展仍处于初等数学时期. 人类只能研究常量，对于变量则束手无策. 在几何上只能讨论三角形和圆，对于一般曲线则无能为力. 到了 17 世纪中叶，由于科学技术发展的需要，人们开始关注变量与一般曲线的研究. 在力学上，人们关心如何根据路程函数去确定质点的瞬时速度，或者根据瞬时速度去求质点走过的路程. 在几何上，人们希望找到求一般曲线的切线的方法，并计算一般曲线所围图形的面积. 令人惊讶的是，不同领域的问题却归结为相同模式的数学问题：求因变量在某一时刻对自变量的变化率；求因变量在一定时间过程中所积累的变化. 前者引发了微分的概念；后者引发了积分的概念. 两者都包含了极限与无穷小的思想.

微积分学是微分学(Differential Calculus)和积分学(Integral Calculus)的统称，英文简称 Calculus，意为计算. 微积分的产生一般分为三个阶段：极限概念、求积的无限小方法、积分与微分的互逆关系. 最后一步是由牛顿、莱布尼茨完成的，而对于前两阶段的工作，欧洲大批数学家，一直追溯到古希腊的阿基米德都作出了各自的贡献. 关于这方面的工作，中国毫不逊色于西方，微积分思想在中国古代早有萌芽，是古希腊数学不能比拟的.

微积分主要有三大类分支：极限、微分学、积分学. 微积分中最重要的概念是"极限". 微商(即导数)是一种极限，定积分也是一种极限. 从牛顿开始实际使用它到最后制定出周密的定义，数学家们奋斗了 200 多年. 现在使用的定义是魏尔斯特拉斯于 19 世纪中叶给出的. 数列极限就是当一个有顺序的数列往前延伸时，如果存在一个有限数(非无限大的数)，使这个数列可以无限地接近这个数，则这个数就是这个数列的极限. 微分学包括求导数的运算，是一套关于变化率的理论. 它使得函数、速度、加速度和曲线的斜率等均可用一套通用的符号进行演绎. 积分学，包括求积分的运算，为定义和计算面积、体积等提供了一套通用的方法. 微积分学基本定理指出，微分和积分互为逆运算，这也是两种理论被统一成微积分学的原因.

微积分发展的历史轨迹是：积分学—微分学—微积分学—极限理论—实数理论. 但从数学分析课程来看，它的理论体系应该是：实数理论—极限理论—微分学—积分学—微积分学.

微分学中的符号"dx""dy"等，由莱布尼茨首先使用. 其中的 d 源自拉丁语中"差"(Differentia)的第一个字母. 积分符号"$\int$"亦由莱布尼茨所创，它是拉丁语"总和"(Summa)的第一个字母 s 的伸长(和 $\sum$ 有相同的意义). 莱布尼茨创造的微积分符号，正像印度-阿拉伯数码促进了算术与代数发展一样，促进了微积分学的发展. 莱布尼茨是数学史上最杰出的符号创造者之一. 牛顿当时采用的微分和积分符号现在不用了，而莱布尼茨所采用的符号现今仍在使用. 莱布尼茨比别人更早更明确地认识到，好的符号能大大节省思维劳动，运用符号的技巧是数学成功的关键之一.

目　录 CONTENTS

第一章 函数、极限与连续

17 世纪,数学在经历了两千多年的发展之后进入了一个被称为“高等数学时期”的新时代,微积分的创立更是这一时期最突出的成就之一. 微积分研究的基本对象是定义在实数集上的函数. 极限是研究函数的一种基本方法,而连续性则是函数的一种重要属性. 因此,本章内容是整个微积分的基础.

第一节 函数的概念与性态

【课前导读】

在中学数学学习过程中,我们学习了集合和函数的概念. 本节主要是复习、回顾高中所学函数的概念和简单性态、基本初等函数、复合函数与初等函数的深入认识以及几种常见的经济函数.

函数描述的是变量与变量之间的依赖关系,例如每天的气温随着时间的变化,圆的面积大小依赖于圆的半径,行驶的路程依赖于行驶的时间等.

定义 1 设数集 $D\subset\mathbf{R}$,对任意的 $x\in D$,按照某一对应法则 f,总有唯一确定的值 $y\in\mathbf{R}$ 与之对应,则称 $f:D\to\mathbf{R}$ 为定义在数集 D 上的函数,通常记为:$y=f(x)$,$x\in D$. 其中,x 称为自变量;y 称为因变量;D 称为定义域.

需要指出,$f(x)$表示函数 f 在 x 处的函数值,函数值 $f(x)$的全体所构成的集合称为函数 f 的值域,记作 R_f.

函数是从实数集到实数集的映射.

函数可以由公式、表格、图形、语言叙述来表示,例如散点图、心电图等.

函数的定义域应根据实际问题中问题的实际意义具体确定,对于无实际背景的函数,则往往取使函数的表达式有意义的一切实数所构成的集合为其定义域.

一、函数的简单性态

1. 函数的有界性

定义 2 函数 $y=f(x)$,$x\in D$,设区间 $I\subset D$,如果存在常数 $M>0$,使得对于区间 I 内任意的 x 有 $|f(x)|\leqslant M$,则称函数 $f(x)$在区间 I 上有界. 否则,称 $f(x)$在 I 上无界.

注: 有界函数的图形必位于两条直线 $y=M$ 与 $y=-M$ 之间.

例如,$y=\sin x$ 是有界函数,因为在它的定义域$(-\infty,+\infty)$内,恒有$|\sin x|\leqslant 1$. 函数 $y=\dfrac{1}{x}$在区间$(0,1)$内无界.

2. 函数的单调性

定义 3 函数 $y=f(x), x\in D$,设区间 $I\subset D$,若对区间 I 内任意的 x_1, x_2,当 $x_1<x_2$ 时,有

(1) $f(x_1)<f(x_2)$,则称函数 $y=f(x)$ 在区间 I 上单调增加;

(2) $f(x_1)>f(x_2)$,则称函数 $y=f(x)$ 在区间 I 上单调减少.

单调增加函数与单调减少函数统称为单调函数,单调增加区间与单调减少区间统称为单调区间.

3. 函数的奇偶性

定义 4 设函数 $y=f(x)$ 的定义域 D 关于原点 O 对称,任取 $x\in D$,如果

(1) $f(-x)=f(x)$,则函数 $y=f(x)$ 为偶函数;

(2) $f(-x)=-f(x)$,则函数 $y=f(x)$ 为奇函数.

奇函数的图像关于原点对称,偶函数的图像关于 y 轴对称.

例 1 判断函数 $f(x)=\frac{1}{2}(e^x-e^{-x})$ 的奇偶性.

解 函数的定义域为 $\mathbf{R}$,

$$f(-x)=\frac{1}{2}(e^{-x}-e^x)=-\frac{1}{2}(e^x-e^{-x})=-f(x),$$

故函数 $f(x)=\frac{1}{2}(e^x-e^{-x})$ 为奇函数.

奇偶函数的运算具有下列特点:

奇(偶)函数与奇(偶)函数的和仍为奇(偶)函数;奇(偶)函数与奇(偶)函数的乘积为偶函数;奇函数与偶函数的乘积为奇函数.

一个重要结论:设函数 $f(x)$ 的定义域为 $(-l,l)$,则 $g(x)=\frac{1}{2}[f(x)+f(-x)]$ 为偶函数,$h(x)=\frac{1}{2}[f(x)-f(-x)]$ 为奇函数,且 $f(x)=g(x)+h(x)$.

4. 函数的周期性

定义 5 设 $y=f(x)$ 是定义在 D 上的函数,如果存在 $T>0$,使得对于 D 上任意的 x 有 $x\pm T\in D$ 且 $f(x+T)=f(x)$,则称函数 $y=f(x)$ 为周期函数,T 称为 $f(x)$,通常周期函数的周期是指最小正周期的周期.

一般情况下,如果函数 $y=f(x)$ 的周期为 T,则函数 $y=f(ax+b)$ 的周期为 $\frac{T}{|a|}(a\neq 0)$.

二、基本初等函数

1. 常值函数 $y=c$(c 为常数)

其定义域为 $(-\infty,+\infty)$,函数的图形是一条水平的直线.

2. 幂函数 $y=x^{\mu}(\mu\in\mathbf{R})$

其定义域和值域依 μ 的取值不同而不同，但是无论 μ 取何值，幂函数在 $x\in(0,+\infty)$ 内总有定义，图像都过点 $(1,1)$.

3. 指数函数 $y=a^{x}(a>0,a\neq1)$

其定义域为 $\mathbf{R}$，值域为 $(0,+\infty)$，其图像都过点 $(0,1)$，位于 x 轴上方.

4. 对数函数 $y=\log_{a}x(a>0,a\neq1)$

其定义域为 $(0,+\infty)$，值域为 $(-\infty,+\infty)$. 对数函数 $y=\log_{a}x$ 是指数函数 $y=a^{x}$ 的反函数.

在工程中，常以无理数 $\mathrm{e}=2.718\,281\,828\cdots$ 作为指数函数和对数函数的底，并记 $\mathrm{e}^{x}=\exp x$，$\log_{\mathrm{e}}x=\ln x$.

5. 三角函数

(1)正弦函数 $y=\sin x, x\in\mathbf{R}, y\in[-1,1]$.

(2)余弦函数 $y=\cos x, x\in\mathbf{R}, y\in[-1,1]$.

(3)正切函数 $y=\tan x, \left\{x\mid x\neq k\pi+\dfrac{\pi}{2}(k\in\mathbf{Z})\right\}, y\in\mathbf{R}$.

(4)余切函数 $y=\cot x, \{x\mid x\neq k\pi(k\in\mathbf{Z})\}, y\in\mathbf{R}$.

(5)正割函数 $y=\sec x=\dfrac{1}{\cos x}, x\in\left\{x\mid x\neq k\pi+\dfrac{\pi}{2}(k\in\mathbf{Z})\right\}, y\in\{y\mid |y|\geqslant1\}$.

(6)余割函数 $y=\csc x=\dfrac{1}{\sin x}, x\in\{x\mid x\neq k\pi(k\in\mathbf{Z})\}, y\in\{y\mid |y|\geqslant1\}$.

6. 反三角函数

(1) 反正弦函数 $y=\arcsin x, x\in[-1,1], y\in\left[-\dfrac{\pi}{2},\dfrac{\pi}{2}\right]$.

(2) 反余弦函数 $y=\arccos x, x\in[-1,1], y\in[0,\pi]$.

(3) 反正切函数 $y=\arctan x, x\in\mathbf{R}, y\in\left(-\dfrac{\pi}{2},\dfrac{\pi}{2}\right)$.

(4) 反余切函数 $y=\operatorname{arccot} x, x\in\mathbf{R}, y\in(0,\pi)$.

下面给出工程和物理问题中常用到的几类函数：

(1) **双曲正弦** $\operatorname{sh} x=\dfrac{\mathrm{e}^{x}-\mathrm{e}^{-x}}{2}(-\infty<x<+\infty)$，它是奇函数，其图像通过原点 $(0,0)$ 且关于原点对称. 在 $\mathbf{R}$ 内单调增加(图 1-1-1).

(2) **双曲余弦** $\operatorname{ch} x=\dfrac{\mathrm{e}^{x}+\mathrm{e}^{-x}}{2}(-\infty<x<+\infty)$，它是偶函数，其图像通过点 $(0,1)$ 且关于 y 轴对称，在 $(-\infty,0)$ 内单调减少；在 $(0,+\infty)$ 内单调增加(图 1-1-1).

(3) **双曲正切** $\operatorname{th} x=\dfrac{\operatorname{sh} x}{\operatorname{ch} x}=\dfrac{\mathrm{e}^{x}-\mathrm{e}^{-x}}{\mathrm{e}^{x}+\mathrm{e}^{-x}}(-\infty<x<+\infty)$，它是奇函数，其图像通过原点 $(0,0)$ 且关于原点对称. 在 $\mathbf{R}$ 内单调增加(图 1-1-2).

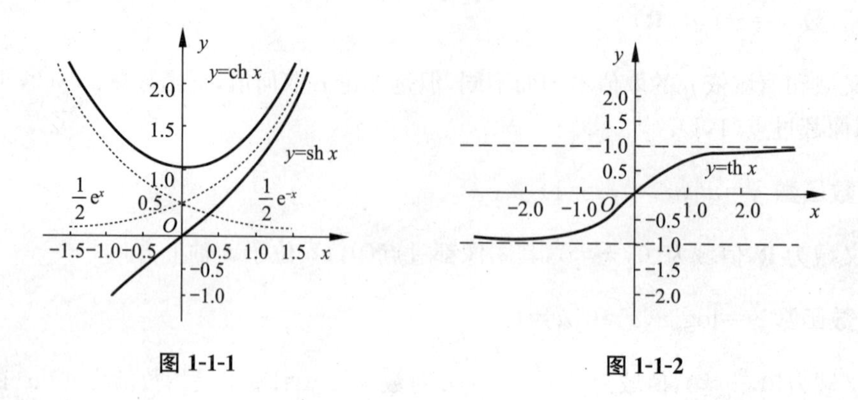

图 1-1-1　　图 1-1-2

三、反函数

设函数 $y=f(x)$的定义域为 D,值域为 W. 若对于任意的 $y\in W$,在 D 上有唯一确定的 x 与之对应,就可以得到一个新的函数:

$$x=f^{-1}(y)$$

称函数 $x=f^{-1}(y)$**为函数** $y=f(x)$**的反函数.**

习惯上,自变量用 x 表示,因变量用 y 表示,因此,可将 $x=f^{-1}(y)$ 写成 $y=f^{-1}(x)$. 相对于反函数 $y=f^{-1}(x)$来说,原来的函数 $y=f(x)$称为直接函数.

注:(1) 反函数的定义域和值域分别是直接函数的值域和定义域.

(2) $y=f(x)$与反函数 $y=f^{-1}(x)$的图形关于直线 $y=x$ 对称.

(3) 根据反函数的定义,并不是任何一个函数都有反函数的. 例如 $y=x^2$ 在定义域 $\mathbf{R}$ 上就没有反函数,在$[0,+\infty)$内有反函数 $x=\sqrt{y}$.

(4) 直接函数与反函数有相同的单调性.

例 2　求函数 $y=1+\sqrt{e^x-1}$的反函数.

解　$y=1+\sqrt{e^x-1}$的定义域为$\{x|x\geqslant 0\}$,值域为$\{y|y\geqslant 1\}$. 由 $y=1+\sqrt{e^x-1}$,得

$$x=\ln(y^2-2y+2),\quad y\geqslant 1,$$

将 x,y 互换,得反函数

$$y=\ln(x^2-2x+2),\quad x\geqslant 1.$$

四、复合函数

定义 6　设函数 $y=f(u)$的定义域为 D_f,而函数 $u=\varphi(x)$的值域为 R_φ,若 $D_f\cap R_\varphi\neq\varnothing$,则称函数 $y=f[\varphi(x)]$为 x 的复合函数. x 称为自变量,u 称为中间变量,y 称为因变量. 这里 $\varphi(x)$称为内函数,$f(u)$称为外函数.

例 3　将下列复合函数分解为基本初等函数:

(1) $y=(\arctan\sqrt{x})^3$;　(2) $y=\sqrt{\lg\left(1+\frac{1}{x}\right)}$;

(3) $y=\sin^2 x$;　(4) $y=\sin x^2$.

解　(1) $y=u^3, u=\arctan v, v=\sqrt{x}$;

(2) $y=\sqrt{u}$, $u=\lg v$, $v=1+\dfrac{1}{x}$;

(3) $y=u^2$, $u=\sin x$;

(4) $y=\sin u$, $u=x^2$.

五、初等函数

通常把由基本初等函数经过有限次的四则运算和有限次的复合步骤所构成的,并且可以用一个解析式表达的函数称为**初等函数**. 例如,$y=\sin\dfrac{1}{x}$, $y=\sqrt{x^2-1}$ 都是初等函数,而 $y=\begin{cases}2x, x\geqslant 0,\\ e^x, x<0\end{cases}$ 则是非初等函数.

六、几种常见的经济函数

1. 单利与复利

1) 单利计算公式

设初始本金为 p 元,银行年利率为 r. 则第 n 年年末的本利和为 $s_n=p(1+nr)$.

2) 复利计算公式

设初始本金为 p 元,银行年利率为 r. 则第 n 年年末的本利和为 $s_n=p(1+r)^n$.

例 4 现有初始本金 100 元,若银行年储蓄利率为 7%,问:

(1) 按单利计算,3 年末的本利和为多少?

(2) 按复利计算,3 年末的本利和为多少?

(3) 按复利计算,需多少年能使本利和超过初始本金的一倍?

解 (1) 已知 $p=100$, $r=0.07$,由单利计算公式得

$$s_3=p(1+3r)=100\times(1+3\times 0.07)=121(\text{元}).$$

即 3 年末的本利和为 121 元.

(2) 由复利计算公式得

$$s_3=p(1+r)^3=100\times(1+0.07)^3\approx 122.5(\text{元}).$$

即 3 年末的本利和为 122.5 元.

(3) 若 n 年后的本利和超过初始本金的一倍,即要 $s_n=p(1+r)^n>2p$.

解得

$$n>\ln 2/\ln 1.07\approx 10.2.$$

即需 11 年本利和可超过初始本金一倍.

2. 复利付息

因每次支付的利息都计入本金,故年末的本利和与支付利息的次数是有关系的. 设初始本金为 p 元,年利率为 r,若一年分 m 次付息,则一年末的本利和为

$$s=p\left(1+\frac{r}{m}\right)^m.$$

第 n 年年末的本利和为

$$s_n = p\left(1+\frac{r}{m}\right)^{mn}.$$

3. 需求函数、供给函数与市场均衡

需求函数是指在某一特定时期内,市场上某种商品的各种可能的购买量和决定这些购买量的诸因素之间的数量关系.

假定其他因素(如消费者的货币收入、偏好和相关商品的价格等)不变,则决定某种商品需求量的因素就是这种商品的价格.此时,需求函数表示的就是商品需求量和价格这两个经济量之间的数量关系:

$$q = f(p).$$

其中,q 表示需求量;p 表示价格.需求函数的反函数 $p=f^{-1}(q)$ 称为**价格函数**,习惯上将价格函数也统称为需求函数.

例如,$q_{\mathrm{d}}=ap+b(a<0,b>0)$ 称为线性需求函数(图 1-1-3).

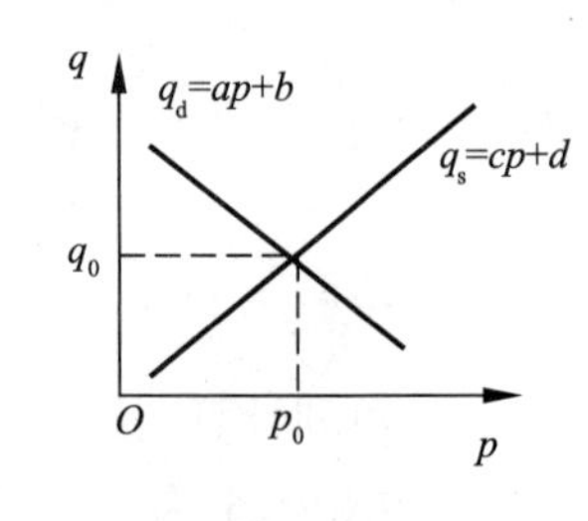

图 1-1-3

供给函数是指在某一特定时期内,市场上某种商品的各种可能的供给量和决定这些供给量的诸因素之间的数量关系.

假定生产技术水平、生产成本等其他因素不变,则决定某种商品供给量的因素就是这种商品的价格.此时,供给函数表示的就是商品供给量和价格这两个经济量之间的数量关系:

$$s = f(p).$$

其中,s 表示供给量;p 表示价格.

例如,$q_{\mathrm{s}}=cp+d(c>0)$ 称为线性供给函数(图 1-1-3).

对一种商品而言,如果需求量等于供给量,则这种商品就达到了**市场均衡**.以线性需求函数和线性供给函数为例,令

$$q_{\mathrm{d}} = q_{\mathrm{s}},$$

即

$$ap + b = cp + d,$$

故

$$p = \frac{d-b}{a-c} \equiv p_0,$$

$$q_0 = ap_0 + b = cp_0 + d.$$

这个价格 p_0 称为该商品的**市场均衡价格**;q_0 称为**市场均衡数量**.

根据市场的不同情况,需求函数与供给函数还有二次函数、多项式函数与指数函数等.但其基本规律是相同的,都可找到相应的**市场均衡点**(p_0,q_0).

4. 成本函数

成本函数表示费用总额与产量(或销售量)之间的依赖关系,产品成本可分为**固定成本**和**变动成本**两部分.所谓固定成本,是指在一定时期内不随产量变化的那部分成本;所谓变动成本,是指随产量变化而变化的那部分成本.一般情况,以货币计值的(总)成本 C 是产量 x 的函数,即

$$C = C(x), \quad x \geqslant 0.$$

称其为**成本函数**. 当产量 $x=0$ 时,对应的成本函数值 $C(0)$ 就是产品的固定成本值. 其图像称为**成本曲线**.

设 $C(x)$ 为成本函数,称 $\overline{C}=\dfrac{C(x)}{x}(x>0)$ 为**单位成本函数**或**平均成本函数**.

例 5 某服装有限公司每年的固定成本为 10 000 元. 要生产某个式样的服装 x 件,除固定成本外,每套(件)服装要花费 40 元,即生产 x 套这种服装的变动成本为 $40x$ 元.

(1) 求一年生产 x 套服装的总成本函数;

(2) 生产 100 套服装的总成本是多少? 400 套呢? 并计算生产 400 套服装比生产 100 套服装多支出多少成本.

解 (1) 因 $C(x)=C_{变}+C_{固}$,所以总成本为

$$C(x)=40x+10\,000,\quad x\in[0,+\infty).$$

(2) 生产 100 套服装的总成本是 $C(100)=40\times100+10\,000=14\,000$(元).

生产 400 套服装的总成本是 $C(400)=40\times400+10\,000=26\,000$(元).

生产 400 套服装比生产 100 套服装多支出成本是

$$C(400)-C(100)=26\,000-14\,000=12\,000(\text{元}).$$

5. 收入函数与利润函数

销售某种产品的收入 R 等于产品的单位价格 P 乘以销售量 x,即 $R=P\cdot x$,称为**收入函数**. 而销售利润 L 等于收入 R 减去成本 C,即 $L=R-C$,称为**利润函数**.

当 $L=R-C>0$ 时,生产者盈利;

当 $L=R-C<0$ 时,生产者亏损;

当 $L=R-C=0$ 时,生产者盈亏平衡,使 $L(x)=0$ 的点 x_0 称为**盈亏平衡点**(又称为**保本点**).

例 6 参看例 5,该有限公司销售 x 套服装所获得的总收入按每套 100 元计算,即收入函数 $R(x)=100x$.

(1) 在同一坐标系中画出 $R(x)$、$C(x)$和利润函数 $L(x)$的图形;

(2) 求盈亏平衡点.

解 (1) $R(x)=100x$ 和 $C(x)=40x+10\,000$ 的图形如图 1-1-4 所示.

当 $R(x)$在 $C(x)$下方时,将出现亏损;当$R(x)$在 $C(x)$上方时,将有收益.

利润函数

$$\begin{aligned}L(x)&=R(x)-C(x)\\&=100x-(40x+10\,000)\\&=60x-10\,000.\end{aligned}$$

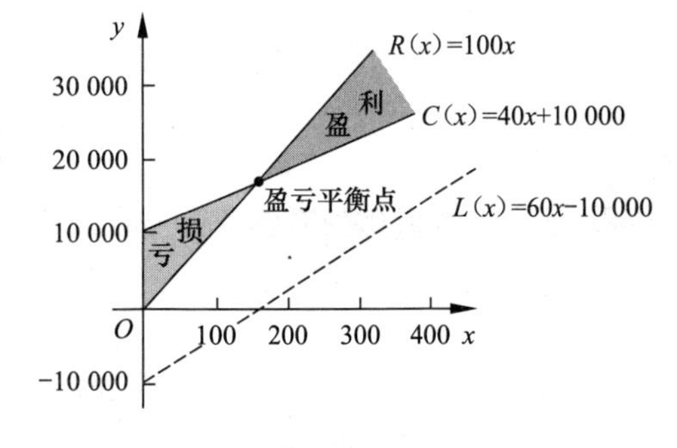

图 1-1-4

$L(x)$的图形用虚线表示. x 轴下方的虚线表示亏损,x 轴上方的虚线表示盈利.

(2) 为求盈亏平衡点,需解方程

$$R(x)=C(x),$$

即 $$100x = 40x + 10\,000,$$

解之得 $x=166\dfrac{2}{3}$.

所以盈亏平衡点约为167. 预测盈亏平衡点通常要进行充分考虑,因为公司为了获利最大,必须有效经营.

例7 某电器厂生产一种新产品,在定价时不单根据生产成本而定,还要依据各销售单位的出价,即他们愿意购买的价格而定. 根据调查得出需求函数为 $x=-900P+45\,000$. 该厂生产该产品的固定成本是270 000元,而单位产品的变动成本为10元. 为获得最大利润,出厂价格应为多少?

解 收入函数为 $R(P)=P\cdot(-900P+45\,000)=-900P^2+45\,000P$.

利润函数为

$$L(P)=R(P)-C(P)=-900(P^2-60P+800)=-900(P-30)^2+90\,000.$$

由于利润是一个二次函数,容易求得,价格 $P=30$ 元时,利润 $L=90\,000$ 元为最大利润.

在此价格下,销售量为 $x=-900\times30+45\,000=18\,000$(单位).

习题 1-1

1. 求下列函数的定义域:

(1) $f(x)=\sqrt{2x-1}$; (2) $f(x)=\ln(x+2)$; (3) $f(x)=\dfrac{\ln(x+1)}{x}$;

(4) $f(x)=\dfrac{x+3}{\sqrt{x^2-5x+6}}$; (5) $f(x)=\sqrt{x}+\sqrt[3]{\dfrac{1}{x-1}}$; (6) $f(x)=\sqrt{x}\arccos x$;

(7) $f(x)=\arcsin 2x$; (8) $y=\dfrac{\arctan x}{\sqrt{x-1}}$; (9) $f(x)=\mathrm{e}^{\frac{1}{x}}$.

2. 求下列函数的反函数:

(1) $y=\dfrac{1-x}{1+x}$; (2) $y=\mathrm{e}^{2x}$; (3) $y=1+\ln(x-1)$;

(4) $y=\tan\dfrac{x}{2}\left(-\dfrac{\pi}{2}\leqslant x\leqslant\dfrac{\pi}{2}\right)$.

3. 设函数 $f(x)$ 的定义域为 $D=[0,2]$,求下列函数的定义域:

(1) $f(x-3)$; (2) $f(x^2)$.

4. 设 $f(x)=\begin{cases}x+1, x<1,\\ 2x-1, 1\leqslant x\leqslant 4,\end{cases}$ 求(1) $f(2)$;(2) $f(x+1)$.

5. 下列函数由哪些简单函数复合而成?

(1) $y=(2x+5)^3$; (2) $y=\dfrac{1}{3x+2}$; (3) $y=\mathrm{e}^{3x+1}$; (4) $y=\ln\arctan x^2$;

(5) $y=\cos^3(1-2x)$; (6) $y=\sqrt{\tan x^3}$; (7) $y=\arctan\sqrt{5x}$.

6. 画出下列函数的图像:

(1) $f(x)=|\sin x|\ (-\pi\leqslant x\leqslant\pi)$; (2) $f(x)=\max(x+2,x^2)$;

(3) 符号函数 $f(x)=\operatorname{sgn}(x)=\begin{cases}-1, x<0,\\ 0, x=0,\\ 1, x>0;\end{cases}$

(4) 取整函数 $f(x)=[x]$,其中$[x]$表示不超过 x 的最大值;

(5) $f(x)=\begin{cases}2\sqrt{x},0\leqslant x<1,\\1+x^2,1\leqslant x\leqslant 2.\end{cases}$

7. 已知 $f(x)=\begin{cases}2e^{-2x},x>0,\\0,x\leqslant 0,\end{cases}$ 求下列函数表达式:

(1) $g(x)=[f(x)]^3$; (2) $h(x)=xf(x)$.

8. 若甲乙两艘轮船都要在某个泊位停靠 6 h,假设两艘轮船在一昼夜的时间段中随机到达,x,y 分别表示甲轮船和乙轮船到达的时间,运用函数关系表示两船相遇这一现象并画图表示.

9. 收音机每台售价为 90 元,成本为 60 元. 厂方为鼓励销售商大量采购,决定凡是订购量超过 100 台的,每多订 1 台,售价就降低 1 元,但最低价为每台 75 元.

(1) 将每台的实际售价 P 表示为订购量 x 的函数;

(2) 将厂房所获的利润 L 表示为订购量 x 的函数;

(3) 某一商行订购了 1 000 台,厂方可获利多少?

第二节 数列的极限

【课前导读】

极限理论是微积分理论创建的基础,例如连续函数、导数、定积分,级数的敛散性的定义都必须借助于极限理论. 极限思想东西方自古有之,在春秋战国时期(公元前 770—前 221),道家的庄子在《庄子》"天下篇"中记载:"一尺之棰,日取其半,万世不竭". 意思是说,把一尺长的木棒,每天取前一天所剩的一半,如此下去,永远也取不完. 即剩余部分会逐渐趋于零,但是永远不会是零. 公元 3 世纪,魏晋时期的数学家刘徽在注释《九章算术》时创立了有名的"割圆术",内接正多边形的边数越多,内接多边形的面积就与圆面积越接近,运用极限论的思想来解决求圆周率的实际问题.

一、数列的定义

按照一定规律排列的无穷多个数 $a_1,a_2,\cdots,a_n,\cdots$ 称为数列,记作$\{a_n\}$,其中每个数称为数列的项,a_n 称为通项或者一般项.

例 1 (1) $\left\{\frac{1}{n}\right\}:1,\frac{1}{2},\frac{1}{3},\cdots,\frac{1}{n},\cdots$;

(2) $\{2^n\}:2,4,8,\cdots,2^n,\cdots$;

(3) $\left\{\frac{1}{2^n}\right\}:\frac{1}{2},\frac{1}{4},\frac{1}{8},\cdots,\frac{1}{2^n},\cdots$;

(4) $\{(-1)^n\}:-1,1,-1,1,\cdots,(-1)^n,\cdots$;

(5) $\left\{1+(-1)^{n-1}\frac{1}{n}\right\}:2,\frac{1}{2},\frac{4}{3},\cdots,1+(-1)^{n-1}\frac{1}{n},\cdots$;

(6) $\left\{\frac{n}{n+1}\right\}:\frac{1}{2},\frac{2}{3},\frac{3}{4},\cdots,\frac{n}{n+1},\cdots$.

观察当项数 n 无限增大时,通项 a_n 的变化趋势.

解 对于数列$\left\{\frac{1}{n}\right\}$,当项数 n 无限增大时,通项 $a_n=\frac{1}{n}$的变化如下:

n	1	100	1 000	10 000	…
$\frac{1}{n}$	1	0.01	0.000 1	0.000 01	…

观察表中数据变化趋势，当项数 n 无限增大时，通项 $a_n=\frac{1}{n}$ 无限接近于常数 0.

其他数列依照同样的方法，当项数 n 无限增大时，观察其通项 a_n 的变化趋势.

结论：上面的例题中，当项数 n 无限增大时，通项 a_n 有两种变化趋势：

当 n 无限增大时，a_n 无限接近于某一确定的常数，例如(1)，(3)，(5)，(6)；

当 n 无限增大时，a_n 不趋于任何常数，例如(2)，(4).

二、数列的极限及有界性

定义 1 设有数列$\{x_n\}$和常数 a，如果当 n 无限增大时，x_n 无限接近常数 a，则称**常数 a 是数列$\{x_n\}$的极限**，或称**数列$\{x_n\}$收敛于 a**，记作

$$\lim_{n\to\infty} x_n = a,\quad 或\ x_n\to a(n\to\infty).$$

如果一个数列没有极限，就称该数列是**发散的**.

例 1 中(1)，(3)，(5)，(6)为收敛数列；(2)，(4)为发散数列.

定义 2 设有数列$\{x_n\}$，若存在正数 M，使对一切 $n=1,2,\cdots$，有 $|x_n|\leqslant M$，则称**数列$\{x_n\}$是有界的**，否则称它是**无界的**.

对于数列$\{x_n\}$，若存在常数 M，对 $n=1,2,\cdots$，有 $x_n\leqslant M$，则称**数列$\{x_n\}$有上界**；若存在常数 M，对一切 $n=1,2,\cdots$，有 $x_n\geqslant M$，则称**数列$\{x_n\}$有下界**.

显然，**数列$\{x_n\}$有界的充要条件是数列$\{x_n\}$既有上界又有下界**.

例如，数列$\left\{\frac{1}{n^2+1}\right\}$有界；数列$\{n^2\}$有下界而无上界；数列$\{-n^2\}$有上界而无下界；数列$\{(-1)^n n-1\}$既无上界又无下界.

定义 3 数列$\{x_n\}$的项若满足 $x_1\leqslant x_2\leqslant\cdots\leqslant x_n\leqslant x_{n+1}\leqslant\cdots$，则称数列$\{x_n\}$为**单调增加数列**；若满足 $x_1\geqslant x_2\geqslant\cdots\geqslant x_n\geqslant x_{n+1}\geqslant\cdots$，则称数列$\{x_n\}$为**单调减少数列**.

定理 1 收敛的数列必有界.

推论 1 无界的数列必发散.

推论 2 单调有界数列必收敛.

三、数列极限的计算

根据数列极限的定义，下面我们给出数列极限的运算法则.

定理 2(数列极限的运算法则) 数列$\{x_n\}$，$\{y_n\}$，若$\lim\limits_{n\to\infty}x_n=a$，$\lim\limits_{n\to\infty}y_n=b$，则

(1) $\lim\limits_{n\to\infty}(x_n\pm y_n)=\lim\limits_{n\to\infty}x_n\pm\lim\limits_{n\to\infty}y_n=a\pm b$；

(2) $\lim\limits_{n\to\infty}(x_n\cdot y_n)=\lim\limits_{n\to\infty}x_n\cdot\lim\limits_{n\to\infty}y_n=a\cdot b$；

(3) $\lim\limits_{n\to\infty}\sqrt{x_n}=\sqrt{\lim\limits_{n\to\infty}x_n}=\sqrt{a}\,(x_n\geqslant 0,a\geqslant 0)$；

(4) $\lim\limits_{n\to\infty}\frac{x_n}{y_n}=\frac{\lim\limits_{n\to\infty}x_n}{\lim\limits_{n\to\infty}y_n}=\frac{a}{b}\,(b\neq 0)$.

例 2 求下列数列的极限：

(1) $\lim\limits_{n\to\infty}\dfrac{n+1}{n}$； (2) $\lim\limits_{n\to\infty}\sqrt{\dfrac{n+1}{n}}$；

(3) $\lim\limits_{n\to\infty}(\sqrt{n}-\sqrt{n-1})$； (4) $\lim\limits_{n\to\infty}\dfrac{4-7n^2}{n^2+3}$；

(5) $\lim\limits_{n\to\infty}\dfrac{1+2+\cdots+n}{n^2}$； (6) $\lim\limits_{n\to\infty}\left(1+\dfrac{1}{3}+\dfrac{1}{3^2}+\cdots+\dfrac{1}{3^{n-1}}\right)$.

解 (1) $\lim\limits_{n\to\infty}\dfrac{n+1}{n}=\lim\limits_{n\to\infty}\left(1+\dfrac{1}{n}\right)$，由于$\lim\limits_{n\to\infty}\dfrac{1}{n}=0$，因此$\lim\limits_{n\to\infty}\dfrac{n+1}{n}=1$.

(2) 根据定理 2 中的运算法则(3)，可得

$$\lim_{n\to\infty}\sqrt{\frac{n+1}{n}}=\sqrt{\lim_{n\to\infty}\frac{n+1}{n}}=\sqrt{1+0}=1.$$

(3) 先将分子有理化，再利用运算法则，可得

$$\lim_{n\to\infty}(\sqrt{n}-\sqrt{n-1})=\lim_{n\to\infty}\frac{(\sqrt{n+1}-\sqrt{n})(\sqrt{n+1}+\sqrt{n})}{\sqrt{n+1}+\sqrt{n}}$$

$$=\lim_{n\to\infty}\frac{1}{\sqrt{n+1}+\sqrt{n}}=0.$$

(4) 将分子、分母同时除以 n^2，则有

$$\lim_{n\to\infty}\frac{4-7n^2}{n^2+3}=\lim_{n\to\infty}\frac{\frac{4}{n^2}-7}{1+\frac{3}{n^2}}=\frac{0-7}{1+0}=-7.$$

(5) 利用等差数列求和公式，可得

$$\lim_{n\to\infty}\frac{1+2+\cdots+n}{n^2}=\lim_{n\to\infty}\frac{\frac{n(n+1)}{2}}{n^2}=\lim_{n\to\infty}\frac{n(n+1)}{2n^2}=\frac{1}{2}.$$

(6) 利用等比数列求和公式，可得

$$\lim_{n\to\infty}\left(1+\frac{1}{3}+\frac{1}{3^2}+\cdots+\frac{1}{3^{n-1}}\right)=\lim_{n\to\infty}\frac{1\cdot\left[1-\left(\frac{1}{3}\right)^n\right]}{1-\frac{1}{3}}=\frac{3}{2}\lim_{n\to\infty}\left[1-\left(\frac{1}{3}\right)^n\right]=\frac{3}{2}.$$

习题 1-2

1. 数列$\{x_n\}$的一般项x_n如下，观察当 $n\to\infty$时一般项x_n的变化趋势，给出数列的极限：

(1) $x_n=\dfrac{1}{2^n}$； (2) $x_n=(-1)^n\dfrac{1}{n}$； (3) $x_n=2+\dfrac{1}{2^n}$；

(4) $x_n=\dfrac{n-1}{n+1}$； (5) $x_n=(-1)^n n$.

2. 求下列数列的极限：

(1) $\lim\limits_{n\to\infty}\dfrac{1+(-1)^n}{n}$； (2) $\lim\limits_{n\to\infty}\dfrac{n^2+1}{2n^2+5}$； (3) $\lim\limits_{n\to\infty}(\sqrt{n+5}-\sqrt{n})$；

(4) $\lim\limits_{n\to\infty}\frac{2^n}{3^n}$；　(5) $\lim\limits_{n\to\infty}\frac{\sqrt{n^2+a}}{n}$；　(6) $\lim\limits_{n\to\infty}\sqrt{n+1}(\sqrt{n+1}-\sqrt{n})$；

(7) $\lim\limits_{n\to\infty}\left(\frac{1}{1\times2}+\frac{1}{2\times3}+\cdots+\frac{1}{(n-1)\times n}\right)$；　(8) $\lim\limits_{n\to\infty}\frac{n^2-1}{3n^2+2}$；

(9) $\lim\limits_{n\to\infty}\frac{n^2-1}{2n^3-1}$；　(10) $\lim\limits_{n\to\infty}\left(\frac{1+2+\cdots+n}{n^2}-\frac{2}{n}\right)$.

第三节　函数的极限

【课前导读】

数列可看作自变量为自然数的函数，我们现在把数列的定义域扩充到$\mathbf{R}$，那么就变成了函数的极限. 本节将介绍自变量趋于无穷大($x\to\infty$)和自变量趋于固定值($x\to x_0$)，两种形式下的函数极限.

设$x_0\in\mathbf{R}$，$\delta>0$，开区间$(x_0-\delta,x_0+\delta)$称为点x_0的δ邻域，记作$U(x_0,\delta)$. 点x_0的去心邻域$\mathring{U}(x_0,\delta)=(x_0-\delta,x_0)\cup(x_0,x_0+\delta)$，开区间$(x_0-\delta,x_0)$称为点$x_0$的左邻域，开区间$(x_0,x_0+\delta)$称为点$x_0$的右邻域.

一、自变量趋于无穷大时函数的极限

引例　连续复利问题.

现有一笔贷款A_0(称本金)，以年利率r贷出，若以一年为1期计算利息，1年末的本利和为$A_1=A_0(1+r)$，2年末的本利和为$A_2=A_1(1+r)=A_0(1+r)^2$，…，t年末的本利和为$A_t=A_0(1+r)^t$. 若年利率为r，1年计息n期，则每期的利率为$\frac{r}{n}$，t年末的本利和为$A_t=A_0\left(1+\frac{r}{n}\right)^{nt}$.

上述计息期次数是有限的，若计息期的时间间隔无限缩短，则计息次数$n\to\infty$，t年末的本利和为$A_t=A_0\lim\limits_{n\to\infty}\left(1+\frac{r}{n}\right)^{nt}$，称为连续复利.

定义1　设函数$f(x)$在区间$(-\infty,-a)\cup(a,+\infty)$ $(a>0)$内有定义，如果当$|x|$无限增大时，函数$f(x)$无限趋近于一个确定常数A(即$|f(x)-A|\to0$)，则称常数A为函数$f(x)$当$x\to\infty$时的极限. 记为

$$\lim_{x\to\infty}f(x)=A\quad\text{或}\quad f(x)\to A(x\to\infty).$$

可以类似定义以下两个极限：

$$\lim_{x\to-\infty}f(x)=A\quad\text{和}\quad\lim_{x\to+\infty}f(x)=A.$$

例1　求$\lim\limits_{x\to\infty}\left(1+\frac{1}{x^2}\right)$.

解　函数图像如图1-3-1所示，当$x\to+\infty$时，相应的函数值趋于1；当$x\to-\infty$时，相应的函数值同样趋于1，所以

$$\lim_{x\to\infty}\left(1+\frac{1}{x^2}\right)=1.$$

$\lim\limits_{x\to\infty}f(x)=A$ 的几何意义如图 1-3-2 所示. 直线 $y=A$ 是函数 $y=f(x)$的水平渐近线.

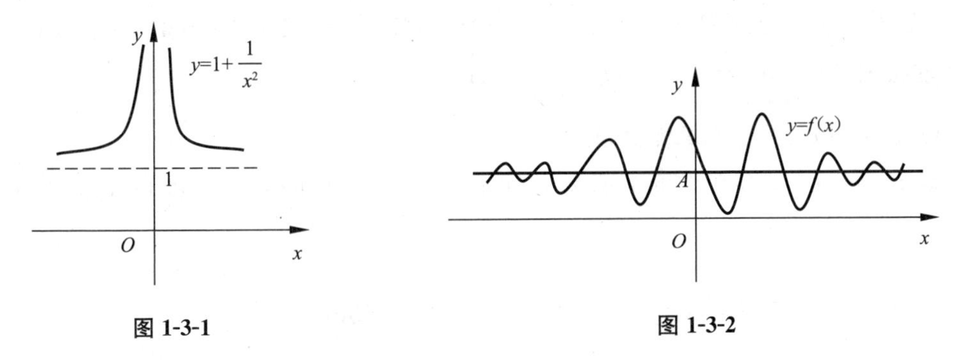

图 1-3-1　　　　图 1-3-2

定理 1　设函数 $f(x)$当$|x|>M$　(M 为某一正数)时有定义,则

$$\lim_{x\to\infty}f(x)=A \text{ 的充分必要条件是 } \lim_{x\to-\infty}f(x)=\lim_{x\to+\infty}f(x)=A.$$

例 2　求$\lim\limits_{x\to\infty}\arctan x$.

解　因为 $\lim\limits_{x\to-\infty}\arctan x=-\frac{\pi}{2}$, $\lim\limits_{x\to+\infty}\arctan x=\frac{\pi}{2}$,所以$\lim\limits_{x\to\infty}\arctan x$ 的极限不存在.

二、自变量趋于有限值时函数的极限

当 x 趋于 2 时,考查函数 $f(x)=\frac{x^2-4}{3(x-2)}$的变化趋势.

从图 1-3-3 中不难看出,虽然 $f(x)$在 $x=2$ 处无定义,但当 $x\neq2$ 而趋于 2 时,对应的函数值$f(x)=\frac{1}{3}(x+2)$能无限地趋于常数$\frac{4}{3}$.

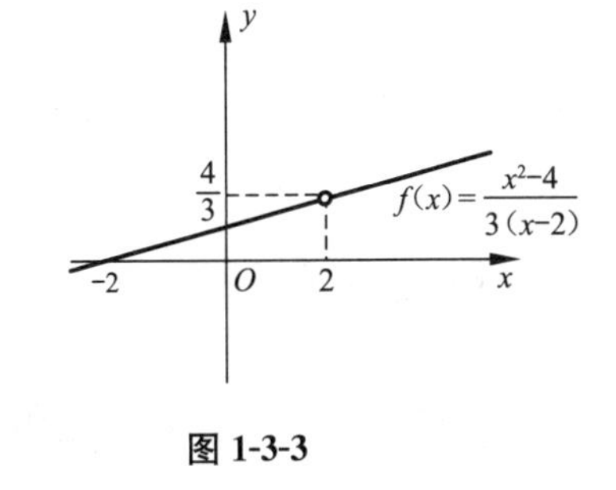

图 1-3-3

我们在研究当 x 趋近于 2 时函数 $y=\frac{x^2-4}{3(x-2)}$的变化趋势时,并不关注函数在 $x=2$ 处是否有定义,而仅关心函数在 $x=2$ 的去心邻域($\mathring{U}(2,\delta)$)里的函数值的变化趋势,即我们认为当 $x\to2$ 时隐含一个条件:$x\neq2$. 因此,当 $x\to2$ 时,$y=\frac{x^2-4}{3(x-2)}\to\frac{4}{3}$.

自变量 x 趋于一点 x_0 有以下三种情形:x 从 x_0 的右侧趋于 x_0,记为 $x\to x_0^+$;x 从 x_0 的左侧趋于 x_0,记为 $x\to x_0^-$;x 从 x_0 的两侧同时趋于 x_0,记为 $x\to x_0$.

定义 2　设函数 $f(x)$在点 x_0 的某邻域内(点 x_0 可以除外)有定义,如果当自变量 x 无限趋近于 x_0 时,函数 $f(x)$无限趋近于一个常数 A(即$|f(x)-A|\to0$),则称**常数 A 为函数 $f(x)$ 当 $x\to x_0$ 时的极限**,记为

$$\lim_{x\to x_0}f(x)=A \quad \text{或} \quad f(x)\to A(x\to x_0).$$

思考:根据定义,考查极限$\lim\limits_{x\to0}\frac{1}{x}$, $\lim\limits_{x\to1}\frac{x^2-1}{x-1}$, $\lim\limits_{x\to0}\sin\frac{1}{x}$是否存在.

定义 3　设函数 $f(x)$在点 x_0 的某邻域内(点 x_0 可以除外)有定义.

(1) 如果 x 从 x_0 的左侧趋近于 x_0 时,$f(x)$以常数 A 为极限,则称**常数 A 为 $f(x)$ 当**

$x \to x_0$ **时的左极限**,记为 $\lim\limits_{x \to x_0^-} f(x)=A$ 或 $f(x_0^-)=A$;

(2) 如果 x 从 x_0 的右侧趋近于 x_0 时,$f(x)$ 以常数 A 为极限,则称**常数 A 为 $f(x)$ 当 $x \to x_0$ 时的右极限**,记为 $\lim\limits_{x \to x_0^+} f(x)=A$ 或 $f(x_0^+)=A$.

左极限和右极限统称为**单侧极限**.

定理 2 $\lim\limits_{x \to x_0} f(x)$ 存在的充分必要条件是 $f(x)$ 的左极限和右极限存在并且相等,即 $f(x_0^-)=f(x_0^+)$.

例 3 如图 1-3-4 所示,设 $f(x)=\begin{cases} x, & x \geqslant 0, \\ x+1, & x<0, \end{cases}$ 求 $\lim\limits_{x \to 0} f(x)$.

解 因为 $\lim\limits_{x \to 0^-} f(x)=\lim\limits_{x \to 0^-}(x+1)=1$,$\lim\limits_{x \to 0^+} f(x)=\lim\limits_{x \to 0^+} x=0$.
即 $\lim\limits_{x \to 0^-} f(x) \neq \lim\limits_{x \to 0^+} f(x)$,所以 $\lim\limits_{x \to 0} f(x)$ 不存在.

例 4 验证 $\lim\limits_{x \to 0} \dfrac{|x|}{x}$ 不存在.

证明 因为 $\lim\limits_{x \to 0^-} \dfrac{|x|}{x}=\lim\limits_{x \to 0^-} \dfrac{-x}{x}=\lim\limits_{x \to 0^-}(-1)=-1$;$\lim\limits_{x \to 0^+} \dfrac{|x|}{x}=\lim\limits_{x \to 0^+} \dfrac{x}{x}=\lim\limits_{x \to 0^+} 1=1$.
左右极限存在但不相等(图 1-3-5),所以 $\lim\limits_{x \to 0} f(x)$ 不存在.

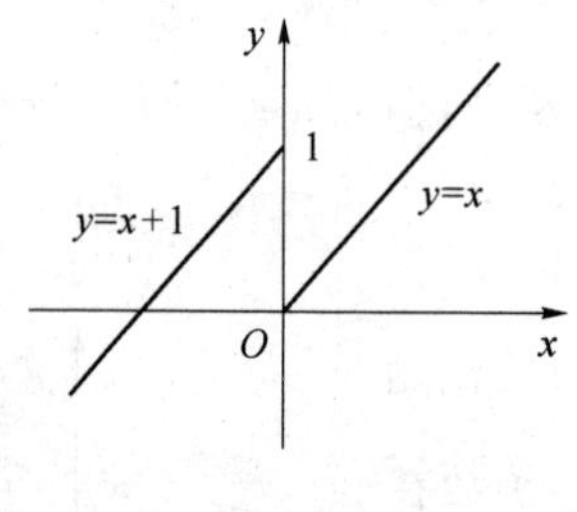

图 1-3-4

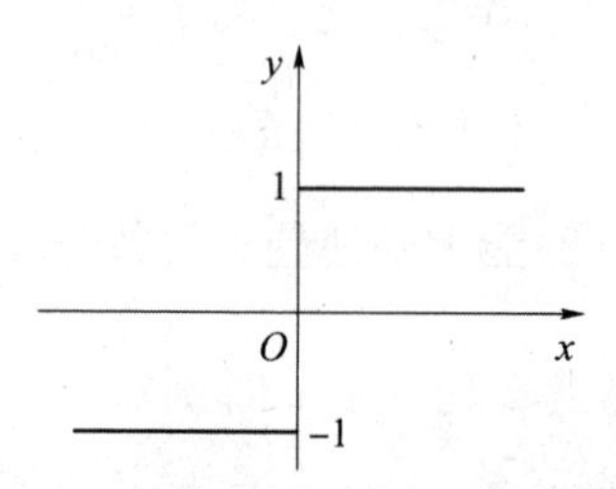

图 1-3-5

例 5 验证函数

$$f(x)=\begin{cases} x-1, & x<0, \\ 0, & x=0, \\ x+1, & x>0 \end{cases}$$

当 $x \to 0$ 时的极限不存在.

证明 当 $x \to 0$ 时 $f(x)$ 的左极限

$$\lim_{x \to 0^-} f(x)=\lim_{x \to 0^-}(x-1)=-1;$$

而右极限

$$\lim_{x \to 0^+} f(x)=\lim_{x \to 0^+}(x+1)=1.$$

因为左极限和右极限存在但不相等,所以 $\lim\limits_{x \to 0} f(x)$ 不存在(图 1-3-6).

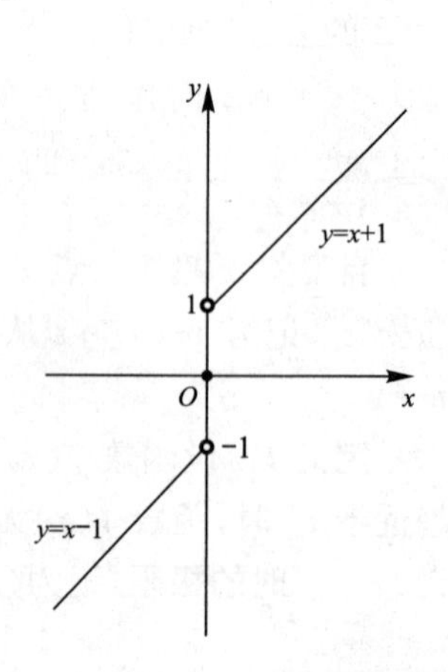

图 1-3-6

三、函数极限的性质

我们已经定义了六种类型的函数极限：$\lim\limits_{x\to+\infty} f(x)$，$\lim\limits_{x\to-\infty} f(x)$，$\lim\limits_{x\to\infty} f(x)$，$\lim\limits_{x\to x_0^+} f(x)$，$\lim\limits_{x\to x_0^-} f(x)$，$\lim\limits_{x\to x_0} f(x)$. 这些极限都具有与数列极限相类似的一些结论.

定理 3（唯一性） 若$\lim\limits_{x\to x_0} f(x)$存在，则其极限是唯一的.

定理 4（局部有界性） 若$\lim\limits_{x\to x_0} f(x)=A$，则存在常数$M>0$和$\delta>0$，使得当$0<|x-x_0|<\delta$时，有$|f(x)|\leqslant M$.

定理 5（局部保号性） 如果$\lim\limits_{x\to x_0} f(x)=A$，而且$A>0$（或$A<0$），则存在常数$\delta>0$，使得当$0<|x-x_0|<\delta$时，有$f(x)>0$（或$f(x)<0$）.

推论 1 如果在x_0的某一去心邻域内$f(x)\geqslant 0$（或$f(x)\leqslant 0$），而且$\lim\limits_{x\to x_0} f(x)=A$，那么$A\geqslant 0$（或$A\leqslant 0$）.

习题 1-3

1. 对图 1-3-7 所示的函数$f(x)$，求解下列问题.

(1) $\lim\limits_{x\to-2} f(x)$； (2) $\lim\limits_{x\to-1} f(x)$； (3) $\lim\limits_{x\to 0} f(x)$； (4) $f(-2)$；

(5) $f(-1)$； (6) $f(0)$.

2. 对图 1-3-8 所示的函数$f(x)$，求下列极限，如果极限不存在，说明理由.

(1) $\lim\limits_{x\to-1} f(x)$； (2) $\lim\limits_{x\to 0} f(x)$； (3) $\lim\limits_{x\to 1} f(x)$； (4) $f(-1)$；

(5) $f(0)$； (6) $f(1)$.

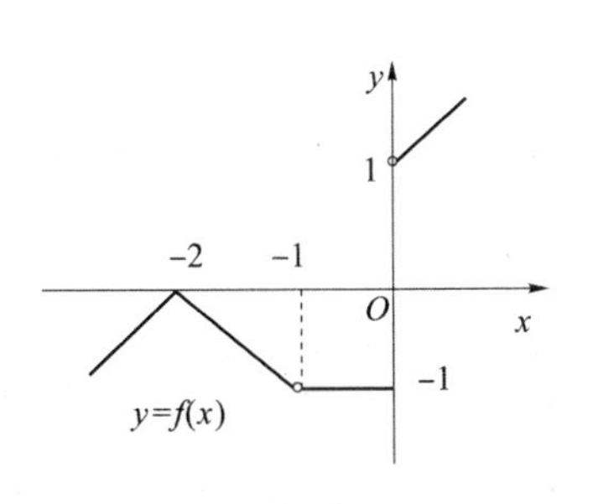

图 1-3-7

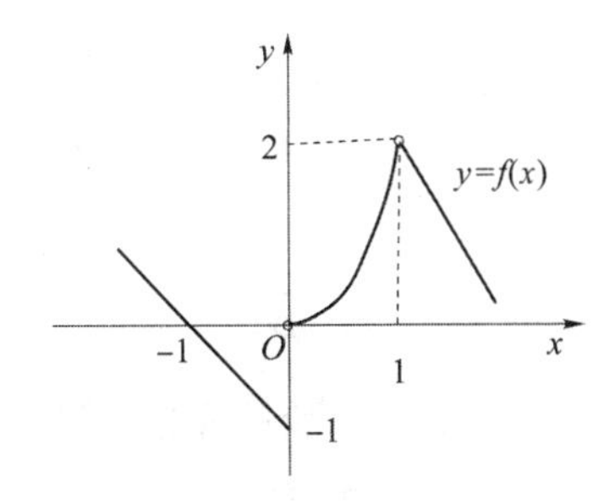

图 1-3-8

3. 判断$f(x)=\mathrm{e}^{\frac{1}{x}}$在下列两种情形下的极限是否存在，(1)$x\to\infty$；(2)$x\to 0$.

4. 设$f(x)=\begin{cases} x^2+1, & x>0, \\ 0, & x=0, \\ x-2, & x<0, \end{cases}$求$\lim\limits_{x\to 0^-} f(x)$、$\lim\limits_{x\to 0^+} f(x)$和$\lim\limits_{x\to 0} f(x)$.

5. 设$f(x)=\begin{cases} x^3, 0\leqslant x\leqslant 1, \\ 1, 1<x<2, \end{cases}$讨论$\lim\limits_{x\to 1} f(x)$是否存在.

第四节 无穷大量与无穷小量

【课前导读】

如果 $\lim f(x)=A$，那么 $\lim[f(x)-A]=0$，即任何一个极限存在的函数都可以转化为极限为零的函数. 这一类极限为零的函数具有非常重要的性质，所以，我们需要把它们单独拿出来进行讨论.

一、无穷小量

在讨论数列和函数的极限时，经常遇到以零为极限的变量，例如变量 $\frac{1}{n}$，当 $n\to\infty$ 时，其极限为0；函数 $\frac{1}{x^2}$，当 $x\to\infty$ 时，其极限为0；函数 $x-2$，当 $x\to2$ 时，其极限为0. 这些在自变量某一变化过程中，以零为极限的变量统称为无穷小量.

定义1 在某一变化过程中，函数 $f(x)$ 以零为极限，则称函数 $f(x)$ 在这一变化过程中为**无穷小量**，简称**无穷小**.

例如，$\lim\limits_{x\to\infty}\frac{1}{x}=0$，即当 $x\to\infty$ 时，$\frac{1}{x}$ 为无穷小量.

$\lim\limits_{x\to0}x=0$，即当 $x\to0$ 时，x 是无穷小量.

注：(1) 无穷小量与一个很小的确定的常数不能混为一谈.

(2) 讨论无穷小的时候，要注意自变量的变化过程. 例如 $f(x)=\frac{1}{x}$，当 $x\to\infty$ 时是无穷小量，而当 $x\to1$ 时是一个常数.

(3) 零是无穷小中唯一的常数.

下面的定理说明了无穷小量和函数极限的关系.

定理1 在自变量的某一变化过程中，函数 $f(x)$ 的极限为常数 A 的充分必要条件是 $f(x)=A+\alpha$(或 $f(x)-A=\alpha$)，其中 α 是无穷小量.

二、无穷小的运算性质

定理2 有限个无穷小的代数和仍然是无穷小.

定理3 有界函数与无穷小的乘积仍然是无穷小.

推论1 常数与无穷小的乘积仍然是无穷小.

推论2 有限个无穷小的乘积仍然是无穷小.

例1 求 $\lim\limits_{x\to\infty}\frac{\sin x}{x}$.

解 因为 $\lim\limits_{x\to\infty}\frac{\sin x}{x}=\lim\limits_{x\to\infty}\frac{1}{x}\cdot\sin x$，而当 $x\to\infty$ 时，$\frac{1}{x}$ 是无穷小量，$\sin x$ 是有界量($|\sin x|\leqslant1$)，所以 $\lim\limits_{x\to\infty}\frac{\sin x}{x}=0$.

思考：求 $\lim\limits_{x\to0}x\sin\frac{1}{x}$.

三、无穷小量的比较

由无穷小的运算可知，两个无穷小的和、差是无穷小，两个无穷小的乘积是无穷小. 那么两个无穷小的商又会出现什么情形呢?

定义 2 设 $\alpha=\alpha(x)$ 和 $\beta=\beta(x)$ 是在同一变化过程中的两个无穷小量，

(1) 若 $\lim \dfrac{\beta}{\alpha}=0$，就说 β 是比 α 高阶的无穷小，记为 $\beta=o(\alpha)$；

(2) 若 $\lim \dfrac{\beta}{\alpha}=\infty$，就说 β 是比 α 低阶的无穷小；

(3) 若 $\lim \dfrac{\beta}{\alpha}=C\neq 0$，就说 β 是与 α 同阶的无穷小；

(4) 若 $\lim \dfrac{\beta}{\alpha}=1$，就说 β 与 α 是等价无穷小，记为 $\alpha\sim\beta$.

例如，当 $x\to 0$ 时，x^2 是 x 的高阶无穷小，即 $x^2=o(x)$；反之，x 是 x^2 的低阶无穷小.

例 2 当 $x\to 0$ 时，比较无穷小量 $\sqrt{1+x^2}-1$ 与 x^2.

解 $\lim\limits_{x\to 0}\dfrac{\sqrt{1+x^2}-1}{x^2}=\lim\limits_{x\to 0}\dfrac{x^2}{x^2(\sqrt{1+x^2}+1)}=\lim\limits_{x\to 0}\dfrac{1}{\sqrt{1+x^2}+1}=\dfrac{1}{2}$，

则当 $x\to 0$ 时，$\sqrt{1+x^2}-1$ 与 x^2 是同阶无穷小.

当 $x\to 0$ 时，有下列常用的等价无穷小关系：

(1) $\sin x\sim x$； (2) $\tan x\sim x$； (3) $\arcsin x\sim x$； (4) $\arctan x\sim x$；

(5) $1-\cos x\sim \dfrac{1}{2}x^2$； (6) $\sqrt[n]{1+x}-1\sim \dfrac{1}{n}x$； (7) $e^x-1\sim x$； (8) $\ln(1+x)\sim x$.

常用等价无穷小的证明会在后面章节给出.

定理 4 设 $\alpha,\beta,\alpha',\beta'$ 都是同一变化过程中的无穷小量，且 $\alpha\sim\alpha'$，$\beta\sim\beta'$，若 $\lim \dfrac{\beta'}{\alpha'}$ 存在，则 $\lim \dfrac{\beta}{\alpha}=\lim \dfrac{\beta'}{\alpha'}$.

证明 $\lim \dfrac{\beta}{\alpha}=\lim \dfrac{\beta}{\beta'}\cdot\dfrac{\beta'}{\alpha'}\cdot\dfrac{\alpha'}{\alpha}=\lim \dfrac{\beta}{\beta'}\cdot\lim \dfrac{\beta'}{\alpha'}\cdot\lim \dfrac{\alpha'}{\alpha}=\lim \dfrac{\beta'}{\alpha'}$.

定理 4 表明，求两个无穷小之比的极限时，分子及分母都可用等价无穷小来代替. 因此，如果无穷小的代替选取适当，则可简化极限的计算.

例 3 求 $\lim\limits_{x\to 0}\dfrac{\tan 2x}{\sin 5x}$.

解 当 $x\to 0$ 时，$\tan 2x\sim 2x$，$\sin 5x\sim 5x$. 故

$$\lim_{x\to 0}\frac{\tan 2x}{\sin 5x}=\lim_{x\to 0}\frac{2x}{5x}=\frac{2}{5}.$$

例 4 求 $\lim\limits_{x\to 0}\dfrac{\tan x-\sin x}{\sin^3 2x}$.

错解 当 $x\to 0$ 时，$\tan x\sim x$，$\sin x\sim x$，故原式 $=\lim\limits_{x\to 0}\dfrac{x-x}{(2x)^3}=0$.

正解 当$x\to0$时,$\sin 2x\sim2x$,$\tan x-\sin x=\tan x(1-\cos x)\sim\frac{1}{2}x^3$,故

$$\lim_{x\to0}\frac{\tan x-\sin x}{\sin^3 2x}=\lim_{x\to0}\frac{\frac{1}{2}x^3}{(2x)^3}=\frac{1}{16}.$$

注:无穷小作为分子、分母或分子、分母中的因式时,才可用等价无穷小来代替它.

例5 求$\lim\limits_{x\to0}\frac{\ln(1+2x)}{\arcsin 3x}$.

解 当$x\to0$时,$\ln(1+2x)\sim2x$,$\arcsin 3x\sim3x$,故

$$\lim_{x\to0}\frac{\ln(1+2x)}{\arcsin 3x}=\lim_{x\to0}\frac{2x}{3x}=\frac{2}{3}.$$

四、无穷大量

定义3 如果函数$f(x)$在某一变化过程中,其绝对值$|f(x)|$无限增大,则称函数$f(x)$在这一变化过程中为无穷大量,简称无穷大,记作

$$\lim_{x\to x_0}f(x)=\infty\quad(\lim_{x\to\infty}f(x)=\infty).$$

例如,由于$\lim\limits_{x\to0}\frac{1}{x}=\infty$,因此当$x\to0$时,$\frac{1}{x}$是无穷大量;由于$\lim\limits_{x\to+\infty}2^x=\infty$,因此当$x\to+\infty$时,$2^x$为无穷大量.

定理5 在自变量的同一变化过程中,如果$f(x)$为无穷小量,且$f(x)\neq0$,则$\frac{1}{f(x)}$为无穷大量;反之,如果$f(x)$为无穷大量,则$\frac{1}{f(x)}$为无穷小量.

例6 求$\lim\limits_{x\to1}\frac{1}{1-x}$.

解 由于$\lim\limits_{x\to1}(1-x)=0$,即当$x\to1$时,$1-x$为无穷小量,因此$\lim\limits_{x\to1}\frac{1}{1-x}=\infty$.

习题1-4

1. 下列变量中哪些是无穷小量?哪些是无穷大量?

(1) $100x^2(x\to0)$; (2) $\frac{2}{x}(x\to0)$; (3) $\sqrt{x}(x\to0^+)$;

(4) $\frac{200}{\sqrt{x}}(x\to0^+)$; (5) $e^{\frac{1}{x}}-1(x\to\infty)$; (6) $e^x-1(x\to\infty)$;

(7) $\sin x(x\to\infty)$; (8) $\ln x-1(x\to e)$; (9) $\ln\left(1+\frac{1}{x}\right)(x\to\infty)$;

(10) $\cos\frac{1}{x}(x\to\infty)$; (11) $\arctan\frac{1}{x}(x\to\infty)$; (12) $\operatorname{arccot} x(x\to+\infty)$.

2. 当$x\to0$时,比较下列两个无穷小的关系:

(1) x^2-x^3和$2x-x^2$; (2)$1-\cos x$和$\sin x^2$;

(3) $e^{2x}-1$和$\arcsin 3x$; (4) $\ln(1+x^2)$和$x\tan x$.

3. 利用等价无穷小的代换求下列极限：

(1) $\lim\limits_{x\to 0}\dfrac{\arctan 3x}{5x}$； (2) $\lim\limits_{x\to 0}\dfrac{\sin x^3\tan x}{1-\cos x^2}$； (3) $\lim\limits_{x\to 0}\dfrac{\sin 3x\ln(2x+1)}{\tan x^2}$；

(4) $\lim\limits_{x\to 0}\dfrac{e^{-x}-1}{x}$； (5) $\lim\limits_{x\to 0}\dfrac{\tan x-\sin x}{\arcsin^3 2x}$； (6) $\lim\limits_{x\to 0}\dfrac{\sec^2 2x-1}{e^{x^2}-1}$.

第五节 极限的运算法则

【课前导读】

本节介绍函数极限的运算法则，通过本节学习，可以求解更加复杂的极限计算问题. 本节建立的极限四则运算法则，记号“lim”下面没有表明自变量的变化过程的，是指对 $x\to x_0$ 和 $x\to\infty$ 以及单侧极限均成立.

定理 1 在自变量的同一变化过程中，如果 $\lim f(x)=A$ 且 $\lim g(x)=B$，则

(1) $\lim[f(x)\pm g(x)]=\lim f(x)\pm\lim g(x)=A\pm B$；

(2) $\lim[Cf(x)]=C\lim f(x)=CA$ （C 为常数）；

(3) $\lim[f(x)g(x)]=\lim f(x)\cdot\lim g(x)=AB$；

(4) $\lim\dfrac{f(x)}{g(x)}=\dfrac{\lim f(x)}{\lim g(x)}=\dfrac{A}{B}(B\neq 0)$.

注：(1)、(3)均可推广到有限个函数的情形中.

推论 1 在自变量的同一变化过程中，如果 $\lim f(x)=A$，n 为正整数，则

$$\lim[f(x)]^n=[\lim f(x)]^n=A^n.$$

注：(1) 关于数列，也有类似定理 1 和推论 1 中的极限运算法则；(2) 使用极限运算法则可以简化极限运算，但要注意极限运算法则使用的条件.

例 1 求 $\lim\limits_{x\to 2}(x^2-3x+5)$.

解
$$\begin{aligned}\lim_{x\to 2}(x^2-3x+5)&=\lim_{x\to 2}x^2-\lim_{x\to 2}3x+\lim_{x\to 2}5\\&=(\lim_{x\to 2}x)^2-3\lim_{x\to 2}x+\lim_{x\to 2}5=2^2-3\times 2+5=3.\end{aligned}$$

一般情况，函数 $f(x)=a_0x^n+a_1x^{n-1}+\cdots+a_n$ 称为多项式函数，常记作 $P_n(x)$，多项式函数在点 x_0 处的极限为

$$\lim_{x\to x_0}f(x)=a_0(\lim_{x\to x_0}x)^n+a_1(\lim_{x\to x_0}x)^{n-1}+\cdots+a_n=a_0x_0^n+a_1x_0^{n-1}+\cdots+a_n=f(x_0).$$

例 2 求 $\lim\limits_{x\to 3}\dfrac{2x^2-9}{5x^2-7x-2}$.

解 $\lim\limits_{x\to 3}\dfrac{2x^2-9}{5x^2-7x-2}=\dfrac{\lim\limits_{x\to 3}(2x^2-9)}{\lim\limits_{x\to 3}(5x^2-7x-2)}=\dfrac{2\times 3^2-9}{5\times 3^2-7\times 3-2}=\dfrac{9}{22}$.

设有理分式 $F(x)=\dfrac{P(x)}{Q(x)}$，其中 $P(x)$，$Q(x)$ 都是多项式，于是 $\lim\limits_{x\to x_0}P(x)=P(x_0)$，$\lim\limits_{x\to x_0}Q(x)=Q(x_0)$，如果 $Q(x_0)\neq 0$，那么

$$\lim_{x\to x_0}F(x)=\lim_{x\to x_0}\frac{P(x)}{Q(x)}=\frac{\lim\limits_{x\to x_0}P(x)}{\lim\limits_{x\to x_0}Q(x)}=\frac{P(x_0)}{Q(x_0)}=F(x_0).$$

但如果 $Q(x_0)=0$,则关于商的极限的运算法则不能应用,需要特别考虑,下面举两个属于这种情形的例题.

例3 求$\lim\limits_{x\to 1}\dfrac{4x-1}{x^2+2x-3}$.

解 $\lim\limits_{x\to 1}(x^2+2x-3)=0$,$\lim\limits_{x\to 1}(4x-1)=3\neq 0$,故$\lim\limits_{x\to 1}\dfrac{x^2+2x-3}{4x-1}=0$,由无穷大与无穷小的关系得$\lim\limits_{x\to 1}\dfrac{4x-1}{x^2+2x-3}=\infty$.

例4 求$\lim\limits_{x\to 2}\dfrac{x-2}{x^2+x-6}$.

解 当 $x\to 2$ 时,分子、分母的极限都是零($\dfrac{0}{0}$型),即分子及分母都含有无穷小量 $x-2$,可先约去无穷小量 $x-2$ 再求极限.

$$\lim_{x\to 2}\frac{x-2}{x^2+x-6}=\lim_{x\to 2}\frac{1}{x+3}=\frac{1}{5}.$$

例5 求$\lim\limits_{x\to\infty}\dfrac{2x^3+3x^2+5}{7x^3+4x-1}$.

分析 因为$\lim\limits_{x\to\infty}\dfrac{a}{x^n}=a\lim\limits_{x\to\infty}\dfrac{1}{x^n}=a\left(\lim\limits_{x\to\infty}\dfrac{1}{x}\right)^n=0$,其中 a 为常数,n 为正整数.

解 当 $x\to\infty$时,分子、分母的极限都是∞($\dfrac{\infty}{\infty}$型),先用 x^3 去除分子及分母,然后取极限.

$$\lim_{x\to\infty}\frac{2x^3+3x^2+5}{7x^3+4x-1}=\lim_{x\to\infty}\frac{2+\dfrac{3}{x}+\dfrac{5}{x^3}}{7+\dfrac{4}{x^2}-\dfrac{1}{x^3}}=\frac{2}{7}.$$

例6 求$\lim\limits_{x\to\infty}\dfrac{2x^3+3x^2+5}{7x^5+4x-1}$.

解 当 $x\to\infty$时,分子、分母的极限都是∞($\dfrac{\infty}{\infty}$型),先用 x^5 去除分子及分母,然后取极限.

$$\lim_{x\to\infty}\frac{2x^3+3x^2+5}{7x^5+4x-1}=\lim_{x\to\infty}\frac{\dfrac{2}{x^2}+\dfrac{3}{x^3}+\dfrac{5}{x^5}}{7+\dfrac{4}{x^4}-\dfrac{1}{x^5}}=\frac{0}{7}=0.$$

例7 求$\lim\limits_{x\to\infty}\dfrac{7x^5+4x-1}{2x^3+3x^2+5}$.

解 应用例6的结果,并利用无穷大与无穷小的关系,可得

$$\lim_{x\to\infty}\frac{7x^5+4x-1}{2x^3+3x^2+5}=\infty.$$

例5、例6、例7是下列一般情形的特例,即当 $a_0\neq 0$,$b_0\neq 0$,m 和 n 为非负整数时,有

$$\lim_{x\to\infty}\frac{a_0x^m+a_1x^{m-1}+\cdots+a_m}{b_0x^n+b_1x^{n-1}+\cdots+b_n}=\begin{cases}0, & 当\ n>m,\\ \dfrac{a_0}{b_0}, & 当\ n=m,\\ \infty, & 当\ n<m.\end{cases}$$

例 8 求$\lim\limits_{x\to\infty}\dfrac{\sqrt[3]{2x^3+3x^2+1}}{5x-3}$.

解 当$x\to\infty$时,分子、分母的极限都是∞($\dfrac{\infty}{\infty}$型),先用x去除分子及分母,然后取极限.

$$\lim_{x\to\infty}\frac{\sqrt[3]{2x^3+3x^2+1}}{5x-3}=\lim_{x\to\infty}\frac{\sqrt[3]{2+3\dfrac{1}{x}+\dfrac{1}{x^3}}}{5-\dfrac{3}{x}}=\frac{\sqrt[3]{2}}{5}.$$

例 9 求$\lim\limits_{x\to 0}\dfrac{\sqrt{1+x}-1}{x}$.

解 当$x\to 0$时,分子、分母的极限都是零($\dfrac{0}{0}$型),给分子有理化,约去为零因子再求极限.

$$\lim_{x\to 0}\frac{\sqrt{1+x}-1}{x}=\lim_{x\to 0}\frac{x}{x(\sqrt{1+x}+1)}=\lim_{x\to 0}\frac{1}{\sqrt{1+x}+1}=\frac{1}{2}.$$

例 10 求$\lim\limits_{x\to 1}\left(\dfrac{1}{1-x}-\dfrac{3}{1-x^3}\right)$.

解 当$x\to 1$时,两个函数的极限均为∞($\infty-\infty$型),可以先通分,再求解.

$$\begin{aligned}\lim_{x\to 1}\left(\frac{1}{1-x}-\frac{3}{1-x^3}\right)&=\lim_{x\to 1}\frac{1+x+x^2-3}{(1-x)(1+x+x^2)}\\&=\lim_{x\to 1}\frac{(x-1)(x+2)}{(1-x)(1+x+x^2)}\\&=\lim_{x\to 1}\frac{-(x+2)}{1+x+x^2}=-1.\end{aligned}$$

例 11 求$\lim\limits_{x\to+\infty}(\sqrt{x+1}-\sqrt{x})$.

解 当$x\to+\infty$时,$\sqrt{x+1}$与$\sqrt{x}$的极限均不存在,但不能认为它们差的极限不存在.事实上,经有理化变形后,可得

$$\lim_{x\to+\infty}(\sqrt{x+1}-\sqrt{x})=\lim_{x\to+\infty}\frac{1}{\sqrt{x+1}+\sqrt{x}}=0.$$

例 12 求$\lim\limits_{n\to\infty}\left(\dfrac{1}{n^2}+\dfrac{2}{n^2}+\cdots+\dfrac{n}{n^2}\right)$.

解 本题是求无穷多个无穷小之和.先变形再求极限.

$$\lim_{n\to\infty}\left(\frac{1}{n^2}+\frac{2}{n^2}+\cdots+\frac{n}{n^2}\right)=\lim_{n\to\infty}\frac{1+2+\cdots+n}{n^2}=\lim_{n\to\infty}\frac{\dfrac{1}{2}n(n+1)}{n^2}=\lim_{n\to\infty}\frac{1}{2}\left(1+\frac{1}{n}\right)=\frac{1}{2}.$$

例 13 已知$f(x)=\begin{cases}x-1, & x<0,\\ \dfrac{x^2+3x-1}{x^3+1}, & x\geqslant 0,\end{cases}$求$\lim\limits_{x\to 0}f(x)$,$\lim\limits_{x\to+\infty}f(x)$,$\lim\limits_{x\to-\infty}f(x)$.

解 先求$\lim\limits_{x\to 0}f(x)$.因为

$$\lim_{x\to 0^-}f(x)=\lim_{x\to 0^-}(x-1)=-1,\quad \lim_{x\to 0^+}f(x)=\lim_{x\to 0^+}\frac{x^2+3x-1}{x^3+1}=-1,$$

所以$\lim\limits_{x\to 0}f(x)=-1$.此外,易求得

$$\lim_{x\to+\infty}f(x)=\lim_{x\to+\infty}\frac{x^2+3x-1}{x^3+1}=\lim_{x\to+\infty}\frac{\frac{1}{x}+\frac{3}{x^2}-\frac{1}{x^3}}{1+\frac{1}{x^3}}=0,$$

$$\lim_{x\to-\infty}f(x)=\lim_{x\to-\infty}(x-1)=-\infty.$$

习题 1-5

1. 求下列函数极限:

(1) $\lim\limits_{x\to\sqrt{3}}\frac{x^2-1}{x^2+1}$; (2) $\lim\limits_{x\to 2}\frac{x^2+5}{x^2-3}$; (3) $\lim\limits_{x\to 5}\frac{x+5}{x-5}$;

(4) $\lim\limits_{x\to 1}\frac{x^2+4x-5}{x^2-1}$; (5) $\lim\limits_{x\to 3}\frac{x^2-3x}{x^2-5x+6}$; (6) $\lim\limits_{x\to\infty}\frac{x^2+x}{x^4-3x^2+1}$;

(7) $\lim\limits_{h\to 0}\frac{(x+h)^2-x^2}{h}$; (8) $\lim\limits_{x\to\infty}\frac{x^2+4x+5}{3x^2+1}$; (9) $\lim\limits_{x\to+\infty}\frac{1}{x}\sqrt{5x^2+1}$;

(10) $\lim\limits_{x\to+\infty}\frac{\sqrt{2x^2+1}}{x+1}$; (11) $\lim\limits_{x\to+\infty}\left(2-\frac{1}{x}+\frac{1}{x^2}\right)$; (12) $\lim\limits_{x\to+\infty}\left(1+\frac{1}{x}\right)\left(3-\frac{100}{x^2}\right)$;

(13) $\lim\limits_{x\to 0}\frac{2x}{\sqrt{1-x}-1}$; (14) $\lim\limits_{n\to\infty}\left(\frac{1}{n^3}+\frac{2}{n^3}+\cdots+\frac{n}{n^3}\right)$;

(15) $\lim\limits_{n\to\infty}\left[\frac{1}{2}+\left(\frac{1}{2}\right)^2+\left(\frac{1}{2}\right)^3+\cdots+\left(\frac{1}{2}\right)^n\right]$;

(16) $\lim\limits_{n\to\infty}\frac{(n+1)(n+2)(n+3)}{4n^3}$.

2. 设 $f(x)=\begin{cases}3x+2, x\leqslant 0,\\ x^2+1, 0<x\leqslant 1,\\ \frac{2}{x}, x>1.\end{cases}$ 分别讨论 $x\to 0$ 及 $x\to 1$ 时 $f(x)$ 的极限是否存在.

3. 若$\lim\limits_{x\to 3}\frac{x^2-2x+k}{x-3}=4$,求 k 的值.

4. 若$\lim\limits_{x\to\infty}\left(\frac{x^2+1}{x-1}-ax-b\right)=0$,求 a,b 的值.

第六节 两个重要极限

一、极限存在准则

准则 1 (函数极限的夹逼准则)

设在同一变化过程中的三个函数 $f(x)$,$g(x)$,$h(x)$,满足不等式 $g(x)\leqslant f(x)\leqslant h(x)$,且 $\lim g(x)=\lim h(x)=A$,则函数 $f(x)$ 的极限存在,且 $\lim f(x)=A$.

例 1 求$\lim\limits_{x\to 0}x\sin\frac{1}{x}$.

解 注意到$-|x|\leqslant\left|x\sin\frac{1}{x}\right|\leqslant|x|$.

由于$\lim\limits_{x\to 0}|x|=0$,因此根据函数极限的夹逼准则,得$\lim\limits_{x\to 0}x\sin\frac{1}{x}=0$.

准则 2 (单调有界准则)

若函数 $f(x)$在 x 的某一变化过程中始终保持单调有界,则在这个过程中函数 $f(x)$的极限存在.

例如,当 $x\to+\infty$时,函数 $\arctan x$ 单调增加且有界,则 $\lim\limits_{x\to+\infty}\arctan x=\frac{\pi}{2}$.

二、两个重要极限

1. $\lim\limits_{x\to 0}\frac{\sin x}{x}=1$

证明 由于$\frac{\sin x}{x}$是偶函数,故只需讨论 $x\to 0^+$ 的情况.

作单位圆,设 x 为圆心角$\angle AOB$,并设 $0<x<\frac{\pi}{2}$(图 1-6-1),作 BC 垂直于OA,AD 为圆在点A 处的切线,交 OB 延长线于D,易见

$$S_{\triangle AOB}<S_{扇形AOB}<S_{\triangle AOD},$$

可得

$$\frac{1}{2}\sin x<\frac{1}{2}x<\frac{1}{2}\tan x,$$

即 $\sin x<x<\tan x$,整理得 $\cos x<\frac{\sin x}{x}<1$,

由 $\lim\limits_{x\to 0^+}\cos x=1$ 且 $\lim\limits_{x\to 0^+}1=1$,得

$$\lim_{x\to 0}\frac{\sin x}{x}=1.$$

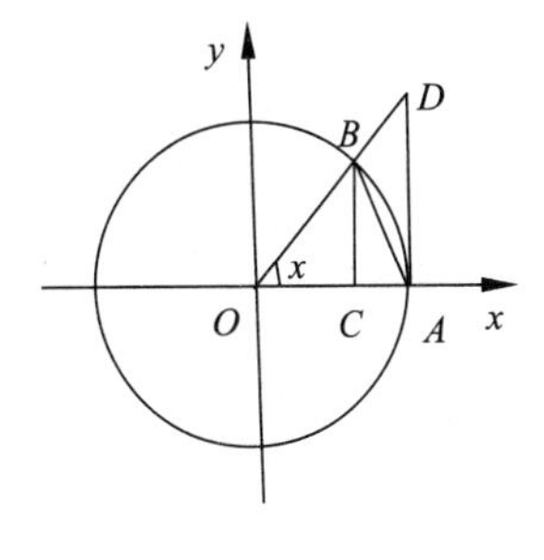

图 1-6-1

注:第一个重要极限模型的特点是$\lim\limits_{\mu(x)\to 0}\frac{\sin\mu(x)}{\mu(x)}=1$.

例 2 求$\lim\limits_{x\to 0}\frac{\sin 5x}{x}$.

解 $\lim\limits_{x\to 0}\frac{\sin 5x}{x}=\lim\limits_{x\to 0}\frac{\sin 5x}{5x}\cdot 5=5$.

例 3 求$\lim\limits_{x\to 0}\frac{\tan x}{x}$.

解 $\lim\limits_{x\to 0}\frac{\tan x}{x}=\lim\limits_{x\to 0}\frac{\sin x}{x\cos x}=\lim\limits_{x\to 0}\frac{\sin x}{x}\frac{1}{\cos x}=\lim\limits_{x\to 0}\frac{\sin x}{x}\lim\limits_{x\to 0}\frac{1}{\cos x}=1$.

例 4 求$\lim\limits_{x\to 0}\frac{1-\cos x}{x^2}$.

解 $\lim\limits_{x\to 0}\frac{1-\cos x}{x^2}=\lim\limits_{x\to 0}\frac{2\sin^2\frac{x}{2}}{x^2}=\frac{1}{2}\lim\limits_{x\to 0}\frac{\left(\sin\frac{x}{2}\right)^2}{\left(\frac{x}{2}\right)^2}=\frac{1}{2}\lim\limits_{x\to 0}\left(\frac{\sin\frac{x}{2}}{\frac{x}{2}}\right)^2=\frac{1}{2}$.

例5 $\lim\limits_{x\to 0}\frac{\arcsin x}{x}$.

解 令 $t=\arcsin x$，则 $x=\sin t$，当 $x\to 0$ 时，$t\to 0$，则$\lim\limits_{x\to 0}\frac{\arcsin x}{x}=\lim\limits_{t\to 0}\frac{t}{\sin t}=1$.

同理可得：$\lim\limits_{x\to 0}\frac{\arctan x}{x}=1$.

2. $\lim\limits_{x\to\infty}\left(1+\frac{1}{x}\right)^{x}=\mathrm{e}$

证明 先考虑 x 取正整数 n 且 $n\to+\infty$ 的情形.

设 $x_n=\left(1+\frac{1}{n}\right)^{n}$，现证明数列$\{x_n\}$是单调有界的.

利用二项展开公式，比较 x_n，x_{n+1} 的展开式，可知 $x_n<x_{n+1}$，数列$\{x_n\}$是单调的. 由于

$$x_n<1+1+\frac{1}{2!}+\frac{1}{3!}+\cdots+\frac{1}{n!}<1+1+\frac{1}{2}+\frac{1}{2^2}+\cdots+\frac{1}{2^{n-1}}=1+\frac{1-\frac{1}{2^n}}{1-\frac{1}{2}}=3-\frac{1}{2^{n-1}}<3,$$

因此数列$\{x_n\}$是有界的. 根据准则 2，数列$\{x_n\}$必有极限，这个极限我们用 e 来表示，即

$$\lim_{n\to\infty}\left(1+\frac{1}{n}\right)^{n}=\mathrm{e}.$$

可以证明，对一般的实数 x，仍有$\lim\limits_{x\to\infty}\left(1+\frac{1}{x}\right)^{x}=\mathrm{e}$.

注：第二个重要极限模型的特点是 $\lim\limits_{\alpha(x)\to 0}[1+\alpha(x)]^{\frac{1}{\alpha(x)}}=\mathrm{e}$.

第二个重要极限模型反映了现实世界中的许多事物增长与衰减的数量规律，例如存款复利计算、人口增长、细胞繁殖、放射性衰变、物体冷却、树木生长、设备的折旧等.

例6 求$\lim\limits_{x\to\infty}\left(1+\frac{1}{x}\right)^{-x}$.

解 $\lim\limits_{x\to\infty}\left(1+\frac{1}{x}\right)^{-x}=\lim\limits_{x\to\infty}\left[\left(1+\frac{1}{x}\right)^{x}\right]^{-1}=\left[\lim\limits_{x\to\infty}\left(1+\frac{1}{x}\right)^{x}\right]^{-1}=\mathrm{e}^{-1}$.

例7 求$\lim\limits_{x\to\infty}\left(1-\frac{2}{x}\right)^{4x}$.

解 $\lim\limits_{x\to\infty}\left(1-\frac{2}{x}\right)^{4x}=\lim\limits_{x\to\infty}\left[\left(1-\frac{2}{x}\right)^{-\frac{x}{2}}\right]^{-8}=\left[\lim\limits_{x\to\infty}\left(1-\frac{2}{x}\right)^{-\frac{x}{2}}\right]^{-8}=\mathrm{e}^{-8}$.

例8 求$\lim\limits_{x\to -1}(2+x)^{\frac{2}{x+1}}$.

解 $\lim\limits_{x\to -1}(2+x)^{\frac{2}{x+1}}=\lim\limits_{x\to -1}\left\{\left[1+(x+1)\right]^{\frac{1}{x+1}}\right\}^{2}=\mathrm{e}^{2}$.

例9 连续复利问题. 若本金为 A_0，年利率为 r，一年计息 n 期，则每期的利率为$\frac{r}{n}$，t 年末的本利和为 $A_t=A_0\left(1+\frac{r}{n}\right)^{nt}$，当 $n\to\infty$时的极限，即按连续复利计算的 t 年末的本利和为

$$A_t=\lim_{n\to\infty}A_0\left(1+\frac{r}{n}\right)^{nt}=A_0\lim_{n\to\infty}\left[\left(1+\frac{r}{n}\right)^{\frac{n}{r}}\right]^{rt}=A_0\mathrm{e}^{rt}.$$

如本金 10 000 元，年利率 3.25%，5 年期末按连续复利计算的本利和为 11 764.5 元.

习题 1-6

1. 计算下列极限：

(1) $\lim\limits_{x\to 0}\dfrac{\sin 3x}{2x}$；　(2) $\lim\limits_{x\to 0}x\cdot\cot x$；　(3) $\lim\limits_{x\to 0}\dfrac{1-\cos^2 x}{\sin 2x}$；

(4) $\lim\limits_{x\to 0}\dfrac{\arcsin 4x}{\tan 2x}$；　(5) $\lim\limits_{x\to 0}\dfrac{x\arctan 3x}{1-\cos 2x}$；　(6) $\lim\limits_{x\to 0}\dfrac{\sin^2 x}{x\arctan 2x}$；

(7) $\lim\limits_{x\to 0}\dfrac{2}{x}\cdot\sin x$；　(8) $\lim\limits_{x\to\infty}\dfrac{2}{x}\cdot\sin x$；　(9) $\lim\limits_{x\to+\infty}\dfrac{1}{x}\cdot\arctan x$；

(10) $\lim\limits_{x\to 3}\dfrac{\arctan 2(x-3)}{x(x-3)}$；　(11) $\lim\limits_{x\to 2}\dfrac{\sin(x-2)}{x^2-3x+2}$；

(12) $\lim\limits_{n\to\infty}3^n\sin\dfrac{x}{3^n}$($n\in\mathbf{N}$，$x$ 为非零常数).

2. 计算下列极限：

(1) $\lim\limits_{x\to\infty}\left(\dfrac{1+x}{x}\right)^{3x}$；　(2) $\lim\limits_{x\to\infty}\left(1+\dfrac{4}{x}\right)^{-x+4}$；　(3) $\lim\limits_{x\to\infty}\left(\dfrac{2x+3}{2x+1}\right)^{x+1}$；

(4) $\lim\limits_{x\to\infty}\left(\dfrac{1+x}{x}\right)^{2x+1}$；　(5) $\lim\limits_{x\to\infty}\left(1-\dfrac{1}{2x}\right)^{x}$；　(6) $\lim\limits_{x\to 0}(1+3x)^{\frac{1}{x}}$；

(7) $\lim\limits_{x\to 0}(1-4x)^{\frac{1}{x}}$；　(8) $\lim\limits_{x\to 0}(1+5x)^{-\frac{1}{x}}$.

第七节　函数的连续性

【课前导读】

函数 $f(x)=\dfrac{x^2-1}{x-1}$ 在 $x=1$ 处没有定义，函数曲线在 $x=1$ 处是“断”的；函数 $f(x)=\begin{cases}x^2, & x\geqslant 1,\\ x+1, & x<1\end{cases}$ 在 $x=1$ 处有定义，函数曲线在 $x=1$ 处也是“断”的，本节主要研究，函数 $f(x)$ 在 x_0 处满足什么条件时，函数曲线在 $x=x_0$ 处是“连续”的.

一、函数的连续性

自然界中的许多现象，如河水的流动、植物的生长、温度的变化都是随着时间连续变化的，这种关系反映在函数关系上就是函数的连续性. 下面先引入增量的概念.

定义 1　设函数 $y=f(x)$ 在 x_0 的某邻域内有定义，当自变量从 x_0 变到 x，称 $\Delta x=x-x_0$ 为**自变量 x 的增量**(Δx 可正可负)，相应的函数值的变化量 $\Delta y=f(x)-f(x_0)$(或 $\Delta y=f(x_0+\Delta x)-f(x_0)$)叫作**函数 y 的对应增量**(图 1-7-1).

借助函数增量的概念，引入函数连续的概念.

几何角度理解，若曲线在 x_0 处连续，则函数 $f(x)$ 在 x_0 的某邻域有定义，如图 1-7-1 所示，若在 x_0 处取得微小增量 Δx，函数 y 的相应增量 Δy 也很微小，且当 Δx 趋于 0 时，Δy 也趋于 0，即 $\lim\limits_{\Delta x\to 0}\Delta y=0$，则称函数 $y=f(x)$ 在点 x_0 处连续. 相反，则函数 $y=f(x)$ 在点 x_0 处不连

续,如图 1-7-2 所示.

定义 2 设函数 $y=f(x)$ 在点 x_0 的某邻域内有定义,如果当自变量在点 x_0 的增量 Δx 趋于零时,函数 $y=f(x)$ 对应的增量 Δy 也趋于零,即

$$\lim_{\Delta x\to 0}\Delta y=0 \quad \text{或} \quad \lim_{\Delta x\to 0}[f(x_0+\Delta x)-f(x_0)]=0,$$

则称函数 $y=f(x)$ **在点** x_0 **处连续**,x_0 **称为** $f(x)$ **的连续点**.

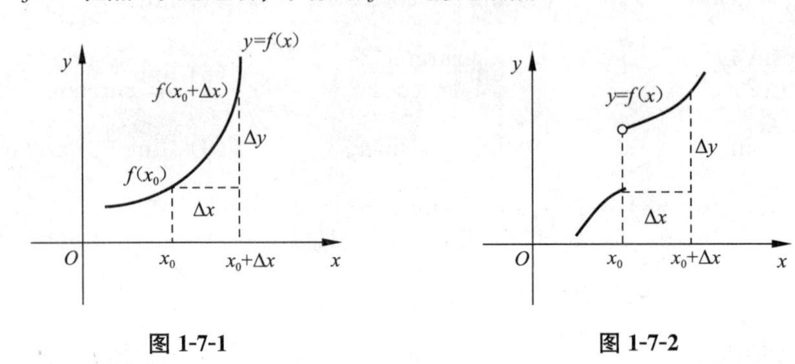

图 1-7-1　　图 1-7-2

函数 $y=f(x)$ 在点 x_0 连续的另一定义如下:

定义 3 设函数 $y=f(x)$ 在点 x_0 的某邻域内有定义,如果当 $x\to x_0$ 时函数 $f(x)$ 的极限存在,且等于它在点 x_0 处的函数值 $f(x_0)$,即

$$\lim_{x\to x_0}f(x)=f(x_0),$$

那么就称函数 $y=f(x)$ **在点** x_0 **连续**.

例 1 试证函数 $f(x)=\begin{cases}x\sin\dfrac{1}{x}, & x\neq 0,\\ 0, & x=0\end{cases}$ 在 $x=0$ 处连续.

证明 因为 $\lim\limits_{x\to 0}x\sin\dfrac{1}{x}=0$,又 $f(0)=0$,所以 $\lim\limits_{x\to 0}f(x)=f(0)$,所以函数 $f(x)$ 在 $x=0$ 处连续.

二、左连续、右连续

定义 4 设函数 $y=f(x)$ 在点 x_0 的某邻域内有定义. 如果 $\lim\limits_{x\to x_0^-}f(x)=f(x_0)$,则称函数 $y=f(x)$ **在点** x_0 **处左连续**;如果 $\lim\limits_{x\to x_0^+}f(x)=f(x_0)$,则称函数 $y=f(x)$ **在点** x_0 **处右连续**.

定理 1 $f(x)$ 在点 x_0 处连续的**充分必要条件**是 $f(x)$ 在点 x_0 处既左连续又右连续.

例 2 讨论函数 $f(x)=\begin{cases}x-1, & x\leqslant 0,\\ x+1, & x>0\end{cases}$ 在 $x=0$ 处的连续性.

解 因为

$$\lim_{x\to 0^-}f(x)=\lim_{x\to 0^-}(x-1)=-1,\quad \lim_{x\to 0^+}f(x)=\lim_{x\to 0^+}(x+1)=1,$$

而 $f(0)=-1$,所以函数 $f(x)$ 在 $x=0$ 处左连续,但不右连续,从而它在 $x=0$ 处不连续.

如果函数 $f(x)$ 在区间 I 上连续,则称 I 是 $f(x)$ 的连续区间,称 $f(x)$ 是 I 上的连续函数.

三、函数的间断点

定义 5 若函数 $f(x)$ 在点 x_0 处不连续,则称点 x_0 为函数 $f(x)$ 的**不连续点**或**间断点**.

例 3 观察下述几个函数的曲线在点 $x=1$ 处的连续性.

① $y=x+1$

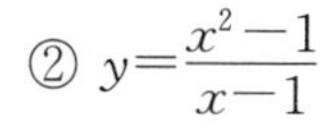
② $y=\dfrac{x^2-1}{x-1}$

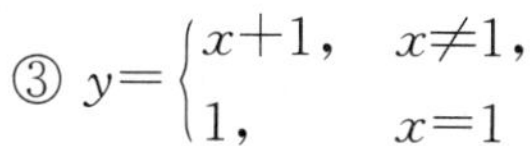
③ $y=\begin{cases}x+1, & x\neq 1,\\ 1, & x=1\end{cases}$

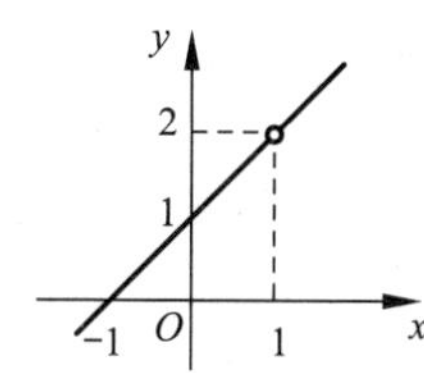

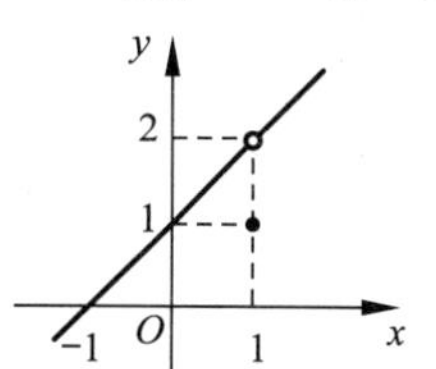

④ $y=\begin{cases}x+1, & x<1,\\ x, & x\geqslant 1\end{cases}$

⑤ $y=\dfrac{1}{x-1}$

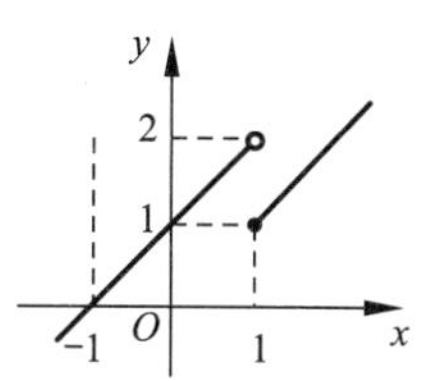

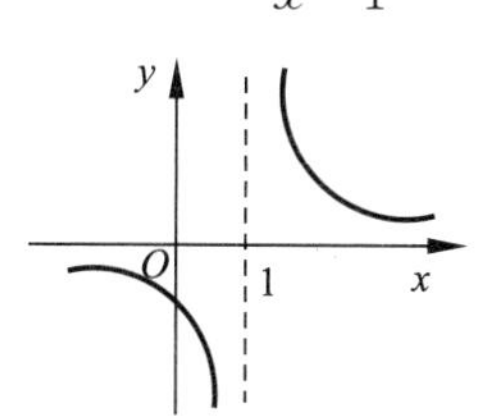

解 由几何图形可直观得出:图①中函数在 $x=1$ 处连续,图②③④⑤中函数在 $x=1$ 处不连续.下面用定义给出说明:

① 因为 $f(1)=2,\lim\limits_{x\to 1}(x+1)=2$,即 $\lim\limits_{x\to 1}f(x)=f(1)$,所以函数在 $x=1$ 处连续;

② 因为 $\lim\limits_{x\to 1}\dfrac{x^2-1}{x-1}=\lim\limits_{x\to 1}(x+1)=2$,而 $f(1)$ 不存在,即 $\lim\limits_{x\to 1}f(x)\neq f(1)$,所以函数在 $x=1$ 处不连续;

③ 因为 $f(1)=1,\lim\limits_{x\to 1}(x+1)=2$,即 $\lim\limits_{x\to 1}f(x)\neq f(1)$,所以函数在 $x=1$ 处不连续;

④ 因为 $f(1)=1,\lim\limits_{x\to 1^-}(x+1)=2,\lim\limits_{x\to 1^+}1=1$,即 $\lim\limits_{x\to 1^-}f(x)\neq\lim\limits_{x\to 1^+}f(x)$,所以函数在 $x=1$ 处无极限,则函数在 $x=1$ 处不连续;

⑤ 因为 $\lim\limits_{x\to 1}\dfrac{1}{x-1}=\infty$,而 $f(1)$ 不存在,所以函数在 $x=1$ 处不连续.

通常把间断点分成两类:如果 x_0 是函数 $f(x)$ 的间断点,但左极限 $f(x_0^-)$ 及右极限 $f(x_0^+)$ 都存在,那么 x_0 称为函数 $f(x)$ 的**第一类间断点**;不是第一类间断点的任何间断点,都称为**第二类间断点**.在第一类间断点中,左、右极限相等者称为**可去间断点**,如②③;不相等者称为**跳跃间断点**,如④.第二类间断点如⑤是**无穷间断点**.

例 4 考查函数 $f(x)=\begin{cases}x^2-1, x\leqslant 0,\\ x+1, x>0\end{cases}$ 在点 $x=0$ 处的连续性.

解 由于 $\lim\limits_{x\to 0^+}f(x)=\lim\limits_{x\to 0^+}(x+1)=1$,

$\lim\limits_{x\to 0^-}f(x)=\lim\limits_{x\to 0^-}(x^2-1)=-1$,

$\lim\limits_{x\to 0^-}f(x)\neq\lim\limits_{x\to 0^+}f(x)$.

即 $\lim\limits_{x\to 0}f(x)$ 不存在,因此函数 $f(x)$ 在点 $x=0$ 处不连续.但函数在点 $x=0$ 处的左右极限都存在,所以点 $x=0$ 是第一类间断点中的跳跃间断点.

例 5 考查函数 $f(x)=\dfrac{\sin x}{x}$ 在 $x=0$ 处的连续性.

解 因为 $f(x)$在点 $x=0$ 处无定义,所以 $x=0$ 是函数的间断点,又$\lim\limits_{x\to0}\frac{\sin x}{x}=1$,所以 $x=0$ 是函数的第一类间断点中的可去间断点.

例 6 考查函数 $f(x)=\frac{x}{x-1}$在点 $x=1$ 处的连续性.

解 由于$\lim\limits_{x\to1}f(x)=\lim\limits_{x\to1}\frac{x}{x-1}=\infty$,因此 $x=1$ 是第二类间断点中的无穷间断点.

四、连续函数的运算及初等函数的连续性

1. 连续函数的运算

定理 2 若函数 $f(x)$,$g(x)$均在点 x_0 处连续,则 $f(x)\pm g(x)$,$f(x)\cdot g(x)$及$\frac{f(x)}{g(x)}$(要求 $g(x_0)\neq0$)在点 x_0 处也连续.

定理 3 如果函数 $f(x)$在区间 I_x 上单调增加(或减少)且连续,则它的反函数 $x=f^{-1}(y)$在对应区间 $I_y=\{y|y=f(x),x\in I_x\}$上单调增加(或减少)且连续.

例 7 函数 $y=\sin x$ 在区间$\left[-\frac{\pi}{2},\frac{\pi}{2}\right]$上单调增加且连续,由定理 3 可得,其反函数 $y=\arcsin x$ 在区间$[-1,1]$上也单调增加且连续.

同理可得:函数 $y=\arccos x$ 在区间$[-1,1]$上单调减少且连续,函数 $y=\arctan x$ 在区间$(-\infty,\infty)$内单调增加且连续,函数 $y=\text{arccot}\, x$ 在区间(∞,∞)内单调减少且连续.

总之,反三角函数在其定义域内都是连续的.

定理 4 设函数 $y=f[g(x)]$是由函数 $u=g(x)$与函数 $y=f(u)$复合而成的,D 是其定义域,若 $U(x_0)\in D$,函数 $u=g(x)$在 $x=x_0$ 处连续,且 $g(x_0)=u_0$,而函数 $y=f(u)$在 $u=u_0$ 处连续,则复合函数 $y=f[g(x)]$在 $x=x_0$ 处连续.(证明略)

结论:复合函数的定义域是区间,则复合函数在其定义域内连续.

例 8 讨论函数 $y=\ln\frac{1}{x-1}$的连续性.

解 函数 $y=\ln\frac{1}{x-1}$是复合函数,定义域 $x>1$ 为区间,所以,函数在 $x>1$ 区间内连续.

2. 初等函数的连续性

基本初等函数在其定义域内是连续的. 结合定理 2,定理 3,定理 4 的结论,因此有结论:**一切初等函数在其定义区间内都是连续的.**

根据初等函数连续性的结论,给出了一个求极限的方法:如果 $f(x)$为初等函数,x_0 是 $f(x)$定义区间内的一点,则$\lim\limits_{x\to x_0}f(x)=f(x_0)$.

例 9 求下列函数的极限:

(1) $\lim\limits_{x\to0}\frac{\log_a(1+x)}{x}$; (2) $\lim\limits_{x\to0}\frac{a^x-1}{x}$; (3) $\lim\limits_{x\to0}\frac{(1+x)^\alpha-1}{x}$.

解 (1) $\lim\limits_{x\to0}\frac{\log_a(1+x)}{x}=\lim\limits_{x\to0}\log_a(1+x)^{\frac{1}{x}}=\log_a \mathrm{e}=\frac{1}{\ln a}$.

(2) 设 $a^x-1=t$，则 $x=\log_a(1+t)$，当 $x\to0$ 时，$t\to0$，于是

$$\lim_{x\to0}\frac{a^x-1}{x}=\lim_{t\to0}\frac{t}{\log_a(1+t)}=\ln a.$$

(3) 设 $(1+x)^\alpha-1=t$，则当 $x\to0$ 时，$t\to0$，于是

$$\lim_{x\to0}\frac{(1+x)^\alpha-1}{x}=\lim_{x\to0}\frac{(1+x)^\alpha-1}{\ln(1+x)^\alpha}\cdot\frac{\alpha\ln(1+x)}{x}=\lim_{t\to0}\frac{t}{\ln(1+t)}\cdot\lim_{t\to0}\frac{\alpha\ln(1+t)}{t}=\alpha.$$

由上例可得三个常用的无穷小代换的公式：当 $x\to0$ 时，

$$\ln(1+x)-1\sim x;\mathrm{e}^x-1\sim x;(1+x)^\alpha-1\sim\alpha x.$$

五、闭区间上连续函数的性质

函数 $f(x)$ 在闭区间 $[a,b]$ 连续是指 $f(x)$ 在开区间 (a,b) 内连续，在右端点 b 处左连续，在左端点 a 处右连续. 在闭区间上连续的函数有如下几个性质：

定理 3(最大值和最小值定理) 在闭区间 $[a,b]$ 上的连续函数一定有最值.

定理 4(有界性定理) 在闭区间上连续的函数一定在该区间上有界.

定理 5(介值定理) 设函数 $f(x)$ 在闭区间 $[a,b]$ 上连续，且 $f(a)\neq f(b)$，则对于任一介于 $f(a)$ 与 $f(b)$ 之间的常数 C，至少存在一点 $\xi\in(a,b)$，使得 $f(\xi)=C$.

推论(零点定理) 设函数 $f(x)$ 在闭区间 $[a,b]$ 上连续，且 $f(a)$ 与 $f(b)$ 异号(即 $f(a)\cdot f(b)<0$)，那么在开区间 (a,b) 内至少存在一点 ξ $(a<\xi<b)$ 使得 $f(\xi)=0(a<\xi<b)$.

例 4 证明方程 $x^3-4x^2+1=0$ 在 $(0,1)$ 内至少有一个根.

证明 令 $f(x)=x^3-4x^2+1$，则 $f(x)$ 在 $[0,1]$ 上连续，又 $f(0)=1>0$，$f(1)=-2<0$，由零点定理得，至少存在一点 $\xi\in(0,1)$，使得 $f(\xi)=0$. 即方程 $x^3-4x^2+1=0$ 在 $(0,1)$ 内至少有一个根.

习题 1-7

1. 函数 $f(x)=\sqrt{x+1}+\dfrac{x^2}{(x-1)(x+3)}$ 的间断点的个数为(　　).

A. 1　　B. 2　　C. 3　　D. 4

2. 函数 $f(x)=\dfrac{1}{x(x-3)(x+5)}$ 在区间(　　)内连续.

A. $(-4,3)$　　B. $(-4,-1)$　　C. $(-8,-4)$　　D. $(1,4)$

3. 函数 $f(x)=\begin{cases}1+\mathrm{e}^{\frac{1}{x}},x>0,\\ x+1,x\leqslant0\end{cases}$ 在 $x=0$ 点间断是因为(　　).

A. $f(x)$ 在 $x=0$ 点无定义

B. $\lim\limits_{x\to0^-}f(x)$ 和 $\lim\limits_{x\to0^+}f(x)$ 都不存在

C. $\lim\limits_{x\to0}f(x)$ 不存在

D. $\lim\limits_{x\to0}f(x)\neq f(0)$

4. 研究下列函数的连续性,并画出函数的图像:

(1) $f(x)=\begin{cases}x^2, 0\leqslant x\leqslant 1,\\ 2-x, 1<x\leqslant 2;\end{cases}$

(2) $f(x)=\begin{cases}x, -1\leqslant x\leqslant 1,\\ 1, x<-1 \text{ 或 } x>1;\end{cases}$

(3) $f(x)=\begin{cases}2x, 0\leqslant x<1,\\ 3-x, 1<x\leqslant 2.\end{cases}$

5. 函数 $f(x)=\dfrac{x^2-1}{x^2-3x+2}$在点 $x=1$ 和 $x=2$ 处是否间断? 如果间断,属于哪一类间断点?

6. 设 $f(x)=\begin{cases}e^x, & x<0,\\ a+x, & x\geqslant 0.\end{cases}$应当如何选择数 a,使得 $f(x)$成为$(-\infty,+\infty)$内的连续函数?

7. 计算下列极限:

(1) $\lim\limits_{x\to 0}\sqrt{x^2-2x+5}$;　(2) $\lim\limits_{x\to\frac{\pi}{6}}\ln(2\sin 2x)$;　(3) $\lim\limits_{x\to\infty}e^{\frac{1}{x}}$;

(4) $\lim\limits_{x\to 0}\dfrac{\ln(1+3x)-1}{e^x+1}$;　(5) $\lim\limits_{x\to 1}\dfrac{\sqrt{4x-3}-\sqrt{x}}{x-1}$;　(6) $\lim\limits_{x\to 0}\dfrac{x\tan x}{\sqrt[3]{1-x^2}-1}$.

8. 试证方程$x^5-3x=1$ 至少有一个实根介于 1 和 2 之间.

阅读与拓展

从极限思想到极限理论

极限的朴素思想和应用可追溯到古代. 早在两千多年前,我国的惠施就在庄子的《天下篇》中留下这样一句著名的话:“一尺之棰,日取其半,万世不竭.”实际上惠施提出的正是无限变小的思想,这就是我国古代极限思想的萌芽.

我国三国时期的大数学家刘徽(约 225—295 年)发明了割圆术,即通过不断倍增圆内接正多边形的边数来逼近圆周. 他计算了圆内接正 3 072 边形的面积和周长,从而推得 $3.141\,024<\pi<3.142\,704$. 在一千多年以后的国外,欧洲人安托尼兹才算到同样精确度的小数. “π”这扇窗口闪烁着我国古代数学家的数学水平和才能的光辉.

到了 17 世纪,科学与技术上的要求促使数学家们研究运动与变化,包括量的变化与形的变换. 在此过程中产生了函数概念和无穷小分析即现在的微积分,使得数学从此进入了一个研究变量的新时代. 17 世纪后半叶,牛顿和莱布尼茨在前人的研究基础上,分别从物理与几何两大角度出发,在不同的思想基础上,沿着不同的研究方向,分别独立建立了微积分学. 牛顿发明微积分的时候,曾合理地设想:Δt 越小,这个平均速度应当越接近物体在时刻 t 时的瞬时速度. 这一新的数学方法,受到了数学家们和物理学家们的欢迎,并被充分地运用,解决了大量过去无法问津的科技问题. 因此,整个 18 世纪可以说是微积分的世纪. 但牛顿的微积分学由于逻辑上的不完备也招来了哲学上的非难甚至嘲讽与攻击,贝克莱主教曾猛烈地攻击牛顿的微分概念. 实事求是地讲,把瞬时速度说成是无穷小的距离和走完这段距离所用的无穷小时间之比,即“距离微分”与“时间微分”之比,这是牛顿一个含混不清的表述. 其实,牛顿也曾在著作中明确指出:所谓“最终的比”不是“最终的量”的比,而是比所趋近的极限. 但是他既没有清除另一些模糊不清的陈述,又没有严格地界定极限的含义. 莱布尼茨对微积分的最初发现,也没有明确极限的意思.因而,牛顿及其后一百年间的数学家们,都不曾有力地还击贝克莱的这种攻击,这就是数学史上所谓的第二次数学危机.

经过近一个世纪的酝酿与尝试,数学家们在严格化了的基础上重建微积分的努力在19世纪初开始获得成效.法国数学家柯西、德国数学家魏尔斯特拉斯等人的工作,以及实数理论的建立,使得极限理论在严密的理论基础之上得以建立.至此,极限理论才真正建立起来,微积分这门学科才得以严密化.因而真正现代意义上的极限定义,一般认为是由魏尔斯特拉斯给出的.所谓"极限定义",本质上就是给"无限接近"提供一个合乎逻辑的判定方法和一个规范的描述形式.这样,我们的各种说法,诸如"我们可以根据需要写出根号2的任一接近程度的近似值",就有了建立在坚实的逻辑基础之上的意义.极限理论的建立,在思想方法上深刻影响了近代数学的发展.

一个数学概念的形成经历了这样漫长的岁月,大家仅从这一点就可以想象出极限概念在微积分这门学科中有多么重要了.

总复习题一

1. 单项选择题.

(1) 函数 $f(x)$在点 x_0 处有定义是其在点 x_0 处有极限的(　　).

A. 充分而非必要条件　　B. 必要而非充分条件

C. 充分必要条件　　D. 无关条件

(2) 若极限$\lim\limits_{x\to\infty}f(x)=A$,$\lim\limits_{x\to\infty}g(x)=A$($A$ 为有限值),则下列关系式中(　　)非恒成立.

A. $\lim\limits_{x\to\infty}[f(x)+g(x)]=2A$　　B. $\lim\limits_{x\to\infty}[f(x)-g(x)]=0$

C. $\lim\limits_{x\to\infty}[f(x)g(x)]=A^2$　　D. $\lim\limits_{x\to\infty}\dfrac{f(x)}{g(x)}=1$

(3) 极限$\lim\limits_{x\to2}\dfrac{x^2+x-6}{x^2-4}=$(　　).

A. $-\dfrac{5}{4}$　　B. $\dfrac{5}{4}$　　C. $-\dfrac{4}{5}$　　D. $\dfrac{4}{5}$

(4) 极限$\lim\limits_{x\to\infty}\dfrac{3x^2+x}{1-x^2}=$(　　).

A. -3　　B. 3　　C. -1　　D. 1

(5) 已知极限$\lim\limits_{n\to\infty}\left(\dfrac{n^2+2}{n}+\alpha n\right)=0$,则常数 $\alpha=$(　　).

A. -1　　B. 0　　C. 1　　D. 2

(6) 当 $x\to0$ 时,无穷小量 $\sin(2x+x^2)$与 x 比较是(　　)无穷小量.

A. 较高阶　　B. 较低阶　　C. 同阶但非等价　　D. 等价

(7) 已知分段函数 $f(x)=\begin{cases}(x+1)^{\frac{1}{x}}, & x<0,\\ e^{-\frac{1}{x}}, & x>0,\end{cases}$则右极限 $\lim\limits_{x\to0^+}f(x)=$(　　).

A. 0　　B. 1　　C. e　　D. $+\infty$

2. 已知复合函数 $f(x+1)=x^2-1$,求下列函数:

(1) $f(x)$;(2) $f\left(\dfrac{1}{x}\right)$.

3. 判断下列函数的奇偶性：

(1) $f(x)=\sqrt{1-x^2}$；(2) $f(x)=2^x-2^{-x}$；(3) $f(x)=x^2\cos x$.

4. 求下列极限：

(1) $\lim\limits_{x\to5}\dfrac{2+\sqrt{x-1}}{3+\sqrt{x+4}}$；　(2) $\lim\limits_{x\to1}\dfrac{x-1}{\sqrt{1+x}-\sqrt{3-x}}$；　(3) $\lim\limits_{x\to3}\dfrac{\sqrt{x-2}-1}{\sqrt{x+1}-2}$；

(4) $\lim\limits_{x\to0}\dfrac{\sin^2x}{x}$；　(5) $\lim\limits_{x\to0}\dfrac{2x-\sin x}{2x+\sin x}$；　(6) $\lim\limits_{x\to0}\dfrac{\sin\sin x}{x}$.

5. 已知分段函数 $f(x)=\begin{cases}\dfrac{\sin x}{x^2+3x}, & x\neq0,\\ a, & x=0\end{cases}$ 在分界点 $x=0$ 处连续，求常数 a 的值.

6. 已知分段函数 $f(x)=\begin{cases}ke^{2x}, & x<0,\\ 1-3k\cos x, & x\geqslant0\end{cases}$ 在分界点 $x=0$ 处连续，求常数 k 的值.

7. 设 $f(x)=\begin{cases}\dfrac{1}{x^2}, & x<0,\\ 0, & x=0,\\ x^2-2x, & 0<x\leqslant2,\\ 3x-6, & x>2,\end{cases}$ 讨论 $x\to0$ 及 $x\to2$ 时 $f(x)$ 的极限是否存在，并求出 $\lim\limits_{x\to+\infty}f(x)$ 和 $\lim\limits_{x\to-\infty}f(x)$.

8. 利用等价无穷小性质求下列极限：

(1) $\lim\limits_{x\to0}\dfrac{\sin(x^n)}{(\sin x)^m}(n,m\in\mathbf{N})$；(2) $\lim\limits_{x\to0}\dfrac{\sin^2 3x}{\ln^2(1+2x)}$.

9. 试确定 a 的值，使函数 $f(x)=\begin{cases}x^2+a, & x\leqslant0,\\ x\sin\dfrac{1}{x}, & x>0\end{cases}$ 在 $(-\infty,+\infty)$ 内连续.

第二章 导数与微分

微分学和积分学是高等数学的主要内容,研究函数导数与微分及其应用的部分称为微分学,研究不定积分与定积分及其应用的部分称为积分学,微分学与积分学统称为微积分学. 牛顿和莱布尼茨是微积分的创建人.

第一节　导数的概念

【课前导读】

在生产实践和研究中,人们需要计算物质的比热、电流强度、线密度、曲线的切线斜率、变速运动的瞬时速度等实际问题,这些问题具体背景不同,但都归结为函数相对于自变量变化快慢程度的问题,即变化率问题. 牛顿和莱布尼茨分别在研究力学和几何学问题中,建立了导数与微分的概念.

一、引例

1. 变速直线运动的瞬时速度

对于匀速直线运动,速度等于路程与时间的比值. 而变速直线运动的速度如何求呢?

假设一物体做变速直线运动,在$[0,t]$这段时间内所经过的路程为 s,则 s 是时间 t 的函数 $s=s(t)$,求该物体在时刻 $t_0\in[0,t]$的瞬时速度 $v(t_0)$.

设时刻由 t_0 变到 $t_0+\Delta t$,相应的路程由 $s(t_0)$变到 $s(t_0+\Delta t)$,其改变量为 $\Delta s=s(t_0+\Delta t)-s(t_0)$. 在时间间隔$[t_0,t_0+\Delta t]$上,物体的平均速度是

$$\bar{v}=\frac{\Delta s}{\Delta t}=\frac{s(t_0+\Delta t)-s(t_0)}{\Delta t}.$$

显然时间间隔 Δt 越小,平均速度 $\bar{v}$ 越接近于 t_0 时刻的瞬时速度 $v(t_0)$. 因此,当 $\Delta t\to 0$ 时,若 $\bar{v}$ 的极限存在,就称这个极限值为物体在 t_0 时刻的瞬时速度 $v(t_0)$. 即

$$v(t_0)=\lim_{\Delta t\to 0}\frac{\Delta s}{\Delta t}=\lim_{\Delta t\to 0}\frac{s(t_0+\Delta t)-s(t_0)}{\Delta t}.$$

2. 平面曲线切线的斜率

设点 M 是曲线 L 上的一定点,点 N 是动点,当点 N 沿曲线 L 趋向于点 M 时,如果割线 NM 的极限位置 MT 存在,则称**直线 MT 为曲线 L 在点 M 处的切线**(图 2-1-1).

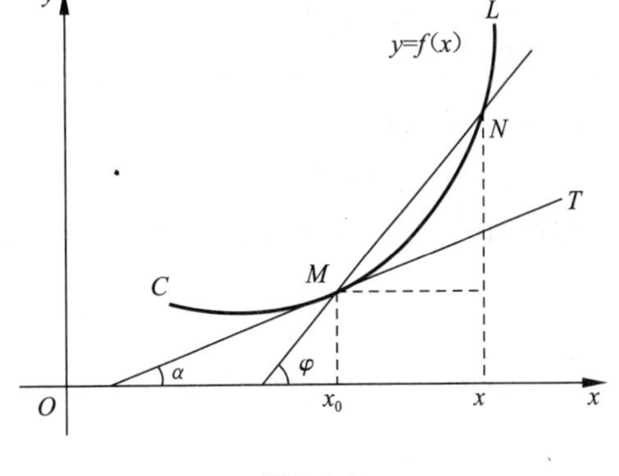

图 2-1-1

设曲线的方程为 $y=f(x)$，定点 $M(x_0,y_0)$，动点 $N(x_0+\Delta x,y_0+\Delta y)$，则曲线在点 M 处的切线 MT 的斜率为

$$\tan\alpha=\lim_{\Delta x\to 0}\tan\varphi=\lim_{\Delta x\to 0}\frac{f(x_0+\Delta x)-f(x_0)}{\Delta x}.$$

上面两例的实际意义完全不同，但从抽象的数量关系来看，所求解的量都等于在自变量增量趋于零时，函数的增量与自变量的增量之比的极限.

二、导数的概念

定义1 设函数 $y=f(x)$ 在点 x_0 的某邻域内有定义，当自变量 x 在点 x_0 处取得增量 Δx($x_0+\Delta x$ 仍在该邻域中)时，函数有相应的增量 $\Delta y=f(x_0+\Delta x)-f(x_0)$. 若

$$\lim_{\Delta x\to 0}\frac{\Delta y}{\Delta x}=\lim_{\Delta x\to 0}\frac{f(x_0+\Delta x)-f(x_0)}{\Delta x}$$

存在，则称函数 $y=f(x)$ 在点 x_0 处可导，并称此极限值为**函数** $y=f(x)$ **在点** $x=x_0$ **的导数**，记为 $f'(x_0)$，即

$$f'(x_0)=\lim_{\Delta x\to 0}\frac{f(x_0+\Delta x)-f(x_0)}{\Delta x},$$

也可记为 $y'|_{x=x_0}$，$\left.\frac{\mathrm{d}y}{\mathrm{d}x}\right|_{x=x_0}$ 或 $\left.\frac{\mathrm{d}f}{\mathrm{d}x}\right|_{x=x_0}$. 这时，也称 $y=f(x)$ **在点** $x=x_0$ **处可导**；若极限不存在(包括无穷大的情形)，则称函数 $y=f(x)$ **在点** $x=x_0$ **处不可导**.

函数 $f(x)$ 在点 x_0 处可导也说成 $f(x)$ 在点 x_0 具有导数或导数存在.

注：(1) 常用的导数形式还有：

$$f'(x_0)=\lim_{h\to 0}\frac{f(x_0+h)-f(x_0)}{h};$$

$$f'(x_0)=\lim_{x\to x_0}\frac{f(x)-f(x_0)}{x-x_0}\quad(\text{令 } x=x_0+\Delta x).$$

(2) 根据导数的定义，变速直线运动在 t_0 时刻的瞬时速度 $v(t_0)=s'(t)|_{t=t_0}$，这正是导数的物理意义；曲线 $y=f(x)$ 在点 M 处的切线的斜率为 $\tan\alpha=f'(x)|_{x=x_0}$，这正是导数的几何意义.

(3) 比值 $\frac{\Delta y}{\Delta x}$ 是函数 y 在以 x_0 和 $x_0+\Delta x$ 为端点的区间上的**平均变化率**，而导数 $y'|_{x=x_0}$ 则是函数 y 在点 x_0 处的变化率，它反映了函数 y 随自变量 x 的变化而变化的快慢程度.

(4) 导函数.

如果函数 $y=f(x)$ 在开区间 I 内的每一点处都可导，就称函数 $f(x)$ 在开区间 I 内可导. 这时，对于任一 $x\in I$，都对应着 $f(x)$ 的一个确定的导数值. 这样就构成了一个新的函数，这个函数叫作 $y=f(x)$ 的导函数，记作 $f'(x)$，或 $\frac{\mathrm{d}y}{\mathrm{d}x}$，或 $\frac{\mathrm{d}f(x)}{\mathrm{d}x}$.

(5) 区分并正确理解这两种表示方式的含义：$f'(x_0)=f'(x)|_{x=x_0}$；而 $[f(x_0)]'$ 是函数值 $f(x_0)$ 的导数.

例1 利用定义求函数 $y=x^3$ 在 $x=1$ 处的导数 $f'(1)$.

解 当 x 由 1 变到 $1+\Delta x$ 时，函数相应的增量为

$$\Delta y=(1+\Delta x)^3-1^3=3\cdot\Delta x+3\cdot(\Delta x)^2+(\Delta x)^3,$$

$$\frac{\Delta y}{\Delta x}=3+3\Delta x+(\Delta x)^2,$$

所以

$$f'(1)=\lim_{\Delta x\to 0}\frac{\Delta y}{\Delta x}=\lim_{\Delta x\to 0}[3+3\Delta x+(\Delta x)^2]=3.$$

例 2 求下列极限：

(1) 已知 $f'(2a)$存在，求$\lim\limits_{x\to a}\dfrac{f(2x)-f(2a)}{x-a}$；

(2) 已知 $f'(0)$存在，且 $f(0)=0$，求$\lim\limits_{x\to 0}\dfrac{f(x)}{x}$.

解 (1) $$\lim_{x\to a}\frac{f(2x)-f(2a)}{x-a}=\lim_{2x\to 2a}\frac{f(2x)-f(2a)}{\frac{1}{2}\cdot(2x-2a)}$$

$$=2\cdot\lim_{2x\to 2a}\frac{f(2x)-f(2a)}{2x-2a}=2f'(2a);$$

(2) 因为 $f(0)=0$，所以$\lim\limits_{x\to 0}\dfrac{f(x)}{x}=\lim\limits_{x\to 0}\dfrac{f(x)-f(0)}{x-0}=f'(0)$.

下面根据导数定义求一些简单函数的导数.

例 3 求函数 $f(x)=C$ （C 为常数）的导数.

解 $f'(x)=\lim\limits_{h\to 0}\dfrac{f(x+h)-f(x)}{h}=\lim\limits_{h\to 0}\dfrac{C-C}{h}=0$，即$(C)'=0$，即常数的导数等于零.

例 4 求函数 $f(x)=x^n$（n 为正整数）的导函数.

解 $$f'(x)=\lim_{h\to 0}\frac{f(x+h)-f(x)}{h}=\lim_{h\to 0}\frac{(x+h)^n-x^n}{h}=\lim_{h\to 0}x^{n-1}\frac{\left(1+\frac{h}{x}\right)^n-1}{\frac{h}{x}}.$$

利用第一章第 7 节中例 9 中(2)的结果，可得

$$f'(x)=\lim_{h\to 0}x^{n-1}\frac{\left(1+\frac{h}{x}\right)^n-1}{\frac{h}{x}}=nx^{n-1}.$$

上例结论中的 n 可推广到任意实数 μ，可得幂函数的导函数：$(x^\mu)'=\mu x^{\mu-1}$. 利用这个公式，可很方便求出幂函数的导数.

例如，$(x^{\frac{1}{2}})'=\dfrac{1}{2}x^{\frac{1}{2}-1}=\dfrac{1}{2}x^{-\frac{1}{2}}$，即$(\sqrt{x})'=\dfrac{1}{2\sqrt{x}}$.

$(x^{-1})'=(-1)x^{-1-1}=-x^{-2}$，即$\left(\dfrac{1}{x}\right)'=-\dfrac{1}{x^2}$.

请利用导数的定义，证明下列结论：

$$(\sin x)'=\cos x,\quad (\cos x)'=-\sin x,\quad (\log_a x)'=\frac{1}{x\ln a},\quad (\ln x)'=\frac{1}{x}.$$

三、左导数与右导数

若极限 $\lim\limits_{\Delta x\to 0^-}\dfrac{f(x_0+\Delta x)-f(x_0)}{\Delta x}$ 及 $\lim\limits_{\Delta x\to 0^+}\dfrac{f(x_0+\Delta x)-f(x_0)}{\Delta x}$ 都存在，则分别称为函数 $f(x)$ 在点 x_0 处的**左导数和右导数**，记作 $f'_-(x_0)$ 及 $f'_+(x_0)$，即

$$f'_-(x_0)=\lim_{\Delta x\to 0^-}\frac{f(x_0+\Delta x)-f(x_0)}{\Delta x},\quad f'_+(x_0)=\lim_{\Delta x\to 0^+}\frac{f(x_0+\Delta x)-f(x_0)}{\Delta x}.$$

左导数和右导数统称为**单侧导数**.

定理 1 $f'(x_0)$ 存在的充分必要条件是左导数 $f'_-(x_0)$ 和右导数 $f'_+(x_0)$ 都存在且相等.

例 5 已知 $f(x)=\begin{cases}\sin x, x<0,\\ x, x\geqslant 0.\end{cases}$ 求 $f'_+(0)$，$f'_-(0)$ 及 $f'(0)$.

解 $f(0)=0$，

$$f'_+(0)=\lim_{x\to 0^+}\frac{f(x)-f(0)}{x-0}=\lim_{x\to 0^+}\frac{x}{x}=1,$$

$$f'_-(0)=\lim_{x\to 0^-}\frac{f(x)-f(0)}{x-0}=\lim_{x\to 0^-}\frac{\sin x}{x}=1,$$

因为 $f'_+(0)=f'_-(0)=1$，所以 $f'(0)=1$.

例 6 求函数 $y=|x|$ 在 $x=0$ 处的导数.

解 当 $x=0$ 时 $y=0$，$y=f(x)=\begin{cases}-x, x<0,\\ x, x\geqslant 0.\end{cases}$

$$f'_-(0)=\lim_{x\to 0^-}\frac{f(x)-f(0)}{x-0}=-1,$$

$$f'_+(0)=\lim_{x\to 0^+}\frac{f(x)-f(0)}{x}=1,$$

因为 $f'_-(0)\neq f'_+(0)$，

所以函数在 $x=0$ 不可导.

四、导数的几何意义

$f'(x_0)$ 为曲线 $y=f(x)$ 在点 $P(x_0, f(x_0))$ 处的切线的斜率. 曲线在点 P 处的切线方程为：

(1) 当 $f'(x_0)\neq 0$ 时，曲线在点 P 处的切线方程为 $y-f(x_0)=f'(x_0)(x-x_0)$；法线方程为 $y-f(x_0)=-\dfrac{1}{f'(x_0)}(x-x_0)$.

(2) 当 $f'(x_0)=0$ 时，曲线在点 P 处的切线平行于 x 轴，方程为 $y=f(x_0)$；法线垂直于 x 轴，方程为 $x=x_0$.

(3) 当 $f'(x_0)=\infty$ 时，曲线在点 P 处的切线垂直于 x 轴，方程为 $x=x_0$；法线平行于 x 轴，方程为 $y=f(x_0)$.

例 7 求曲线 $y=\sqrt{x}$ 在点 $(4,2)$ 处的切线方程.

解 因为 $y'=(\sqrt{x})'=\frac{1}{2\sqrt{x}}$，则 $y'\Big|_{x=4}=\frac{1}{2\sqrt{4}}=\frac{1}{4}$，故所求切线方程：$y-2=\frac{1}{4}(x-4)$，即 $-x+4y-4=0$.

五、可导与连续的关系

定理 2 如果函数 $y=f(x)$ 在点 x_0 处可导，则函数在点 x_0 处必连续.

定理 2 的逆否命题：如果函数 $y=f(x)$ 在点 x_0 处不连续，则函数在点 x_0 处不可导.

例 8 讨论函数 $f(x)=\begin{cases}x^2, x<1,\\ 2x, x\geqslant 1\end{cases}$ 在点 $x=1$ 处的连续性与可导性.

解 因为 $\lim\limits_{x\to 1^-}f(x)=1$，$\lim\limits_{x\to 1^+}f(x)=2$，所以 $f(x)$ 在 $x=1$ 处不连续，根据定理 2 的逆否命题可得，$f(x)$ 在 $x=1$ 处不可导.

例 9 讨论 $f(x)=\begin{cases}x\sin\frac{1}{x}, & x\neq 0,\\ 0, & x=0\end{cases}$ 在点 $x=0$ 处的连续性与可导性.

解 (1) 因为 $\sin\frac{1}{x}$ 是有界函数，故 $\lim\limits_{x\to 0}x\sin\frac{1}{x}=0$，又因为 $f(0)=\lim\limits_{x\to 0}f(x)=0$，所以 $f(x)$ 在 $x=0$ 处连续.

(2) 因为 $\lim\limits_{x\to 0}\frac{x\sin\frac{1}{x}-0}{x}=\lim\limits_{x\to 0}\sin\frac{1}{x}$，极限不存在，所以 $f(x)$ 在点 $x=0$ 处不可导.

习题 2-1

1. 已知某物体做直线运动，路程为 $s=10t+5t^2$，求物体从 $t=4$ 到 $t=4+\Delta t(\Delta t=0.1)$ 时间内运动的平均速度及 $t=4$ 时刻的瞬时速度.

2. 已知 $f(0)=0$，$f'(0)=2$，求 $\lim\limits_{x\to 0}\frac{f(x)}{x}$ 和 $\lim\limits_{x\to 0}\frac{f(x)}{3x}$.

3. 已知 $f'(x_0)$ 存在，求下列极限：

(1) $\lim\limits_{\Delta x\to 0}\frac{f(x_0-\Delta x)-f(x_0)}{\Delta x}$； (2) $\lim\limits_{x\to x_0}\frac{f(x_0)-f(x)}{x-x_0}$；

(3) $\lim\limits_{h\to 0}\frac{f(x_0+h)-f(x_0-h)}{2h}$； (4) $\lim\limits_{n\to\infty}\left\{n\left[f\left(x_0+\frac{1}{n}\right)-f(x_0)\right]\right\}$.

4. 求下列函数的导数：

(1) $y=x^5$； (2) $y=\sqrt[3]{x}$； (3) $y=x\sqrt{x}$；

(4) $y=\frac{1}{\sqrt{x}}$； (5) $y=\frac{1}{x^2}$； (6) $y=\log_3 x$.

5. (1) 求曲线 $y=\ln x$ 在点 $(e,1)$ 处的切线方程；

(2) 曲线 $y=x^{\frac{3}{2}}$ 上哪一点的切线与直线 $y=3x-1$ 平行？

6. 讨论下列函数在 $x=0$ 处的连续性和可导性：

(1) $y=x^3$； (2) $y=|x^3|$； (3) $y=\sin x$；

(4) $y=|\sin x|$;　　　(5) $f(x)=\begin{cases}x^2\sin\dfrac{1}{x}, x\neq 0,\\ 0, x=0.\end{cases}$

第二节　函数的求导法则

【课前导读】

上节利用导数的定义,可以求解一些基本初等函数的导数公式,但对于多数函数运用定义求解其导数则很难完成.大部分常见的函数是一些简单函数的和、差、积、商或相互复合的结果,本节介绍几个求导法则,运用这些求导法则和基本初等函数的导数公式,可以比较方便求解常见函数的导数.

一、导数的四则运算法则

定理1　设函数 $u(x)$,$v(x)$在点 x 处可导,则它们的和、差、积、商(分母不为零)在点 x 处也可导,且有

(1) $[u(x)\pm v(x)]'=u'(x)\pm v'(x)$;

(2) $[u(x)v(x)]'=u'(x)v(x)+u(x)v'(x)$;

(3) $\left[\dfrac{u(x)}{v(x)}\right]'=\dfrac{u'(x)v(x)-u(x)v'(x)}{v^2(x)}$.

注:① (1)、(2)可推广到有限个可导函数的情形,如

$$(u-v+w)'=u'-v'+w';$$

$$(uvw)'=u'vw+uv'w+uvw'.$$

② 在(2)中,当 $v(x)=c$(c 为常数)时,有$[cu(x)]'=cu'(x)$.

例1　求 $y=x^3-2x^2+\sin x$ 的导数.

解　$y'=(x^3)'-(2x^2)'+(\sin x)'=3x^2-4x+\cos x$.

例2　求 $y=2\sqrt{x}\sin x$ 的导数.

解　$y'=(2\sqrt{x}\sin x)'=2(\sqrt{x}\sin x)'=2[(\sqrt{x})'\sin x+\sqrt{x}(\sin x)']$

$=2\left(\dfrac{1}{2\sqrt{x}}\sin x+\sqrt{x}\cos x\right)=\dfrac{1}{\sqrt{x}}\sin x+2\sqrt{x}\cos x$.

例3　$y=\tan x$,求 y'.

解　$y'=(\tan x)'=\left(\dfrac{\sin x}{\cos x}\right)'=\dfrac{(\sin x)'\cos x-\sin x(\cos x)'}{\cos^2 x}$

$=\dfrac{\cos^2 x+\sin^2 x}{\cos^2 x}=\dfrac{1}{\cos^2 x}=\sec^2 x$,

即$(\tan x)'=\sec^2 x$,这就是正切函数的导数公式.

例4　$y=\sec x$,求 y'.

解　$y'=(\sec x)'=\left(\dfrac{1}{\cos x}\right)'=\dfrac{(1)'\cos x-1\cdot(\cos x)'}{\cos^2 x}=\dfrac{\sin x}{\cos^2 x}=\sec x\tan x$,

即$(\sec x)'=\sec x\tan x$,这就是正割函数的导数公式.

用类似方法，还可求得余切函数及余割函数的导数公式：

$$(\cot x)'=-\csc^2 x,\quad (\csc x)'=-\csc x\cot x.$$

二、反函数的导数

定理 2 设函数 $y=f(x)$ 为函数 $x=\varphi(y)$ 的反函数. 如果函数 $x=\varphi(y)$ 在某区间 I_y 内严格单调可导且 $\varphi'(y)\neq 0$，则它的反函数 $y=f(x)$ 也在对应的区间 I_x 内可导，且有

$$f'(x)=\frac{1}{\varphi'(y)}\quad 或\quad \frac{\mathrm{d}y}{\mathrm{d}x}=\frac{1}{\frac{\mathrm{d}x}{\mathrm{d}y}},$$

即反函数的导数等于直接函数导数的倒数.

例 5 求函数 $y=\arcsin x$ 的导数.

解 函数 $x=\sin y$ 在区间 $\left(-\frac{\pi}{2},\frac{\pi}{2}\right)$ 内单调、可导，并且 $(\sin y)'=\cos y>0$，所以其反函数 $y=\arcsin x$ 在对应区间 $(-1,1)$ 内也可导，且有

$$(\arcsin x)'=\frac{1}{(\sin y)'}=\frac{1}{\cos y}=\frac{1}{\sqrt{1-\sin^2 y}}=\frac{1}{\sqrt{1-x^2}},$$

即 $(\arcsin x)'=\frac{1}{\sqrt{1-x^2}}$.

类似地，可得其他三个反三角函数的导数：

$$(\arccos x)'=-\frac{1}{\sqrt{1-x^2}},\quad (\arctan x)'=\frac{1}{1+x^2},\quad (\operatorname{arccot} x)'=-\frac{1}{1+x^2}.$$

请用定理 2 说明：$(a^x)'=a^x\ln a$，$(\mathrm{e}^x)'=\mathrm{e}^x$.

三、复合函数的求导法则

定理 3 如果 $u=\varphi(x)$ 在点 x 处可导，而 $y=f(u)$ 在点 $u=\varphi(x)$ 处可导，则复合函数 $y=f[\varphi(x)]$ 在点 x 处可导，且其导数为

$$\frac{\mathrm{d}y}{\mathrm{d}x}=f'(u)\cdot\varphi'(x)\quad 或\quad \frac{\mathrm{d}y}{\mathrm{d}x}=\frac{\mathrm{d}y}{\mathrm{d}u}\cdot\frac{\mathrm{d}u}{\mathrm{d}x}.$$

复合函数的求导法则可以推广应用到多个中间变量的情形中，我们以两个中间变量为例，设 $y=f(u)$，$u=\varphi(v)$，$v=\psi(x)$ 在相应点处可导，则复合函数 $y=f\{\varphi[\psi(x)]\}$ 的导数为

$$\frac{\mathrm{d}y}{\mathrm{d}x}=\frac{\mathrm{d}y}{\mathrm{d}u}\cdot\frac{\mathrm{d}u}{\mathrm{d}v}\cdot\frac{\mathrm{d}v}{\mathrm{d}x}.$$

例 6 $y=\sin(x^2-3)$，求 y'.

解 函数可分解为 $y=\sin u$，$u=x^2-3$，因 $\frac{\mathrm{d}y}{\mathrm{d}u}=\cos u$，$\frac{\mathrm{d}u}{\mathrm{d}x}=2x$，所以

$$y'=\cos u\cdot 2x=2x\cos(x^2-3).$$

例 7 $y=\sqrt[3]{1-2x^2}$，求 y'.

解 函数可分解为 $y=\sqrt[3]{u}=u^{\frac{1}{3}}$，$u=1-2x^2$，因 $\frac{\mathrm{d}y}{\mathrm{d}u}=\frac{1}{3}u^{-\frac{2}{3}}$，$\frac{\mathrm{d}u}{\mathrm{d}x}=-4x$，所以

$$y'=\frac{1}{3}u^{-\frac{2}{3}}\cdot(-4x)=-\frac{4x}{3\sqrt[3]{(1-2x^2)^2}}.$$

例 8　$y=\ln\cos(\mathrm{e}^x)$,求$\frac{\mathrm{d}y}{\mathrm{d}x}$.

解　所给函数可分解为 $y=\ln u, u=\cos v, v=\mathrm{e}^x$. 因$\frac{\mathrm{d}y}{\mathrm{d}u}=\frac{1}{u}$,$\frac{\mathrm{d}u}{\mathrm{d}v}=-\sin v$,$\frac{\mathrm{d}v}{\mathrm{d}x}=\mathrm{e}^x$,故

$$\frac{\mathrm{d}y}{\mathrm{d}x}=\frac{1}{u}\cdot(-\sin v)\cdot\mathrm{e}^x=-\frac{\sin\mathrm{e}^x}{\cos\mathrm{e}^x}\cdot\mathrm{e}^x=-\mathrm{e}^x\tan\mathrm{e}^x.$$

不写出中间变量,此例的求解可这样写:

$$\frac{\mathrm{d}y}{\mathrm{d}x}=[\ln\cos\mathrm{e}^x]'=\frac{1}{\cos\mathrm{e}^x}[\cos\mathrm{e}^x]'=\frac{-\sin\mathrm{e}^x}{\cos\mathrm{e}^x}(\mathrm{e}^x)'=-\mathrm{e}^x\tan\mathrm{e}^x.$$

例 9　设 $f'(x)$存在,$y=f(x^2)$,求 y'.

解　函数可分解为 $y=f(u), u=x^2$,因$\frac{\mathrm{d}y}{\mathrm{d}u}=f'(u)$,$\frac{\mathrm{d}u}{\mathrm{d}x}=2x$,所以

$$y'=f'(u)\cdot(2x)=2xf'(x^2).$$

四、初等函数的求导公式

基本初等函数的求导公式,在初等函数的求导运算中起着重要的作用. 为了便于查阅,我们把这些导数公式和求导法则归纳如下:

常数和基本初等函数的导数公式

(1) $(C)'=0$;　　(2) $(x^\mu)'=\mu x^{\mu-1}$;

(3) $(\sin x)'=\cos x$;　　(4) $(\cos x)'=-\sin x$;

(5) $(\tan x)'=\sec^2 x$;　　(6) $(\cot x)'=-\csc^2 x$;

(7) $(\sec x)'=\sec x\tan x$;　　(8) $(\csc x)'=-\csc x\cot x$;

(9) $(a^x)'=a^x\ln a$;　　(10) $(\mathrm{e}^x)'=\mathrm{e}^x$;

(11) $(\log_a x)'=\frac{1}{x\ln a}$;　　(12) $(\ln x)'=\frac{1}{x}$;

(13) $(\arcsin x)'=\frac{1}{\sqrt{1-x^2}}$;　　(14) $(\arccos x)'=-\frac{1}{\sqrt{1-x^2}}$;

(15) $(\arctan x)'=\frac{1}{1+x^2}$;　　(16) $(\operatorname{arccot} x)'=-\frac{1}{1+x^2}$.

习题 2-2

1. 求下列函数的导数:

(1) $y=x^5+2x^2+3$;　　(2) $y=3x+\sqrt{x}$;　　(3) $y=x^2\cos x$;

(4) $y=\mathrm{e}^x(1+x^2)$;　　(5) $y=\frac{\ln x}{x}$;　　(6) $y=\frac{\sin x}{x^2}$;

(7) $y=x^{\mathrm{e}}+\mathrm{e}^x+\mathrm{e}^{\mathrm{e}}$;　　(8) $y=\frac{1+\ln x}{1-\ln x}$.

2. 求下列函数在定点处的导数:

(1) $y=\sin x-\cos x$,求 $y'|_{x=\frac{\pi}{4}}$;

(2) $y=\frac{3}{1-x}+\frac{x^2}{2}$，求 $y'_{|x=0}$ 和 $y'_{|x=2}$；

(3) $f(t)=\frac{1-\sqrt{t}}{1+\sqrt{t}}$，求 $f'(4)$；

(4) $f(x)=\arctan x+3\text{arccot}\, x$，求 $f'(1)$ 和 $f'(-1)$；

(5) $f(x)=(x-2)(x-1)(x+1)$，求 $f'(1)$.

3. 求下列函数的导数：

(1) $y=(2x-5)^3$；　(2) $y=\sin(3x+2)$；　(3) $y=\ln(x^2+3)$；

(4) $y=\frac{1}{(5x-4)^2}$；　(5) $y=\ln(\sec x+\tan x)$；　(6) $y=\ln\tan\frac{x}{2}$；

(7) $y=(\arcsin\sqrt{x})^2$；　(8) $y=e^{-x}(x^2+2x+2)$；　(9) $y=\arctan\frac{x+1}{x-1}$.

4. 求曲线 $y=\sqrt{1-x^2}$ 在 $x=\frac{1}{2}$ 处的切线和法线方程.

5. 设 $f'(x)$ 存在，求下列函数一阶导数 y'：

(1) $y=f(\ln x)$；　(2) $y=f(5^x)$；　(3) $y=f(\text{arccot}\sqrt{x})$.

第三节　高阶导数

【课前导读】

根据第一节实例，若物体运动的方程为 $s=s(t)$，则物体运动的速度为 $v(t)=s'(t)$，而速度在 t_0 时刻的变化率 $\lim\limits_{\Delta t\to 0}\frac{v(t_0+\Delta t)-v(t_0)}{\Delta t}$ 是物体在 t_0 时刻的加速度. 可以看出，加速度是速度函数的导数，也是路程 $s=s(t)$ 的导函数的导数，这样就产生了高阶导数.

定义 1　可导函数 $y=f(x)$ 的导数 $y'=f'(x)$ 仍然是 x 的函数，若 $f'(x)$ 在点 x 处可导，则把 $y'=f'(x)$ 的导数叫作函数 $y=f(x)$ 的二阶导数，记作 y'' 或 $\frac{d^2y}{dx^2}$，即

$$y''=(y')' \quad 或 \quad \frac{d^2y}{dx^2}=\frac{d}{dx}\left(\frac{dy}{dx}\right).$$

相应地，把 $y=f(x)$ 的导数 $f'(x)$ 叫作函数 $y=f(x)$ 的一阶导数.

类似地，二阶导数的导数叫作三阶导数，三阶导数的导数叫作四阶导数，…，$(n-1)$ 阶导数的导数叫作 n 阶导数，分别记作

$$y''',y^{(4)},\cdots,y^{(n)}$$

或

$$\frac{d^3y}{dx^3},\frac{d^4y}{dx^4},\cdots,\frac{d^ny}{dx^n}.$$

二阶及二阶以上的导数统称为高阶导数.

例 1　求指数函数 $y=e^x$ 的 n 阶导数.

解　$y'=e^x,y''=e^x,y'''=e^x,y^{(4)}=e^x$. 一般情况，可得 $y^{(n)}=e^x$.

例 2　求正弦函数 $y=\sin x$ 的 n 阶导数.

解 $y' = \cos x = \sin\left(x+\frac{\pi}{2}\right)$,

$$y'' = \cos\left(x+\frac{\pi}{2}\right) = \sin\left(x+\frac{\pi}{2}+\frac{\pi}{2}\right) = \sin\left(x+2\times\frac{\pi}{2}\right),$$

$$y''' = \cos\left(x+2\times\frac{\pi}{2}\right) = \sin\left(x+3\times\frac{\pi}{2}\right),$$

$$y^{(4)} = \cos\left(x+3\times\frac{\pi}{2}\right) = \sin\left(x+4\times\frac{\pi}{2}\right),$$

可得 $y^{(n)}=\sin\left(x+n\times\frac{\pi}{2}\right)$,即 $(\sin x)^{(n)}=\sin\left(x+n\times\frac{\pi}{2}\right)$.

用类似方法,可得 $(\cos x)^{(n)}=\cos\left(x+n\times\frac{\pi}{2}\right)$.

例 3 求函数 $y=x^n$ 的 n 阶导数.

解 $y'=nx^{n-1}, y''=n\cdot(n-1)x^{n-2},\cdots,y^{(n)}=n\cdot(n-1)\cdot(n-2)\cdot\cdots\cdot3\cdot2\cdot1=n!$.

如果函数 $u=u(x)$ 及 $v=v(x)$ 在点 x 处都具有 n 阶导数,那么显然函数 $u(x)+v(x)$ 及函数 $u(x)-v(x)$ 在点 x 处也具有 n 阶导数,且

$$(u\pm v)^{(n)} = u^{(n)} \pm v^{(n)}.$$

但乘积 $u(x)\cdot v(x)$ 的 n 阶导数并不如此简单,运用莱布尼茨公式表示为

$$(uv)^{(n)} = \sum_{k=0}^{n} C_n^k u^{(n-k)} v^{(k)},$$

其中 $u^{(0)}=u, v^{(0)}=v$.

例 4 $y=x^2e^{2x}$,求 $y^{(8)}$.

解 设 $v=x^2, u=e^{2x}$,则 $u^{(k)}=2^k e^{2x}(k=1,2,\cdots,8)$, $v'=2x, v''=2, v^{(k)}=0(k=3,4,\cdots,8)$,所以,

$$y^{(8)} = 2^8e^{2x}\cdot x^2+8\cdot2^7e^{2x}\cdot2x+\frac{8\cdot7}{2!}\cdot2^6e^{2x}\cdot2 = 2^8e^{2x}(x^2+8x+14).$$

习题 2-3

1. 求下列函数的二阶导数:

(1) $y=x\ln x$; (2) $y=x^5+2x^3+2x$; (3) $y=e^{1-2x}$;

(4) $y=e^{-x}\sin x$; (5) $y=\ln(1-x^3)$; (6) $y=\frac{\tan x}{x}$.

2. 已知 $f(x)=\frac{x}{\sqrt{1+x^2}}$,求 $f''(0), f''(1), f''(-1)$.

3. 求下列函数的高阶导数:

(1) $y=e^x\sin x$,求 y'''; (2) $y=\frac{1-x}{1+x}$,求 y'';

(3) $y=\sin 2x$,求 $y^{(n)}$; (4) $y=(x-1)(x-2)\cdots(x-n)$,求 $y^{(n)}$.

4. 已知 $f(x)=\ln(1+x)$,求 $f^{(100)}(0)$.

5. 函数 $y=x^3e^x$,求 $y^{(6)}\big|_{x=0}$.

第四节　隐函数的导数

【课前导读】

在实际问题中，表示变量与变量之间关系的函数表达式会有不同，一种以常见的显函数的形式出现，另一种以隐函数的形式出现，对于显函数我们已有求导方法，本节我们讨论隐函数如何求导.

一、隐函数的导数

两个变量 y 与 x 之间的对应关系，可以用各种方式来表达.通常有两种形式：

(1) **显函数**：例如 $y=\sin x$，$y=\ln x+\sqrt{1-x^2}$ 等；

(2) **隐函数**：用方程 $F(x,y)=0$ 的形式来表达两个变量 y 与 x 之间的对应关系，例如方程 $x+y^3-1=0$，$xy+e^y-\sin x=0$ 等，这样的函数称为隐函数.

有些隐函数是可以显化的隐函数，例如方程 $x+y^3-1=0$ 可写为 $y=\sqrt[3]{1-x}$.有些隐函数的显化非常困难，甚至是不可能的，例如 $xy+e^y-\sin x=0$.

在实际问题中，有时需要计算隐函数的导数.一般情况，如果方程 $F(x,y)=0$ 所确定的函数为 $y=f(x)$，利用复合函数求导法则，将上式两边同时对自变量 x 求导，再解出所求导数 $\frac{dy}{dx}$.这就是隐函数求导法.

例 1　求由方程 $e^y+xy-e=0$ 所确定的隐函数 $y=f(x)$ 的导数 $\frac{dy}{dx}$.

解　方程两边分别对 x 求导数，注意 y 是 x 的函数.求导得

$$e^y\frac{dy}{dx}+y+x\frac{dy}{dx}=0,$$

解得

$$\frac{dy}{dx}=-\frac{y}{x+e^y}.$$

例 2　求椭圆 $\frac{x^2}{4}+y^2=1$ 在点 $\left(1,\frac{\sqrt{3}}{2}\right)$ 的切线方程(图 2-4-1).

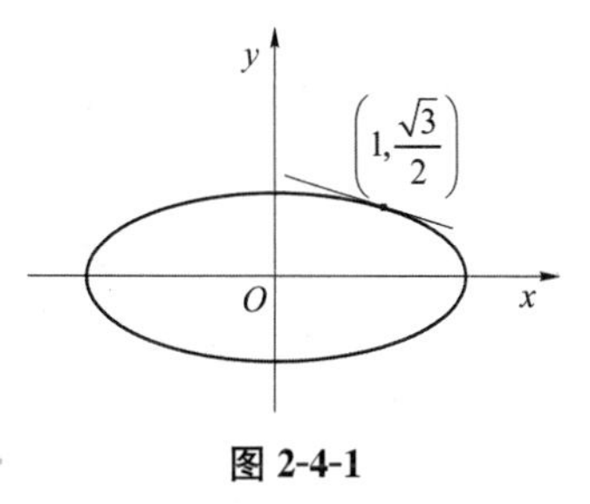

图 2-4-1

解　方程两边同时对 x 求导，可得

$$\frac{x}{2}+2yy'=0,$$

整理得 $y'=-\frac{x}{4y}$，把点 $\left(1,\frac{\sqrt{3}}{2}\right)$ 代入，得 $y'\Big|_{\left(1,\frac{\sqrt{3}}{2}\right)}=-\frac{\sqrt{3}}{6}$，

所求切线方程为 $y=-\frac{\sqrt{3}}{6}x+\frac{2\sqrt{3}}{3}$.

二、对数求导法

幂指函数 $y=u(x)^{v(x)}$ 是没有求导公式的，我们可以通过方程两端取对数化幂指函数为隐函数，从而求出导数 y'.

例 3 求 $y=x^{\sin x}(x>0)$ 的导数.

解 方程两边取对数，得 $\ln y=\sin x\cdot\ln x$.

上式两边对 x 求导，注意到 y 是 x 的函数，得

$$\frac{1}{y}y'=\cos x\cdot\ln x+\sin x\cdot\frac{1}{x},$$

于是

$$y'=y\left(\cos x\cdot\ln x+\frac{\sin x}{x}\right)=x^{\sin x}\left(\cos x\cdot\ln x+\frac{\sin x}{x}\right).$$

由于对数具有化积商为和差的性质，因此常用对数求导法求解由多个因子相乘除构成的函数的导数，如例 4 所示.

例 4 求 $y=\sqrt{\dfrac{(x-1)(x-2)}{(x-3)(x-4)}}\ (x>4)$ 的导数.

解 方程两边取对数，得

$$\ln y=\frac{1}{2}[\ln(x-1)+\ln(x-2)-\ln(x-3)-\ln(x-4)],$$

上式两边对 x 求导，注意到 y 是 x 的函数，得

$$\frac{1}{y}y'=\frac{1}{2}\left(\frac{1}{x-1}+\frac{1}{x-2}-\frac{1}{x-3}-\frac{1}{x-4}\right),$$

于是

$$y'=\frac{y}{2}\left(\frac{1}{x-1}+\frac{1}{x-2}-\frac{1}{x-3}-\frac{1}{x-4}\right).$$

注：关于幂指函数求导，除了取对数的方法以外也可以采取化指数的办法. 例如 $x^x=e^{x\ln x}$，这样就可以把幂指函数求导转化为复合函数求导.

三、由参数方程确定的函数的求导

若让半径为 a 的圆沿着一条直线滚动，圆周上一个定点的轨迹称为摆线，如图 2-4-2 所示，若 t 为圆的半径所经历的弧度(滚动角)，摆线可用参数方程表示为：

$$\begin{cases}x=a(t-\sin t),\\y=a(1-\cos t).\end{cases}$$

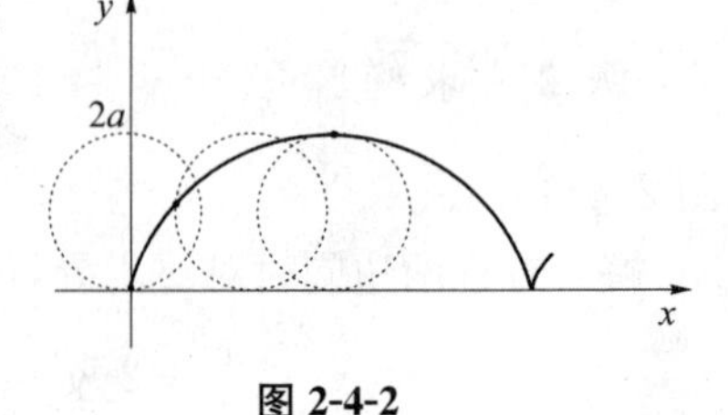

图 2-4-2

若参数方程

$$\begin{cases}x=\varphi(t),\\y=\psi(t)\end{cases}$$

确定了 y 与 x 之间的函数关系，则称此函数关系所表示的函数为参数方程(2.4.1)表示的函数.

如果函数 $x=\varphi(t)$ 具有单调连续反函数 $t=\bar{\varphi}(x)$，则反函数 $t=\bar{\varphi}(x)$ 与函数 $y=\psi(t)$ 构成的复合函数为 $y=\psi[\bar{\varphi}(x)]$. 要计算这个复合函数的导数. 为此，假定函数 $x=\varphi(t)$、$y=\psi(t)$ 都

可导，而且 $\varphi'(t)\neq0$，根据复合函数的求导法则与反函数的导数公式，有

$$\frac{dy}{dx}=\frac{dy}{dt}\cdot\frac{dt}{dx}=\frac{dy}{dt}\cdot\frac{1}{\frac{dx}{dt}}=\frac{\psi'(t)}{\varphi'(t)},$$

即
$$\frac{dy}{dx}=\frac{\psi'(t)}{\varphi'(t)}.$$

上式也可写成
$$\frac{dy}{dx}=\frac{\frac{dy}{dt}}{\frac{dx}{dt}}.$$

如果 $x=\varphi(t)$、$y=\psi(t)$ 是二阶可导的，由 $\frac{dy}{dx}=\frac{\psi'(t)}{\varphi'(t)}$ 可导出 y 对 x 的二阶导数公式：

$$\frac{d^2y}{dx^2}=\frac{d}{dx}\left(\frac{dy}{dx}\right)=\frac{d}{dt}\left[\frac{\psi'(t)}{\varphi'(t)}\right]\cdot\frac{dt}{dx}=\frac{\psi''(t)\varphi'(t)-\psi'(t)\varphi''(t)}{[\varphi'(t)]^2}\cdot\frac{1}{\varphi'(t)},$$

即
$$\frac{d^2y}{dx^2}=\frac{\psi''(t)\varphi'(t)-\psi'(t)\varphi''(t)}{[\varphi'(t)]^3}.$$

例 5 求由参数方程 $\begin{cases}x=\arctan t,\\ y=\ln(1+t^2)\end{cases}$ 所确定的函数 $y=y(x)$ 的一阶导数和二阶导数.

解
$$\frac{dy}{dx}=\frac{\frac{dy}{dt}}{\frac{dx}{dt}}=\frac{\frac{2t}{1+t^2}}{\frac{1}{1+t^2}}=2t.$$

$$\frac{d^2y}{dx^2}=\frac{\frac{d}{dt}\left(\frac{dy}{dx}\right)}{\frac{dx}{dt}}=\frac{2}{\frac{1}{1+t^2}}=2(1+t^2).$$

习题 2-4

1. 求下列方程确定的函数 $y=f(x)$ 的导数：

(1) $e^{x+y}+xy=1$； (2) $\cos(xy)=x$； (3) $x^2+3xy+y^2=1$；

(4) $y=x^3+xe^y$； (5) $y\sin x+e^y-x=1$； (6) $x^y=y^x$.

2. 用对数求导法求下列函数的导数：

(1) $y=x^x$； (2) $y=\frac{\sqrt{x-1}(x-2)^3}{(1+x)^2}$.

3. 求下列参数方程所确定函数的导数 $\frac{dy}{dx}$.

(1) $\begin{cases}x=\frac{t}{1+t},\\ y=\frac{1-t}{1+t};\end{cases}$ (2) $\begin{cases}x=\frac{2t}{1+t^2},\\ y=\frac{1-t^2}{1+t^2};\end{cases}$

(3) $\begin{cases}x=at^2,\\ y=bt^3,\end{cases}$ a,b 为常数且 $a\neq0$； (4) $\begin{cases}x=e^t\sin t,\\ y=e^t\cos t.\end{cases}$

4. 求摆线$\begin{cases}x=a(t-\sin t),\\ y=a(1-\cos t),\end{cases}$(常数 $a>0$)在 $t=\frac{\pi}{4}$时的导数$\left.\frac{\mathrm{d}y}{\mathrm{d}x}\right|_{t=\frac{\pi}{4}}$.

5. 求曲线$\begin{cases}x=1-t^2,\\ y=t-t^2\end{cases}$在点 $t=1$ 处的切线方程和法线方程.

6. 求下列参数方程所确定的函数的二阶导数$\frac{\mathrm{d}^2y}{\mathrm{d}x^2}$:

(1) $\begin{cases}x=3\mathrm{e}^{-t},\\ y=2\mathrm{e}^{t};\end{cases}$　　(2) $\begin{cases}x=1-t^2,\\ y=t-t^3.\end{cases}$

第五节　函数的微分

【课前导读】

在工程和生产实践中,常常会遇到求解函数近似值和估计间接测量误差的问题,此类问题都需要计算函数增量 $\Delta y=f(x+\Delta x)-f(x)$,针对 $f(x)$的表达式复杂,Δy 的计算会很费力,本节介绍的微分提供了运用简单的线性运算来近似 Δy 的计算.

一、微分的定义

一般来说,精确求得函数的增量 $\Delta y=f(x_0+\Delta x)-f(x_0)$是比较复杂的,我们希望寻求较简单的计算函数增量的近似计算方法.

引例:一块正方形金属薄片受温度变化的影响,其边长由 x_0 变到 $x_0+\Delta x$(图 2-5-1),此薄片的面积 A 改变了多少?

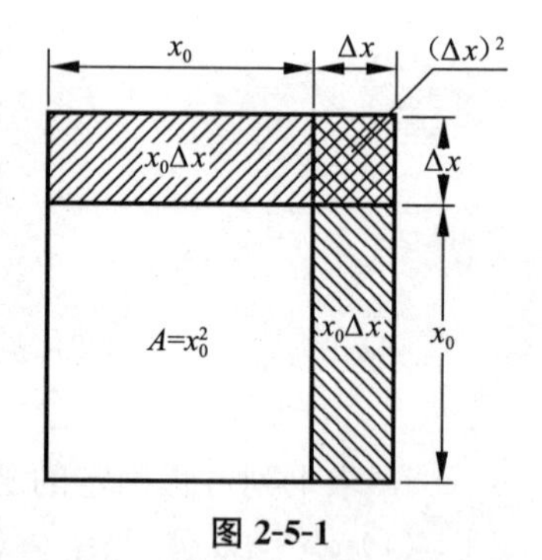

图 2-5-1

设此薄片的边长为 x,面积 A 是 x 的函数:$A=x^2$. 当自变量 x 自 x_0 取得增量 Δx 时,函数 A 相应的增量为 ΔA,即

$$\Delta A=(x_0+\Delta x)^2-x_0^2=2x_0\Delta x+(\Delta x)^2.$$

从上式可以看出,ΔA 分成两部分,第一部分 $2x_0\Delta x$ 是 ΔA 的线性函数,而第二部分$(\Delta A)^2$ 当 $\Delta x\to 0$ 时,是比 Δx 高阶的无穷小,即$(\Delta A)^2=o(\Delta x)$. 由此可见,如果边长改变很微小,即$(\Delta x)^2$很微小,面积的改变量 ΔA 可近似地用第一部分来代替.

定义 1　设函数 $y=f(x)$在某区间内有定义,x_0 及 $x_0+\Delta x$ 在此区间内,如果函数的增量 $\Delta y=f(x_0+\Delta x)-f(x_0)$可表示为

$$\Delta y=A\Delta x+o(\Delta x),\tag{2.5.1}$$

其中,A 是不依赖于 Δx 的常数,而 $o(\Delta x)$是比 Δx 高阶的无穷小,那么称**函数 $y=f(x)$在点 x_0 处是可微的**,而 $A\Delta x$ 叫作函数 $y=f(x)$在点 x_0 处相应于自变量增量 Δx 的微分,记作 $\mathrm{d}y$,即 $\mathrm{d}y=A\Delta x$.

注:如果函数 $y=f(x)$在点 x_0 处可微,则函数的微分 $\mathrm{d}y=A\cdot\Delta x$ 是 Δx 的线性函数,所以也称微分 $\mathrm{d}y$ 是增量 Δy 的线性主部,当$|\Delta x|$很小时,可以用微分 $\mathrm{d}y$ 作为改变量 Δy 的近似值:$\Delta y\approx\mathrm{d}y$.

二、函数可微的条件

设函数 $y=f(x)$ 在点 x_0 处可微，则按定义有式(2.5.1)成立. 式两边同时除以 Δx，得

$$\frac{\Delta y}{\Delta x}=A+\frac{o(\Delta x)}{\Delta x},$$

于是，当 $\Delta x\to 0$ 时，由上式得到

$$A=\lim_{\Delta x\to 0}\frac{\Delta y}{\Delta x}=f'(x_0).$$

即函数 $f(x)$ 在点 x_0 处可导.

反之，如果 $y=f(x)$ 在点 x_0 处可导，即

$$\lim_{\Delta x\to 0}\frac{\Delta y}{\Delta x}=f'(x_0)$$

存在，根据极限与无穷小的关系，上式可写成

$$\frac{\Delta y}{\Delta x}=f'(x_0)+\alpha,$$

其中，当 $\Delta x\to 0$ 时，$\alpha\to 0$. 由此又有

$$\Delta y=f'(x_0)\Delta x+\alpha\Delta x,$$

因此 $\alpha\Delta x=o(\Delta x)$，且 $f'(x_0)$ 不依赖于 Δx，故上式相当于式(2.5.1)，所以 $f(x)$ 在点 x_0 处也是可微的.

定理 1 函数 $f(x)$ 在点 x_0 处可微的充分必要条件是函数 $f(x)$ 在点 x_0 处可导，且当 $f(x)$ 在点 x_0 处可微时，其微分一定是 $\mathrm{d}y=f'(x_0)\Delta x$.

函数 $y=f(x)$ 在任意点 x 的微分，称为**函数的微分**，记作 $\mathrm{d}y$ 或 $\mathrm{d}f(x)$，即

$$\mathrm{d}y=f'(x)\Delta x.$$

如果 $y=x$，则 $\mathrm{d}x=x'\Delta x=\Delta x$(即自变量的微分等于自变量的增量)，所以

$$\mathrm{d}y=f'(x)\mathrm{d}x.$$

从而有 $\frac{\mathrm{d}y}{\mathrm{d}x}=f'(x)$，即函数的导数等于函数的微分与自变量微分的商，因此，导数又称为**“微商”**.

例 1 求函数 $y=x^2$ 当 x 由 1 改变到 1.01 时的微分.

解 因为 $\mathrm{d}y=2x\mathrm{d}x$，由题设条件知，$x=1$，$\mathrm{d}x=\Delta x=1.01-1=0.01$，所以

$$\mathrm{d}y=2\times 1\times 0.01=0.02.$$

例 2 求函数 $y=x^3$ 在点 $x=2$ 处的微分.

解 函数 $y=x^3$ 在点 $x=2$ 处的微分为 $\mathrm{d}y=(x^3)'|_{x=2}\mathrm{d}x=12\mathrm{d}x$.

三、微分的几何意义

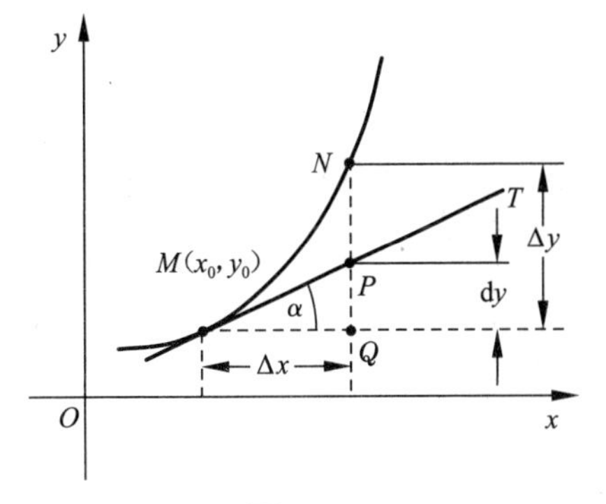

图 2-5-2

微分的几何意义：从图 2-5-2 可知，

$$MQ=\Delta x,\quad QN=\Delta y.$$

过点 M 作曲线的切线，它的倾斜角为 α，则 $QP=$

$MQ \cdot \tan\alpha = \Delta x \cdot f'(x_0)$,即 $dy = QP$.

由此可见,Δy 是曲线 $y=f(x)$ 上点的纵坐标的增量,dy 就是曲线的切线上点的纵坐标的相应增量. 当 $|\Delta x|$ 很小时,$\Delta y \approx dy$,即可用 dy 近似代替 Δy,同时,可用曲线 $y=f(x)$ 在点 $M(x_0, f(x_0))$ 处的切线来近似代替该曲线,这是微分学的基本思想方法之一,称为非线性函数的局部线性化,在自然科学和工程研究中经常采用这种思想方法简化问题.

四、微分运算法则及微分公式

1. 微分四则运算法则

若函数 u、v 都可微,则

(1) $d(u \pm v) = du \pm dv$;　　(2) $d(u \cdot v) = vdu + udv$;

(3) $d(Cu) = Cdu$;　　(4) $d\left(\dfrac{u}{v}\right) = \dfrac{vdu - udv}{v^2}$.

2. 基本初等函数的微分公式

(1) $d(C) = 0$(C 为常数);　　(2) $d(x^\mu) = \mu x^{\mu-1}dx$;

(3) $d(\sin x) = \cos x dx$;　　(4) $d(\cos x) = -\sin x dx$;

(5) $d(\tan x) = \sec^2 x dx$;　　(6) $d(\cot x) = -\csc^2 x dx$;

(7) $d(\sec x) = \sec x \tan x dx$;　　(8) $d(\csc x) = -\csc x \cot x dx$;

(9) $d(a^x) = a^x \ln a dx (a>0, a\neq 1)$;　　(10) $d(e^x) = e^x dx$;

(11) $d(\log_a x) = \dfrac{1}{x\ln a}dx (a>0, a\neq 1)$;　　(12) $d(\ln x) = \dfrac{1}{x}dx$;

(13) $d(\arcsin x) = \dfrac{1}{\sqrt{1-x^2}}dx$;　　(14) $d(\arccos x) = -\dfrac{1}{\sqrt{1-x^2}}dx$;

(15) $d(\arctan x) = \dfrac{1}{1+x^2}dx$;　　(16) $d(\text{arccot}\, x) = -\dfrac{1}{1+x^2}dx$.

3. 复合函数微分法则

设 $y=f(u)$ 及 $u=\varphi(x)$ 都可导,则复合函数 $y=f[\varphi(x)]$ 的微分为

$$dy = y'_x dx = f'(u)\varphi'(x)dx.$$

由于 $\varphi'(x)dx = du$,因此复合函数 $y=f[\varphi(x)]$ 的微分公式也可以写成

$$dy = f'(u)du \quad 或 \quad dy = y'_u du.$$

这一性质称为**微分形式不变性**.

例 3　$y=\sin(2x+1)$,求 dy.

解　设 $y=\sin u$,$u=2x+1$,则

$$dy = d(\sin u) = \cos u du = \cos(2x+1)d(2x+1) = \cos(2x+1)\cdot 2dx = 2\cos(2x+1)dx.$$

例 4　$y=\ln(1+e^{x^2})$,求 dy.

解　$dy = d\ln(1+e^{x^2}) = \dfrac{1}{1+e^{x^2}}d(1+e^{x^2}) = \dfrac{1}{1+e^{x^2}}e^{x^2}d(x^2) = \dfrac{e^{x^2}}{1+e^{x^2}}2xdx = \dfrac{2xe^{x^2}}{1+e^{x^2}}dx.$

例 5 $y=e^{\sin^2 x}$,求 dy.

解 $dy=e^{\sin^2 x}d(\sin^2 x)=e^{\sin^2 x}2\sin x d(\sin x)=e^{\sin^2 x}2\sin x\cos x dx=e^{\sin^2 x}\sin 2x dx$.

例 6 求由方程 $e^{xy}=2x+y^3$ 所确定的隐函数 $y=f(x)$的微分 dy.

解 对方程两边求微分,$d(e^{xy})=d(2x+y^3)$,得

$$e^{xy}d(xy)=d(2x)+d(y^3),$$

整理得 $e^{xy}(ydx+xdy)=2dx+3y^2dy$,于是

$$dy=\frac{2-ye^{xy}}{xe^{xy}-3y^2}dx.$$

五、微分在近似计算中的应用

从前面的讨论已知,如果函数 $y=f(x)$在点 x_0 处的导数 $f'(x_0)\neq 0$,且$|\Delta x|$很小时,有

$$\Delta y\approx dy. \tag{2.5.2}$$

根据式(2.5.2),我们有函数增量的近似计算公式为

$$\Delta y\big|_{x=x_0}\approx dy\big|_{x=x_0}=f'(x_0)\cdot\Delta x.$$

即

$$f(x_0+\Delta x)-f(x_0)\approx f'(x_0)\Delta x.$$

令 $x=x_0+\Delta x,\Delta x=x-x_0$,从而

$$f(x)\approx f(x_0)+f'(x_0)(x-x_0). \tag{2.5.3}$$

特别地,当 $x_0=0$,$|x|$很小时,有

$$f(x)\approx f(0)+f'(0)\cdot x. \tag{2.5.4}$$

应用式(2.5.4),可推得以下几个在工程中常用的近似公式:

(1) $\sqrt[n]{1+x}\approx 1+\frac{1}{n}x$;

(2) $\sin x\approx x$ (x 用弧度单位来表达);

(3) $\tan x\approx x$ (x 用弧度单位来表达);

(4) $e^x\approx 1+x$;

(5) $\ln(1+x)\approx x$.

例 7 半径 10 cm 的金属圆片加热后,半径伸长了 0.05 cm,面积增大了多少?

解 设 $A=\pi r^2$,$r=10$ cm,$\Delta r=0.05$ cm.

所以 $\Delta A\approx dA=2\pi r\cdot\Delta r=2\pi\times 10\times 0.05=\pi(\text{cm}^2)$.

例 8 计算 $\cos 60°30'$的近似值.

解 设 $f(x)=\cos x$,则 $f'(x)=-\sin x$(x 为弧度),取 $x_0=\frac{\pi}{3}$,$\Delta x=\frac{\pi}{360}$,得

$$f\left(\frac{\pi}{3}\right)=\frac{1}{2},\quad f'\left(\frac{\pi}{3}\right)=-\frac{\sqrt{3}}{2}.$$

所以 $\cos 60°30'=\cos\left(\frac{\pi}{3}+\frac{\pi}{360}\right)=\cos\frac{\pi}{3}-\sin\frac{\pi}{3}\cdot\frac{\pi}{360}=\frac{1}{2}-\frac{\sqrt{3}}{2}\cdot\frac{\pi}{360}\approx 0.4924$.

式(2.5.3)是用一次多项式近似复杂函数 fx,但近似精度不高,为了提高精度,可用更高

次的多项式来逼近函数.

定理2 泰勒(Taylor)中值定理 若 fx 在 x_0 处具有 n 阶导数，则存在 x_0 的一个邻域，对于该邻域内的任一 x，有

$$fx = f(x_0) + f'(x_0)(x - x_0) + \frac{f''(x_0)}{2!}(x - x_0)^2 + \cdots + \frac{f^{(n)}(x_0)}{n!}(x - x_0)^n + o((x - x_0)^n), \tag{2.5.5}$$

式(2.5.5)称为 $f(x)$在 x_0 处带佩亚诺(Peano)余项的**泰勒公式**.

式(2.5.5)中令 $x_0=0$，可得带有带佩亚诺(Peano)余项的**麦克劳林(Maclaurin)公式**：

$$fx = f(0) + f'(0)x + \frac{f''(0)}{2!}x^2 + \cdots + \frac{f^{(n)}(0)}{n!}x^n + o(x^n), \tag{2.5.6}$$

利用式(2.5.6)可得几个常见函数精度较高的近似多项式，也称作麦克劳林公式：

(1) $e^x \approx 1+1+\frac{1}{2!}x^2+\cdots+\frac{1}{n!}x^n$；

(2) $\sin x \approx x-\frac{1}{3!}x^3+\frac{1}{5!}x^5-\cdots+(-1)^n\frac{1}{(2n-1)!}x^{2n-1}$；

(3) $\cos x \approx 1-\frac{1}{2!}x^2+\frac{1}{4!}x^4-\cdots+(-1)^n\frac{1}{(2n)!}x^{2n}$；

(4) $\ln(1+x) \approx x-\frac{1}{2}x^2+\frac{1}{3}x^3-\cdots+(-1)^{n-1}\frac{1}{n}x^n$；

(5) $(1+x)^\alpha \approx 1+\alpha x+\frac{\alpha(\alpha-1)}{2!}x^2+\cdots+\frac{\alpha(\alpha-1)\cdots(\alpha-n+1)}{n!}x^n$.

在求解极限问题时遇到上述几个函数，可以用上述多项式代替函数.

例9 求极限$\lim\limits_{x\to 0}\frac{\sin x - x\cos x}{\sin^3 x}$.

解 由于$\sin^3 x \sim x^3$，而 $\sin x \approx x-\frac{1}{3!}x^3$，$x\cos x \approx x-\frac{1}{2!}x^3$，于是

$$\lim_{x\to 0}\frac{\sin x - x\cos x}{\sin^3 x} = \lim_{x\to 0}\frac{x-\frac{1}{3!}x^3-\left(x-\frac{1}{2!}x^3\right)}{x^3} = \lim_{x\to 0}\frac{\frac{1}{3}x^3}{x^3} = \frac{1}{3}.$$

习题 2-5

1. 已知 $y=x^2-x$，计算在 $x=2$ 处，当 Δx 分别等于 0.1、0.01 时的 Δy 及 dy.

2. 求下列函数的微分：

(1) $y=x\sin 2x$； (2) $y=x^2 e^{2x}$； (3) $y=\frac{x}{1-x^2}$；

(4) $y=x\ln x-x^2$； (5) $y=1+xe^y$； (6) $xy=e^{x+y}$.

3. 设 $y=f(x)$是由方程 $y=1+x^2 e^y$ 确定的函数，求 $f(x)$在 $x=0$ 处的微分 dy.

4. 将适当的函数填入下列括号内，使等式成立：

(1) $d(\quad)=3dx$； (2) $d(\quad)=2xdx$； (3) $d(\quad)=\cos x dx$；

(4) $d(\quad)=\frac{1}{\sqrt{x}}dx$； (5) $d\ln x=(\quad)dx$； (6) $de^{2x}=(\quad)dx$.

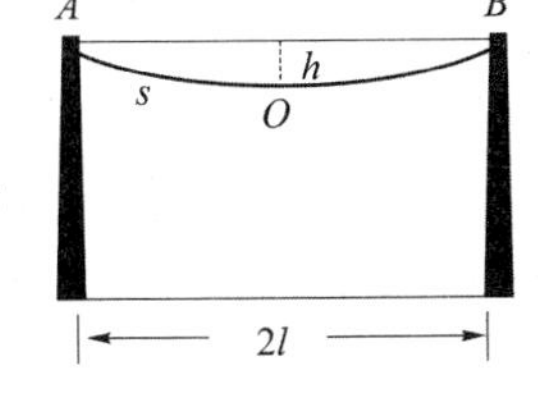

图 2-5-3

5. 利用微分求近似值：

(1) $e^{1.01}$；　(2) $\sqrt[3]{1.02}$；　(3) $\sqrt{26}$；　(4) lg 11.

6. 要在半径 $r=1$ cm 的球面镀一层厚度为 0.01 cm 的铜，求所需铜的重量 w.

(铜的密度为 8.9 kg/cm³).

7. 如图 2-5-3 所示的电缆$\overset{\frown}{AOB}$的长为 s，跨度为 $2l$，电缆的最低点 O 与杆顶连线 AB 的距离为 h，则电缆长度 s 的计算公式如下：

$$s=2l\left(1+\frac{2h^2}{3l^2}\right),$$

当 h 变化 Δh 时，电缆长度 s 的变化约为多少？

总复习题二

1. 单项选择题.

(1) 已知函数 $f(x)$在点 x_0 处可导，则下列极限中(　　)等于导数值 $f'(x_0)$.

A. $\lim\limits_{h\to 0}\dfrac{f(x_0+h)-f(x_0)}{h}$　　B. $\lim\limits_{h\to 0}\dfrac{f(x_0+3h)-f(x_0)}{h}$

C. $\lim\limits_{h\to 0}\dfrac{f(x_0-h)-f(x_0)}{h}$　　D. $\lim\limits_{h\to 0}\dfrac{f(x_0)-f(x_0+h)}{h}$

(2) 已知函数值 $f(0)=0$，若极限$\lim\limits_{x\to 0}\dfrac{f\left(\frac{x}{2}\right)}{x}=2$，则导数值 $f'(0)=$(　　).

A. $\dfrac{1}{4}$　　B. 4　　C. $\dfrac{1}{2}$　　D. 2

(3) 函数 $f(x)$在点 x_0 处连续是其在点 x_0 处可导的(　　).

A. 充分而非必要条件　B. 必要而非充分条件　C. 充分必要条件　D. 无关条件

(4) 下列函数中，(　　)在点 $x=0$ 处的导数值等于零.

A. $y=x^2+e^2$　　B. $y=x^2-\arctan x$　　C. $y=(x+1)e^x$　　D. $y=\dfrac{\sin x}{x+1}$

(5) 方程式$\dfrac{x^2}{a^2}+\dfrac{y^2}{b^2}=1(a>0,b>0)$确定了变量 y 为 x 的函数，则导数$\dfrac{dy}{dx}=$(　　).

A. $-\dfrac{a^2y}{b^2x}$　　B. $-\dfrac{b^2x}{a^2y}$　　C. $-\dfrac{a^2x}{b^2y}$　　D. $-\dfrac{b^2y}{a^2x}$

(6) 已知函数 $f(x)=\sin x-x\cos x$，则二阶导数值 $f''(\pi)=$(　　).

A. $-\pi$　　B. π　　C. -1　　D. 1

(7) 已知函数 $y=\sin x$，则 50 阶导数 $y^{(50)}=$(　　).

A. $-\sin x$　　B. $\sin x$　　C. $-\cos x$　　D. $\cos x$

(8) 下列函数中(　　)在点 $x=0$ 处连续但不可导.

A. $f(x)=\dfrac{1}{x}$　　B. $g(x)=e^{-x}$　　C. $h(x)=\ln(x+1)$　　D. $l(x)=|x|$

2. 求下列函数的导数：

(1) $y=\arcsin(\cos 2x)$；　(2) $y=\ln\ln\ln x$；　(3) $y=\dfrac{x}{\sqrt{1-x^2}}$；

(4) $y=\dfrac{1}{e^{3x}+1}$；　(5) $y=x^2\left(\ln^2 x-\ln x+\dfrac{1}{2}\right)$；　(6) $y=e^x\sin e^x+\cos e^x$.

3. 已知函数 $f(x)$可导,求下列函数的导数：

(1) $y=f(e^x)$；　(2) $y=e^{f(x)}$.

4. 求下列函数在给定点处的导数值：

(1) $f(x)=(x+2)\log_2 x$,求 $f'(2)$；　(2) $f(x)=\arccos\sqrt{x}$,求 $f'\left(\dfrac{1}{2}\right)$.

5. 下列方程式确定了变量 y 为 x 的函数,求导数 y'.

(1) $e^y+xy-ex^3=0$；　(2) $x^2+\ln y-xe^y=0$；

(3) $\ln y=xy+\cos x$；　(4) $\sin y+e^x-xy^2=e$.

6. 求下列函数的导数：

(1) $y=\sqrt{\dfrac{(x-1)}{x(x^2+3)}}$；　(2) $y=(\sin x)^x$.

7. 求下列函数的二阶导数：

(1) $y=e^x\cos x$；　(2) $y=x\arctan x$.

8. 求下列函数在给定点处的二阶导数值：

(1) $f(x)=x^3e^x$,求 $f''(1)$；　(2) $f(x)=\sqrt{1+x^2}$,求 $f''(0)$.

9. 求下列函数的微分：

(1) $y=\dfrac{x}{\sin x}$；　(2) $y=3^{\ln x}$；

(3) $y=x-\ln(1+e^x)$；　(4) $y=xe^{-2x}$.

10. 求由参数方程$\begin{cases}x=\ln\sqrt{1+t^2},\\ y=\arctan t\end{cases}$所确定的函数的二阶导数.

11. 求$\sqrt[3]{1.04}$的近似值.

第三章 导数的应用

上一章介绍了导数的概念和计算方法，本章将应用导数研究函数以及曲线的某些性态，例如单调性、凹凸性、极值与最值问题等，并利用这些知识解决一些实际问题. 为此，先介绍导数应用的理论基础——微分中值定理.

第一节 微分中值定理

【课前导读】

中值定理揭示了函数在某区间上的整体性质与函数在该区间内某一点的导数之间的关系，中值定理既是用微分学知识解决实际应用问题的理论基础，又是促进微分学自身发展的一种理论性模型，包括三个基本定理：罗尔(Rolle)定理、拉格朗日(Lagrange)中值定理、柯西(Cauchy)中值定理.

一、费马引理

费马引理 设函数 $f(x)$在 x_0 的某邻域$U(x_0)$内有定义，并在 x_0 处可导，且对任意 $x\in U(x_0)$，有 $f(x)\leqslant f(x_0)$(或 $f(x)\geqslant f(x_0)$)，则 $f'(x_0)=0$.

导数 $f'(x_0)=0$ 的点称为函数 $f(x)$的**驻点**.

二、罗尔定理

1. 罗尔定理

观察图 3-1-1，设函数 $y=f(x)$在区间$[a,b]$上的图像是一条连续光滑的曲线弧，这条曲线在区间(a,b)内的每一点都存在不垂直于 x 轴的切线，且在区间$[a,b]$两端点处的函数值相等，则可发现在曲线弧上的最高点处或最低点处，曲线有水平切线，如果用数学分析的语言把这种几何现象描述出来，就可以得到下面的罗尔定理.

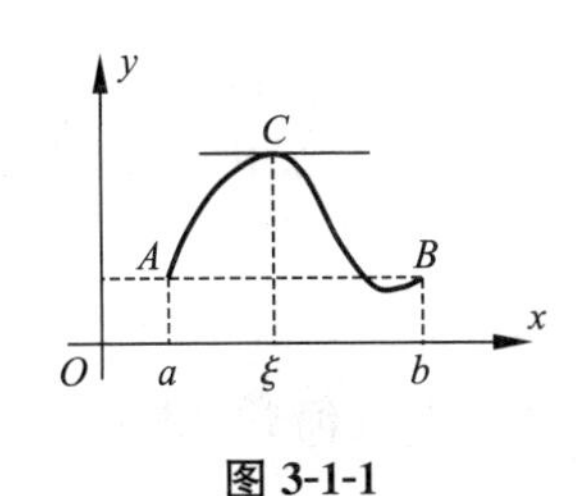

图 3-1-1

定理 1(罗尔定理) 如果函数 $f(x)$满足：

(1) 在闭区间$[a,b]$上连续；

(2) 在开区间(a,b)内可导；

(3) 在区间端点函数值相等，即 $f(a)=f(b)$，

则在(a,b)内至少存在一点 $\xi(a<\xi<b)$，使得 $f'(\xi)=0$.

注：(1) 罗尔定理的几何意义：在(a,b)内至少存在一点，其切线为水平切线.

(2) 罗尔定理结论中的ξ值不唯一.

例1 求 $f(x)=x^2-2x-3$ 在区间$[-1,3]$上满足罗尔定理的ξ.

解 显然$f(x)$在$[-1,3]$上连续,在$(-1,3)$内可导,且$f(-1)=f(3)=0$,又 $f'(x)=2(x-1)$,取$\xi=1$,$1\in(-1,3)$,有 $f'(\xi)=0$.

2. 罗尔定理的应用

例2 不求导数,判断函数 $f(x)=(x-1)(x-2)(x-3)$的导函数有几个零点及这些零点所在的区间.

解 因为$f(1)=f(2)=f(3)=0$,所以$f(x)$在闭区间$[1,2]$,$[2,3]$上满足罗尔定理的三个条件,从而在$(1,2)$内至少存在一点ξ_1,使 $f'(\xi_1)=0$,即ξ_1 是 $f'(x)$的一个零点;在$(2,3)$内也至少存在一点ξ_2,使 $f'(\xi_2)=0$,即ξ_2 是 $f'(x)$的一个零点.

又因为$f'(x)$为二次多项式,最多只能有两个零点,故$f'(x)$恰好有两个零点,分别在区间$(1,2)$和$(2,3)$内.

例3 证明方程 $x^5-5x+1=0$ 有且仅有一个小于1的正实根.

证明 设 $f(x)=x^5-5x+1$,则 $f(x)$在$[0,1]$上连续,且 $f(0)=1$,$f(1)=-3$. 由介值定理知,存在 $x_0\in(0,1)$使 $f(x_0)=0$,即 x_0 为方程的小于1的正实根.

设另有 $x_1\in(0,1)$,$x_1\neq x_0$,使 $f(x_1)=0$. 因为 $f(x)$在 x_0,x_1 之间满足罗尔定理的条件,所以至少存在一个ξ(在 x_0,x_1 之间)使得 $f'(\xi)=0$. 但 $f'(x)=5(x^4-1)<0$,$x\in(0,1)$,矛盾,所以 x_0 为方程的唯一实根.

三、拉格朗日中值定理

1. 拉格朗日中值定理

在实际应用中,由于条件(3)有时不能满足,使得罗尔定理的应用受到了一定限制. 如果将条件(3)去掉,就是下面要介绍的拉格朗日中值定理.

定理2(拉格朗日中值定理) 如果函数 $f(x)$满足:

(1) 在闭区间$[a,b]$上连续;

(2) 在开区间(a,b)内可导,

那么在(a,b)内至少有一点$\xi(a<\xi<b)$,使得等式

$$f(b)-f(a)=f'(\xi)(b-a) \tag{3.1.1}$$

成立.

其几何意义如图3-1-2所示:式(3.1.1)可写为$f'(\xi)=\dfrac{f(b)-f(a)}{b-a}$,式右端为弦$AB$的斜率,于是在区间$(a,b)$内至少存在一点$C$,使得过$C$点的切线平行于弦$AB$.

当 $f(a)=f(b)$时,拉格朗日中值定理变为罗尔定理,即罗尔定理是拉格朗日中值定理的特例,而拉格朗日中值定理是罗尔定理的推广.

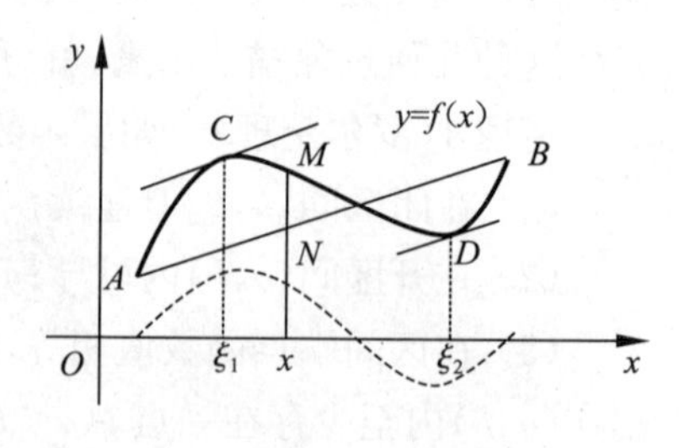

图3-1-2

注:(1) 拉格朗日中值定理精确地表达了函数在一个区间上的增量与函数在这区间内某点处的导数之间的关系,所以拉格朗日中值公式又称为有限增量公式.

(2) 可以验证 ξ 的存在,但是却很难求得,而就是这个存在性,确立了中值定理在微分学中的重要地位. 函数 $y=f(x)$ 与导数 $f'(x)$ 之间的关系是通过极限建立的,因此导数 $f'(x_0)$ 只能近似反映 $f(x)$ 在 x_0 附近的性态,中值定理却通过中间值处的导数,证明了函数 $f(x)$ 与导数 $f'(x)$ 之间可以直接建立精确等式关系,即只要 $f(x)$ 在 x,x_0 之间连续、可导,且在点 x,x_0 处也连续,那么一定存在中间值 ξ,使得 $f(x)=f(x_0)+f'(\xi)(x-x_0)$. 这样就为由导数的性质来推断函数性质、由函数的局部性质来研究函数的整体性质架起了桥梁.

推论 1 若函数 $f(x)$ 在区间 I 上的导数恒为零,则 $f(x)$ 在区间 I 上是一个常数.

推论 2 如果 $f'(x)\equiv g'(x),x\in(a,b)$,则 $f(x)=g(x)+C(x\in(a,b),C$ 为常数).

例 4 设 $f(x)=x^2-4x,x\in[0,2]$,求使拉格朗日中值定理成立的 ξ 值.

解 函数 $f(x)=x^2-4x,x\in[0,2]$,显然满足拉格朗日中值定理的两个条件,易得 $f(0)=0$, $f(2)=-4$. 求得 $f'(x)=2x-4$,则 $f'(\xi)=2\xi-4$. 应用拉格朗日定理有 $f'(\xi)=\frac{-4-0}{2-0}=-2$,综合得 $\xi=1\in(0,2)$.

2. 拉格朗日中值定理的应用

例 5 证明 $\arcsin x+\arccos x=\frac{\pi}{2}(-1\leqslant x\leqslant 1)$.

证明 设 $f(x)=\arcsin x+\arccos x$,当 $-1<x<1$ 时,

$$f'(x)=\frac{1}{\sqrt{1-x^2}}-\frac{1}{\sqrt{1-x^2}}=0,$$

由推论 1 可知,$f(x)\equiv C,x\in(-1,1)$,又 $f(0)=\arcsin 0+\arccos 0=0+\frac{\pi}{2}=\frac{\pi}{2}$,所以 $f(x)=\frac{\pi}{2},x\in(-1,1)$,又 $f(1)=f(-1)=\frac{\pi}{2}$,所以等式成立.

例 6 证明不等式 $\frac{b-a}{b}<\ln\frac{b}{a}<\frac{b-a}{a}$ 对任意 $0<a<b$ 成立.

证明 改写欲求证的不等式为如下形式:

$$\frac{1}{b}<\frac{\ln b-\ln a}{b-a}<\frac{1}{a},$$

因为 $\ln x$ 在 $[a,b]$ 上连续,在 (a,b) 内可导,所以据拉格朗日中值定理有

$$\frac{\ln b-\ln a}{b-a}=(\ln x)'\Big|_{x=\xi}=\frac{1}{\xi}\quad(a<\xi<b),$$

因为 $a<\xi<b,\frac{1}{b}<\frac{1}{\xi}<\frac{1}{a}$,所以 $\frac{1}{b}<\frac{\ln b-\ln a}{b-a}<\frac{1}{a}$ 成立. 原不等式得证.

四、柯西中值定理

拉格朗日中值定理表明,如果连续曲线弧 AB 上除端点以外,处处具有不垂直于横轴的切线,则曲线弧上至少有一点 C,使曲线在点 C 处的切线平行于弦 AB.

设弧 AB 的参数方程为

$$\begin{cases} X = g(x), \\ Y = f(x). \end{cases} \quad (a \leqslant x \leqslant b)$$

其中,x 为参数,那么曲线上任意一点(X,Y)处的斜率为$\frac{\mathrm{d}Y}{\mathrm{d}X}=\frac{f'(x)}{g'(x)}$,弦 AB 的斜率为$\frac{f(b)-f(a)}{g(b)-g(a)}$.假设点$C$处对应的参数为$x=\xi$,若曲线上点$C$处的切线平行于弦$AB$,可得

$$\frac{f(b)-f(a)}{g(b)-g(a)}=\frac{f'(\xi)}{g'(\xi)}.$$

这是函数在参数方程下的拉格朗日中值定理,下述定理3给出一般性的表述.

定理3(柯西中值定理) 如果函数$f(x)$及$g(x)$在闭区间$[a,b]$上连续,在开区间(a,b)内可导,且$g'(x)$在(a,b)上每一点处均不为零,那么在(a,b)内至少有一点$\xi(a<\xi<b)$存在,使等式

$$\frac{f(b)-f(a)}{g(b)-g(a)}=\frac{f'(\xi)}{g'(\xi)} \tag{3.1.2}$$

成立.

特别地,当$g(x)=x$时,$g(b)-g(a)=b-a$,$g'(x)=1$,式(3.1.2)变为$f(b)-f(a)=f'(\xi)(b-a)$,故拉格朗日中值定理是柯西中值定理的特例,而柯西中值定理是拉格朗日中值定理的推广.

例7 设函数$f(x)$在$[0,1]$上连续,在$(0,1)$内可导,证明:至少存在一点$\xi\in(0,1)$,使得$f'(\xi)=2\xi[f(1)-f(0)]$.

证明 结论可变形为$\frac{f(1)-f(0)}{1-0}=\frac{f'(\xi)}{2\xi}=\frac{f'(x)}{(x^2)'}\bigg|_{x=\xi}$.

设$g(x)=x^2$,则$f(x)$,$g(x)$在$[0,1]$上满足柯西中值定理的条件,于是至少存在一点$\xi\in(0,1)$,使为$\frac{f(1)-f(0)}{1-0}=\frac{f'(\xi)}{2\xi}$,即$f'(\xi)=2\xi[f(1)-f(0)]$.

习题 3-1

1. 下列函数在给定区间上是否满足罗尔定理的所有条件?如满足,求出满足定理的值ξ.

(1) $f(x)=2x^2-x-3, x\in[-1,1.5]$;　　(2) $f(x)=x\sqrt{3-x}, x\in[0,3]$;

(3) $f(x)=\frac{3}{x^2+1}, x\in[-1,1]$;　　(4) $f(x)=\ln\sin x, x\in\left[\frac{\pi}{6},\frac{5\pi}{6}\right]$.

2. 下列函数在给定区间上是否满足拉格朗日定理的所有条件?如满足,求出满足定理的值ξ.

(1) $f(x)=x^4, x\in[1,2]$;　　(2) $f(x)=2x^3, x\in[-1,1]$;

(3) $f(x)=\arctan x, x\in[0,1]$;　　(4) $f(x)=x^3+2x^2+x-2, x\in[-1,0]$.

3. 不用求出函数$f(x)=(x-1)(x-2)(x-3)(x-4)$的导数,说明方程$f'(x)=0$有几个实根,并指出它们所在的区间.

4. 试对下列函数写出柯西公式$\frac{f(b)-f(a)}{F(b)-F(a)}=\frac{f'(\xi)}{F'(\xi)}$,并求$\xi$值.

(1) $f(x)=x^2, F(x)=\sqrt{x}, x\in[1,4]$；　　(2) $f(x)=\sin x, F(x)=\cos x, x\in\left[0,\frac{\pi}{2}\right]$.

5. 证明下列不等式.

(1) 当$x>1$时，$e^x>e\cdot x$；　　(2) 当$x>0$时，$\ln(1+x)<x$.

第二节　洛必达法则

【课前导读】

如果当$x\to a$(或$x\to\infty$)时，两个函数$f(x)$与$g(x)$都趋于零或都趋于无穷大，则极限$\lim\limits_{x\to a}\frac{f(x)}{g(x)}\left(或\lim\limits_{x\to\infty}\frac{f(x)}{g(x)}\right)$可能存在也可能不存在，通常把这种极限称为**未定式**，并分别记为$\frac{0}{0}$或$\frac{\infty}{\infty}$. 例如：$\lim\limits_{x\to 0}\frac{\sin x}{x}$，$\lim\limits_{x\to\infty}\frac{x^3}{e^x}$等就是未定式.

在第一章中，我们曾计算过两个无穷小之比以及两个无穷大之比的未定式的极限. 它们往往需要经过适当的变形，转化成可利用极限运算法则或重要极限的计算形式. 本节用导数做工具，给出计算未定式极限的一般方法，即洛必达法则.

一、$\frac{0}{0}$型和$\frac{\infty}{\infty}$型未定式

下面着重讨论$x\to a$时的未定式$\frac{0}{0}$的情形，关于这种情形有以下定理：

定理 1(洛必达法则Ⅰ)　如果函数$f(x)$与$g(x)$满足如下条件：

(1) $\lim\limits_{x\to a}f(x)=0, \lim\limits_{x\to a}g(x)=0$；

(2) 在点a的某去心领域内，$f'(x)$与$g'(x)$都存在，且$g'(x)\neq 0$；

(3) $\lim\limits_{x\to a}\frac{f'(x)}{g'(x)}=A(或\infty)$，

则
$$\lim_{x\to a}\frac{f(x)}{g(x)}=\lim_{x\to a}\frac{f'(x)}{g'(x)}=A(或\infty).$$

可应用柯西中值定理进行证明.

例 1　求$\lim\limits_{x\to 0}\frac{\sin kx}{x}(k\neq 0)$.

解　这是未定式$\frac{0}{0}$，运用洛必达法则，可得

$$原式=\lim_{x\to 0}\frac{(\sin kx)'}{(x)'}=\lim_{x\to 0}\frac{k\cos kx}{1}=k.$$

例 2　求$\lim\limits_{x\to 1}\frac{x^3-3x+2}{x^3-x^2-x+1}$.

解　这是未定式$\frac{0}{0}$，运用洛必达法则，可得

$$原式=\lim_{x\to 1}\frac{3x^2-3}{3x^2-2x-1}=\lim_{x\to 1}\frac{6x}{6x-2}=\frac{3}{2}.$$

例 3　求$\lim\limits_{x\to 0}\frac{e^x-e^{-x}-2x}{x-\sin x}$.

解 原式$=\lim\limits_{x\to 0}\dfrac{e^x+e^{-x}-2}{1-\cos x}=\lim\limits_{x\to 0}\dfrac{e^x-e^{-x}}{\sin x}=\lim\limits_{x\to 0}\dfrac{e^x+e^{-x}}{\cos x}=2.$

例4 求$\lim\limits_{x\to+\infty}\dfrac{\dfrac{\pi}{2}-\arctan x}{\dfrac{1}{x}}$.

解 原式$=\lim\limits_{x\to\infty}\dfrac{-\dfrac{1}{1+x^2}}{-\dfrac{1}{x^2}}=\lim\limits_{x\to\infty}\dfrac{x^2}{1+x^2}=1.$

注:(1) 如果$\lim\limits_{x\to a}\dfrac{f'(x)}{g'(x)}$仍属于$\dfrac{0}{0}$型,且$f'(x)$和$g'(x)$满足洛必达法则的条件,则可继续使用洛必达法则,即$\lim\limits_{x\to a}\dfrac{f(x)}{g(x)}=\lim\limits_{x\to a}\dfrac{f'(x)}{g'(x)}=\lim\limits_{x\to a}\dfrac{f''(x)}{g''(x)}=\cdots$.

(2) 在洛必达法则中,$\lim\dfrac{f'(x)}{g'(x)}$不存在,不能说明$\lim\dfrac{f(x)}{g(x)}$也不存在. 因此条件(3)是充分而非必要的条件. 例如$\lim\limits_{x\to\infty}\dfrac{x+\sin x}{x-\cos x}=1$,但是

$$\lim_{x\to+\infty}\frac{x+\sin x}{x-\cos x}=\lim_{x\to+\infty}\frac{(x+\sin x)'}{(x-\cos x)'}=\lim_{x\to+\infty}\frac{1+\cos x}{1+\sin x}=\cdots\text{不存在}.$$

例5 求$\lim\limits_{x\to 0}\dfrac{\ln\sin ax}{\ln\sin bx}$.

解 原式$=\lim\limits_{x\to 0}\dfrac{a\cos ax\cdot\sin bx}{b\cos bx\cdot\sin ax}=\lim\limits_{x\to 0}\dfrac{\cos bx}{\cos ax}=1.$

例6 求$\lim\limits_{x\to\frac{\pi}{2}}\dfrac{\tan x}{\tan 3x}$.

解 原式$=\lim\limits_{x\to\frac{\pi}{2}}\dfrac{\sec^2 x}{3\sec^2 3x}=\dfrac{1}{3}\lim\limits_{x\to\frac{\pi}{2}}\dfrac{\cos^2 3x}{\cos^2 x}=\dfrac{1}{3}\lim\limits_{x\to\frac{\pi}{2}}\dfrac{-6\cos 3x\sin 3x}{-2\cos x\sin x}$

$$=\lim_{x\to\frac{\pi}{2}}\frac{\sin 6x}{\sin 2x}=\lim_{x\to\frac{\pi}{2}}\frac{6\cos 6x}{2\cos 2x}=3.$$

注:洛必达法则虽然是求未定式的一种有效方法,但若能与其他求极限的方法结合使用,效果会更好. 例如能化简时应尽可能先化简,能应用等价无穷小替换或重要极限时,应尽可能应用,以使运算尽可能简单,具体应用见例7、例8.

例7 求$\lim\limits_{x\to 0}\dfrac{\tan x-x}{x^2\tan x}$.

解 原式$=\lim\limits_{x\to 0}\dfrac{\tan x-x}{x^3}=\lim\limits_{x\to 0}\dfrac{\sec^2 x-1}{3x^2}=\dfrac{1}{3}\lim\limits_{x\to 0}\dfrac{\tan^2 x}{x^2}=\dfrac{1}{3}.$

例8 求$\lim\limits_{x\to 0}\dfrac{3x-\sin 3x}{(1-\cos x)\ln(1+2x)}$.

解 当$x\to 0$时,$1-\cos x\sim\dfrac{1}{2}x^2$,$\ln(1+2x)\sim 2x$,故

$$\text{原式}=\lim_{x\to 0}\frac{3x-\sin 3x}{x^3}=\lim_{x\to 0}\frac{3-3\cos 3x}{3x^2}=\lim_{x\to 0}\frac{3\sin 3x}{2x}=\frac{9}{2}.$$

二、$0\cdot\infty,\infty-\infty,0^0,1^\infty,\infty^0$ 型未定式的求法

解决这几种形式未定式的关键是将其化为洛必达法则可解决的$\frac{0}{0}$型或$\frac{\infty}{\infty}$型.

1. $0\cdot\infty$型

步骤:$0\cdot\infty\Rightarrow\frac{1}{\infty}\cdot\infty$或$0\cdot\infty\Rightarrow 0\cdot\frac{1}{0}$

例 9 求$\lim\limits_{x\to+\infty}x^{-2}\mathrm{e}^x$.($0\cdot\infty$型)

解 原式$=\lim\limits_{x\to+\infty}\frac{\mathrm{e}^x}{x^2}=\lim\limits_{x\to+\infty}\frac{\mathrm{e}^x}{2x}=\lim\limits_{x\to+\infty}\frac{\mathrm{e}^x}{2}=+\infty$.

2. $\infty-\infty$型

步骤:$\infty-\infty\Rightarrow\frac{1}{0}-\frac{1}{0}\Rightarrow\frac{0-0}{0\cdot 0}$

例 10 求$\lim\limits_{x\to 0}\left(\frac{1}{\sin x}-\frac{1}{x}\right)$. ($\infty-\infty$型)

解 原式$=\lim\limits_{x\to 0}\frac{x-\sin x}{x\sin x}=\lim\limits_{x\to 0}\frac{x-\sin x}{x^2}=\lim\limits_{x\to 0}\frac{1-\cos x}{2x}=\lim\limits_{x\to 0}\frac{\sin x}{2}=0$.

3. $0^0,1^\infty,\infty^0$ 型

步骤:$\left.\begin{matrix}0^0\\1^\infty\\\infty^0\end{matrix}\right\}\xrightarrow{\text{取对数}}\left\{\begin{matrix}0\cdot\ln 0\\\infty\cdot\ln 1\Rightarrow 0\cdot\infty\\0\cdot\ln\infty\end{matrix}\right.$

例 11 求$\lim\limits_{x\to 0^+}x^x$. ($0^0$ 型)

解 原式$=\lim\limits_{x\to 0^+}\mathrm{e}^{x\ln x}=\mathrm{e}^{\lim\limits_{x\to 0^+}x\ln x}=\mathrm{e}^{\lim\limits_{x\to 0^+}\frac{\ln x}{\frac{1}{x}}}=\mathrm{e}^{\lim\limits_{x\to 0^+}\frac{\frac{1}{x}}{-\frac{1}{x^2}}}=\mathrm{e}^0=1$.

例 12 求$\lim\limits_{x\to\infty}\frac{x+\cos x}{x}$.

错解 原式$=\lim\limits_{x\to\infty}\frac{1-\sin x}{1}=\lim\limits_{x\to\infty}(1-\sin x)$极限不存在.

正确解法 原式$=\lim\limits_{x\to\infty}\left(1+\frac{1}{x}\cos x\right)=1$.

习题 3-2

1. 计算下列极限:

(1) $\lim\limits_{x\to 0}\frac{\sin 5x}{x}$; (2) $\lim\limits_{x\to 0}\frac{x^3+x^2-5x}{x^3-4x^2+5x}$; (3) $\lim\limits_{x\to 0}\frac{\mathrm{e}^x-\mathrm{e}^{-x}}{\sin x}$;

(4) $\lim\limits_{x\to 0}\frac{1-\cos^2 x}{x^2}$; (5) $\lim\limits_{x\to a}\frac{\sin x-\sin a}{x-a}$; (6) $\lim\limits_{x\to\frac{\pi}{4}}\frac{\tan x-1}{\sin 4x}$;

(7) $\lim\limits_{x\to 0}\dfrac{\tan 5x}{\tan 2x}$；　(8) $\lim\limits_{x\to 2}\dfrac{x^4-16}{x^3+5x^2-6x-16}$；　(9) $\lim\limits_{x\to 0}\dfrac{\tan x-x}{x-\sin x}$；

(10) $\lim\limits_{x\to +\infty}\dfrac{\ln\left(1+\dfrac{1}{2x}\right)}{\operatorname{arccot} x}$；　(11) $\lim\limits_{x\to 0}\dfrac{e^x-\cos x}{\sin x}$；　(12) $\lim\limits_{x\to +\infty}\dfrac{\dfrac{2}{x}}{\pi-2\arctan x}$；

(13) $\lim\limits_{x\to 0^+}\dfrac{\ln(\sin 3x)}{\ln(\sin 2x)}$；　(14) $\lim\limits_{x\to 0}\dfrac{\ln(1+x^2)}{\sec x-\cos x}$；　(15) $\lim\limits_{x\to 0}\left(\dfrac{1}{x}-\dfrac{1}{e^x-1}\right)$；

(16) $\lim\limits_{x\to 1}\left(\dfrac{x}{x-1}-\dfrac{1}{\ln x}\right)$；　(17) $\lim\limits_{x\to 0^+}\sin x\cdot\ln x$；　(18) $\lim\limits_{x\to +\infty}x^{-2}e^x$；

(19) $\lim\limits_{x\to 0}(1+\tan x)^{\frac{1}{\sin 2x}}$；　(20) $\lim\limits_{x\to 1}x^{\frac{1}{1-x}}$.

第三节　函数的单调性与极值

【课前导读】

我们已经会用初等数学的方法研究一些简单函数的单调性和性质，但这些方法使用范围狭小，有些需要借助某些特殊的技巧，因而不具有一般性. 本节将以导数为工具，介绍判断函数的单调性的简便且具有一般性的方法.

一、函数单调性的判定法

如果函数 $y=f(x)$ 在 $[a,b]$ 上单调增加(或单调减少)(图 3-3-1)，那么它的图像是一条沿 x 轴正向上升(或下降)的曲线. 这时曲线在各点处的切线斜率是非负的(或非正的)，即 $y'=f'(x)\geqslant 0$(或 $y'=f'(x)\leqslant 0$). 由此可见，函数的单调性与导数的符号有着密切的关系.

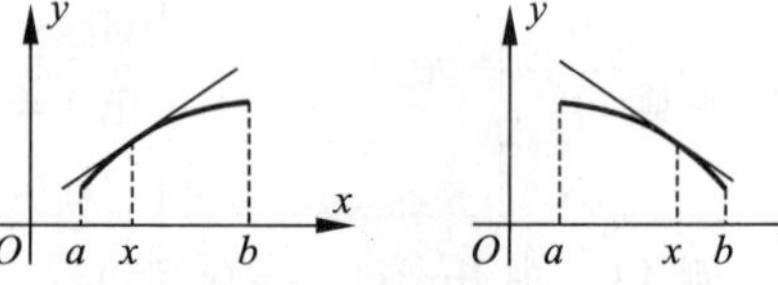

图 3-3-1

反过来，能否用导数的符号来判定函数的单调性呢？

定理 1(函数单调性的判定)　设函数 $y=f(x)$ 在 $[a,b]$ 上连续，在 (a,b) 内可导.

(1) 若在 (a,b) 内 $f'(x)\geqslant 0$，且等号仅在有限多个点处成立，则函数 $y=f(x)$ 在 $[a,b]$ 上单调增加；

(2) 若在 (a,b) 内 $f'(x)\leqslant 0$，且等号仅在有限多个点处成立，则函数 $y=f(x)$ 在 $[a,b]$ 上单调减少.

证明　只证(1)((2)可类似证得).

在 $[a,b]$ 上任取两点 $x_1,x_2(x_1<x_2)$，应用拉格朗日中值定理，得到

$$f(x_2)-f(x_1)=f'(\xi)(x_2-x_1)\quad(x_1<\xi<x_2).$$

由于 $x_2-x_1>0$，如果在 (a,b) 内导数 $f'(x)$ 保持正号，即 $f'(x)>0$，那么也有 $f'(\xi)>0$，于是

$$f(x_2)-f(x_1)=f'(\xi)(x_2-x_1)>0,$$

从而 $f(x_1)<f(x_2)$，因此函数 $y=f(x)$ 在 $[a,b]$ 上单调增加. 证毕.

注：判定法中的闭区间换成其他各种区间(包括无穷区间)时，结论也成立.

1. 求单调区间

例 1 讨论函数 $y=e^x-x-1$ 的单调性.

解 因为 $D:(-\infty,+\infty)$，$y'=e^x-1$. 在 $(-\infty,0)$ 内，$y'<0$，所以函数在 $(-\infty,0)$ 内单调减少；在 $(0,+\infty)$ 内，$y'>0$，所以函数在 $(0,+\infty)$ 内单调增加.

例 2 讨论函数 $y=\sqrt[3]{x^2}$ 的单调区间.

解 因为 $D:(-\infty,+\infty)$. $y'=\dfrac{2}{3\sqrt[3]{x}}$，$(x\neq 0)$，当 $x=0$ 时，导数不存在.

当 $-\infty<x<0$ 时，$y'<0$，所以函数在 $(-\infty,0]$ 上单调减少；

当 $0<x<+\infty$ 时，$y'>0$，所以函数在 $[0,+\infty)$ 内单调增加.

注：(1) 区间内个别点处导数为零不影响区间的单调性. 例如，$y=x^3$，$y'|_{x=0}=0$，但是函数在 $(-\infty,+\infty)$ 内单调增加.

(2) 一般来说，$f(x)$ 在定义域内未必单调，但适当的可用一些点把定义域分为若干个区间，使得 $f(x)$ 在每一个区间上都是单调函数. 而这些分点有两大类：其一是导数等于 0 的点，即 $f'(x)=0$ 的根；其二是导数不存在的点.

例 3 讨论函数 $f(x)=2x^3-9x^2+12x-3$ 的单调区间.

解 因为 $D:(-\infty,+\infty)$，$f'(x)=6x^2-18x+12=6(x-1)(x-2)$，
令 $f'(x)=0$，得 $x_1=1$，$x_2=2$. 列表确定在每个子区间内导数的符号，如表 3-3-1 所示.

表 3-3-1

x	$(-\infty,1]$	$(1,2)$	$[2,+\infty)$
$f'(x)$	+	−	+
$f(x)$	↗	↘	↗

所以 $f(x)$ 在 $(-\infty,1]$ 和 $[2,+\infty)$ 内单调增加；在 $[1,2]$ 上单调减少.

2. 应用单调性证明

例 4 证明：当 $x>0$ 时，$\ln(1+x)>x-\dfrac{1}{2}x^2$.

证明 作辅助函数 $f(x)=\ln(1+x)-x+\dfrac{1}{2}x^2$，因为 $f(x)$ 在 $[0,+\infty)$ 内连续，在 $(0,+\infty)$ 内可导，且

$$f'(x)=\frac{1}{1+x}-1+x=\frac{x^2}{1+x},$$

当 $x>0$ 时，$f'(x)>0$，又 $f(0)=0$，即 $f(x)$ 为增函数故 $f(x)>f(0)=0$，可得 $\ln(1+x)>x-\dfrac{1}{2}x^2$.

例 5 证明方程 $x^5+x+1=0$ 在区间 $(-1,0)$ 内有且只有一个实根.

证明 令 $f(x)=x^5+x+1$，因 $f(x)$ 在闭区间 $[-1,0]$ 上连续，且

$$f(-1)=-1<0,\quad f(0)=1>0,$$

由零点定理，可得 $f(x)$ 在 $(-1,0)$ 内至少有一个零点. 另外，对于任意实数 x 有

$$f'(x)=5x^4+1>0,$$

所以 $f(x)$ 在 $(-\infty,+\infty)$ 内单调增加,因此曲线 $y=f(x)$ 与 x 轴至多只有一个交点.

综上所述,方程 $x^5+x+1=0$ 在区间 $(-1,0)$ 内有且只有一个实根.

二、函数的极值

1. 函数极值的概念

定义 1 设函数 $f(x)$ 在 x_0 的某邻域 $U(x_0)$ 内有定义,如果对于去心邻域 $\mathring{U}(x_0)$ 内的任一 x,都有 $f(x)<f(x_0)$(或 $f(x)>f(x_0)$),则称 $f(x_0)$ 是函数 $f(x)$ 的一个**极大值**(或**极小值**).

极大值与极小值统称为函数的**极值**;取得极值的点称为**极值点**.

注:函数的极大值和极小值概念是局部性的.

连续函数 $f(x)$ 在 $[a,b]$ 上的曲线如图 3-3-2 所示,观察在点 $x_0,x_1,x_2,x_3,x_4,x_5,x_6,x_7$ 处函数 $f(x)$ 的可导性、导数值、两侧的单调性、是否为极值点,分析结果见表 3-3-2.

表 3-3-2

x	x_0	x_1	x_2	x_3	x_4	x_5	x_6	x_7
可导性	可导	可导	可导	可导	可导	不可导	可导	不可导
$f'(x)$	0	0	0	0	0	不存在	0	不存在
两侧的单调性	不同	不同	不同	不同	不同	不同	相同	相同
极值点	是	是	是	是	是	是	不是	不是

利用分析结果,可以帮助理解下面将学习的极值判定定理.

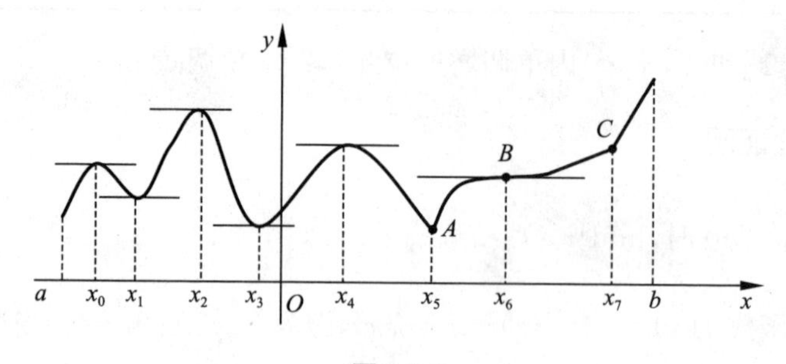

图 3-3-2

2. 函数极值的判断

根据费马引理,可导函数取得极值的必要条件如下所述.

定理 2(必要条件) 设函数 $f(x)$ 在点 x_0 处可导,且在点 x_0 处取得极值,那么函数在点 x_0 处的导数为零,即 $f'(x_0)=0$.

注:(1) 可导函数 $f(x)$ 的极值点必定是函数的驻点. 但是反过来,函数 $f(x)$ 的驻点却不一定是极值点. 例如函数 $f(x)=x^3$,$x=0$ 是函数的驻点,但却不是函数的极值点.

(2) 定理 2 只对可导函数而言,对导数不存在的点,函数也可能取得极值. 例如:函数

$f(x)=|x|$,在点 $x=0$ 处导数不存在,却取得极小值.

驻点或不可导点只是**可能的极值点**,是否为极值点还应满足下列充分条件.

定理 3(第一充分条件) 设函数 $f(x)$在点 x_0 处连续,且在点 x_0 的某个去心邻域内可导($f'(x_0)$也可以不存在).

(1) 若在点 x_0 的左邻域内,$f'(x)>0$;在点 x_0 的右邻域内,$f'(x)<0$,则函数 $f(x)$在点 x_0 处取得极大值;

(2) 若在点 x_0 的左邻域内,$f'(x)<0$;在点 x_0 的右邻域内,$f'(x)>0$,则函数 $f(x)$在点 x_0 处取得极小值;

(3) 若在点 x_0 的去心邻域内,$f'(x)$不改变符号,则函数 $f(x)$在点 x_0 处没有极值.

3. 确定极值点和极值的步骤

(1) 给出讨论区间;

(2) 求出导数 $f'(x)$;

(3) 求出 $f(x)$的全部驻点和不可导点;

(4) 列表判断(考查 $f'(x)$在每个驻点和不可导点的左右邻域内符号的情况);

(5) 确定出函数的所有极值点和极值.

例 6 求出函数 $f(x)=x^3-3x^2-9x+5$ 的单调区间和极值.

解 定义域为$(-\infty,+\infty)$. $f'(x)=3x^2-6x-9=3(x+1)(x-3)$,令 $f'(x)=0$,得$x_1=-1,x_2=3$.

函数在$(-\infty,-1)$和$(3,+\infty)$内 $f'(x)>0$,在$(-1,3)$内 $f'(x)<0$. 所以有 $f(x)$的单调增加区间为$(-\infty,-1)$和$(3,+\infty)$,单调减少区间为$(-1,3)$,并且 $f(x)$在 $x=-1$ 处取得极大值 $f(-1)=10$,在 $x=3$ 处取得极小值 $f(3)=-22$.

例 7 求出函数 $f(x)=1-(x-2)^{\frac{2}{3}}$ 的极值.

解 定义域为$(-\infty,+\infty)$. 当 $x\neq2$ 时,$f'(x)=-\dfrac{2}{3}(x-2)^{-\frac{1}{3}}(x\neq2)$,$x=2$ 时函数$f(x)$的导数 $f'(x)$不存在,如表 3-3-3 所示.

表 3-3-3

x	$(-\infty,2)$	2	$(2,+\infty)$
$f'(x)$	+	不可导	−
$f(x)$	↗	1	↘

所以极大值为 $f(2)=1$.

如果 $f(x)$在驻点处的二阶导数存在且不为零,则有下面判断极值的定理.

定理 4(第二充分条件) 设函数 $f(x)$在点 x_0 处具有二阶导数且 $f'(x_0)=0,f''(x_0)\neq0$,那么

(1) 当 $f''(x_0)<0$ 时,函数 $f(x)$在点 x_0 处取得极大值;

(2) 当 $f''(x_0)>0$ 时,函数 $f(x)$在点 x_0 处取得极小值.

注:如果 $f''(x_0)=0$,定理 4 就不能应用,则仍需应用定理 3 进行判断. 例如讨论函数 $f(x)=x^4$ 在点 $x=0$ 处是否取得极值.

因为 $f'(x)=4x^3$，$f''(x)=12x^2$，所以 $f'(0)=0$，$f''(0)=0$，不符合定理 4 的条件，应用定理 3，当 $x<0$ 时 $f'(x)<0$，当 $x>0$ 时 $f'(x)>0$，所以 $f(0)$ 为极小值.

例 8 求出函数 $f(x)=x^3+3x^2-24x-20$ 的极值.

解 $f'(x)=3x^2+6x-24=3(x+4)(x-2)$，令 $f'(x)=0$，得驻点

$$x_1=-4,\quad x_2=2.$$

又 $f''(x)=6x+6$，由于 $f''(-4)=-18<0$，故 $f(x)$ 在 $x=-4$ 处取得极大值，极大值为 $f(-4)=60$. 而 $f''(2)=18>0$，故 $f(x)$ 在 $x=2$ 处取得极小值，极小值为 $f(2)=-48$.

习题 3-3

1. 确定下列函数的单调区间：

(1) $y=2+x-x^2$；　(2) $y=\dfrac{2x}{1+x^2}$；　(3) $y=\dfrac{1}{3}x^3-x^2-3x+1$；

(4) $y=2x+\dfrac{8}{x}(x>0)$；　(5) $y=2x^2-\ln x$；　(6) $y=x+\sin x$；

(7) $y=x-\arctan x$；　(8) $y=\dfrac{2}{3}x-\sqrt[3]{x^2}$.

2. 证明下列不等式：

(1) 当 $x>0$ 时，$1+\dfrac{1}{2}x>\sqrt{1+x}$；　(2) 当 $x>0$ 时，$\ln(1+x)<x$.

3. 求下列函数的极值：

(1) $y=2x^3-6x^2-18x+7$；　(2) $y=(x-1)(x+1)^3$；

(3) $y=\dfrac{\ln^2 x}{x}$；　(4) $y=x^2\mathrm{e}^{-x^2}$.

第四节　函数的最值、边际与弹性

【课前导读】

在实际应用中，常常会遇到求在一定条件下，怎样使用料最省、容积最大、花钱最少、效率最高、利润最大等问题，此类问题在数学上往往可以归结为求某一函数(通常称为目标函数)的最大值或最小值问题.

一、函数的最值

设函数 $f(x)$ 在闭区间 $[a,b]$ 上连续，在 (a,b) 内除有限个点外可导，且至多有有限个驻点. 在上述条件下，讨论 $f(x)$ 在闭区间 $[a,b]$ 上最大值和最小值的求法.

由闭区间上连续函数的性质可知，函数 $f(x)$ 在闭区间 $[a,b]$ 上的最大值和最小值一定存在，可能在区间的端点或区间内，因此，可通过比较极值点和区间端点处的函数值的大小，得到最值.

$f(x)$ 在闭区间 $[a,b]$ 上最大值和最小值的求解方法：

(1) 求 $f(x)$ 在 (a,b) 内的驻点及不可导点；

(2) 计算(1)中所得驻点、不可导点的函数值及 $f(a)$，$f(b)$；

(3) 比较(2)中诸值大小，最大的和最小的便是 $f(x)$在$[a,b]$上的最大值和最小值.

例 1 求函数 $y=2x^3+3x^2-12x+14$ 在$[-3,4]$上的最大值和最小值.

解 因为 $f'(x)=6x^2+6x-12$，令 $f'(x)=0$，得 $x_1=-2$，$x_2=1$.

由于 $f(-3)=23$；$f(-2)=34$；$f(1)=7$；$f(4)=142$；因此 $y=2x^3+3x^2-12x+14$ 在$[-3,4]$上的最大值为 $f(4)=142$，最小值为 $f(1)=7$.

例 2 如图 3-4-1 所示，工厂铁路线上 AB 段的距离为 100 km. 工厂 C 距A 处 20 km，AC 垂直于 AB. 为了运输需要，要在 AB 线上选定一点 D 向工厂修筑一条公路. 已知铁路每公里货运的运费与公路上每公里货运的运费之比为 3∶5. 为了使货物从供应站 B 运到工厂C 的运费最省，问：点 D 应选在何处？

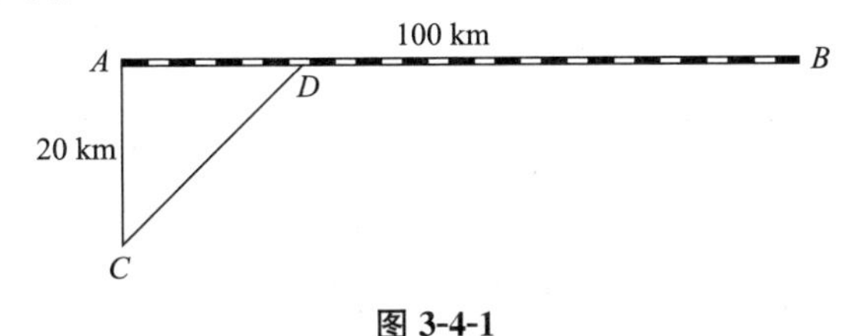

图 3-4-1

解 设 $AD=x$ (km)，则

$$DB=(100-x)(\text{km}),\quad CD=\sqrt{20^2+x^2}=\sqrt{400+x^2}\,(\text{km}).$$

设从点 B 到点C 需要的总运费为 y，那么 $y=5k\cdot CD+3k\cdot DB$(k 是某个正数)，即

$$y=5k\sqrt{400+x^2}+3k(100-x)\quad (0\leqslant x\leqslant 100).$$

于是问题归结为：x 在$[0,100]$上取何值时，目标函数 y 的值最小.

先求 y 对 x 的导数：$y'=k\left(\dfrac{5x}{\sqrt{400+x^2}}-3\right)$，令 $y'=0$ 得 $x=15$(km). 由于

$$y|_{x=0}=400k,\quad y|_{x=15}=380k,\quad y|_{x=100}=500k\sqrt{1+\frac{1}{5^2}},$$

其中，$y|_{x=15}=380k$ 最小，因此当 $AD=x=15$(km)时总运费最省.

在求函数的最值时，若 $f(x)$在一个区间(有限或无限，开或闭)内可导且只有一个极值点(图 3-4-2)，则该极值点也是函数的最值点，其函数值即为所求最值. 在应用问题中经常会遇到这样的情形.

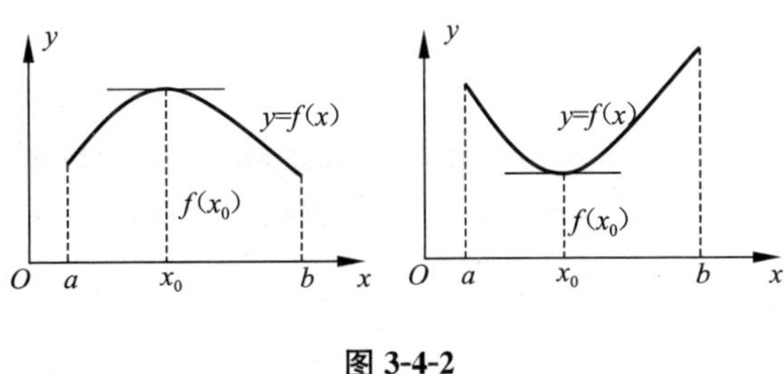

图 3-4-2

例 3 某房地产公司有 50 套公寓要出租，当租金定为每月 180 元时，公寓会全部租出去. 当租金每月增加 10 元时，就有一套公寓租不出去，而租出去的房子每月需花费 20 元的整修维护费. 问：房租定为多少可获得最大收入？

解 设每月每套公寓租金为 x 元,租出去的房子有$\left(50-\frac{x-180}{10}\right)$套,每月总收入为

$$R(x)=(x-20)\left(50-\frac{x-180}{10}\right) \quad (x\geqslant 180).$$

求导得

$$R'(x)=\left(68-\frac{x}{10}\right)+(x-20)\left(-\frac{1}{10}\right)=70-\frac{x}{5}.$$

令 $R'(x)=0$,得 $x=350$ 是函数 $R(x)$的唯一驻点,且 $R''(350)=-\frac{1}{5}<0$,也是唯一的极大值点,故每月每套公寓租金为 350 元时收入最高,最大收入为

$$R(x)=(350-20)\left(68-\frac{350}{10}\right)=10\,890(\text{元}).$$

二、函数变化率与边际函数

在经济问题中,常常会使用变化率的概念,变化率又分为平均变化率和瞬时变化率.平均变化率是函数增量与自变量增量之比,即 $\frac{\Delta y}{\Delta x}$. 函数 $f(x)$ 在点 $x=x_0$ 处的瞬时变化率是 $f(x)$ 在点 $x=x_0$ 处的导数 $f'(x_0)$,即当自变量增量趋于零时平均变化率的极限:

$$\lim_{\Delta x\to 0}\frac{f(x_0+\Delta x)-f(x_0)}{\Delta x}=f'(x_0).$$

在经济学中,一个经济函数 $f(x)$ 的导数 $f'(x)$ 称为该函数的边际函数.

设 $y=f(x)$ 是一个可导的经济函数,于是当 $|\Delta x|$ 很小时

$$f(x+\Delta x)-f(x)=f'(x)\Delta x+o(\Delta x)\approx f'(x)\Delta x.$$

当 $\Delta x=1$ 或 $\Delta x=-1$ 时,可得

$$f(x+1)-f(x)\approx f'(x) \text{ 或 } f(x)-f(x-1)\approx f'(x).$$

因此,边际函数值 $f'(x_0)$ 的经济意义是:$f(x)$ 在点 $x=x_0$ 处,当自变量 x 改变 1 个单位时,函数改变量的近似值.在应用问题中解释边际函数值的具体意义时,常略去"近似"两字.

例 4 设函数 $y=x^2$,试求 y 在 $x=5$ 时的边际函数值.

解 因为 $y'=2x$,所以 $y'|_{x=5}=10$. 该值表明:当 $x=5$ 时,x 改变一个单位(增加或减少一个单位),y 约改变 10 个单位(增加或减少 10 个单位).

下面介绍经济学中常用的三个边际函数.

1. 边际成本 $C'(Q)$

某产品的总成本由固定成本和可变成本两部分组成.在生产技术水平和生产要素的价格固定不变的条件下,成本是产量的函数.设总成本函数 $C=C(Q)(Q\geqslant 0)$,Q 为产量.

平均成本是生产一定量产品,单位产品的平均成本.则平均成本函数为

$$\bar{C}=\bar{C}(Q)=\frac{C(Q)}{Q}.$$

边际成本是总成本的变化率.生产 Q 个单位产品时的边际成本函数为 $C'=C'(Q)$.

$C'(Q_0)$ 称为当产量为 Q_0 时的边际成本.经济意义是:生产 Q_0 个单位产品水平上,每增加 1 个单位产品所花费的成本.

例 5 已知生产某产品 Q 件的总成本函数为 $C=9\,000+40Q+0.001Q^2$ (元)($Q\geqslant0$)，试求：

(1)边际成本函数；

(2)产量为 1 000 件时的边际成本，并解释其经济意义；

(3)产量为多少件时，平均成本最小？

解 (1)边际成本函数：$C'=40+0.002Q$.

(2)产量为 1 000 件时的边际成本：$C'(1\,000)=40+0.002\times1\,000=42$.

它表示当产量为 1 000 件时，再生产 1 件产品需要的成本为 42 元.

(3)平均成本函数：$\overline{C}=\dfrac{C}{Q}=\dfrac{9\,000}{Q}+40+0.001Q$.

利用导数求平均成本最小值

$$\overline{C}'=-\frac{9\,000}{Q^2}+0.001.$$

令 $\overline{C}'=0$，得 $Q=3\,000$(件). 由于 $\overline{C}''(3\,000)>0$，故当产量为 3 000 件时平均成本最小.

2. 边际收益 $R'(Q)$ 和边际利润 $L'(Q)$

总收益是生产者出售一定量产品所得到的全部收入. 平均收益是生产者出售一定量产品，平均每单位产品所得到的收入，即单位商品的售价 P. 边际收益为总收益的变化率.

总收益、平均收益、边际收益均为产量的函数. 设 P 为价格，Q 为销售量，则总收益函数为

$$R=R(Q)=Q\cdot P.$$

若需求函数为 $P=P(Q)$，则总收益函数为

$$R=R(Q)=Q\cdot P(Q),$$

故平均收益函数为

$$\overline{R}=\overline{R}(Q)=\frac{R(Q)}{Q}=\frac{QP(Q)}{Q}=P(Q),$$

即价格 $P(Q)$ 可视作从需求量(这里需求量即为销售量)Q 上获得的平均收益.

边际收益为

$$R'=R'(Q)=[Q\cdot P(Q)]'=Q\cdot P'(Q)+P(Q)$$

其经济意义为：$R'(Q_0)$ 表示销售量为 Q_0 个单位时，销量每增加一个单位收益的改变量.

由经济学知识可知，总利润是总收益与总成本之差，设总利润为 L，则总利润函数为

$$L=L(Q)=R(Q)-C(Q)\quad(Q\text{ 为商品量}),$$

则边际利润函数为

$$L'=L'(Q)=R'(Q)-C'(Q).$$

其经济意义是：$L'(Q_0)$ 表示销售量为 Q_0 单位时，销量每增加一个单位利润的改变量.

例 6 设某产品的需求函数为

$$P=20-\frac{Q}{5},$$

其中，P 为价格，Q 为销售量，当销售量为 15 个单位时，求总收益、平均收益与边际收益.

解 因为需求函数为 $P=20-\dfrac{Q}{5}$，则总收益函数为

$$R=R(Q)=Q\cdot P(Q)=20Q-\frac{Q^2}{5},$$

故销售量为 15 个单位时,有

总收益 $$R(15)=20\times15-\frac{15^2}{5}=255.$$

平均收益 $$\overline{R}(15)=\frac{R(Q)}{Q}\bigg|_{Q=15}=\frac{QP(Q)}{Q}\bigg|_{Q=15}=P(Q)\big|_{Q=15}=17.$$

边际收益 $$R'=R'(Q)\big|_{Q=15}=20-\frac{2}{5}\times15=14.$$

例 7 某工厂生产一批产品的固定成本为 2 000 元,每增产一吨产品成本增加 50 元,若该产品的市场需求函数为 $Q=1\,100-10P$(P 为价格),产销平衡,试求:

(1)产量为 100 t 时的边际利润;

(2)产量为多少吨时利润最大?

解 由于 $P=110-\frac{Q}{10}$,故总收益函数为

$$R=PQ=110Q-\frac{Q^2}{10}.$$

总成本为

$$C=2\,000+50Q.$$

故总利润为

$$L=R-C=60Q-\frac{Q^2}{10}-2\,000.$$

(1) 边际利润为

$$L'=60-\frac{Q}{5}.$$

当产量为 100 t 时,边际利润为

$$L'(100)=60-\frac{100}{5}=40(\text{元}).$$

(2) 令 $L'=0$ 得 $Q=300(\text{t})$. 由于 $L''<0$,故当产量为 300 t 时,利润最大.

三、弹性与弹性分析

前面所谈的函数改变量 Δy 与函数变化率 $f'(x)$ 是绝对改变量与绝对变化率. 在实际问题中,有时仅知道函数 $y=f(x)$ 的改变量 Δy 及绝对改变率 $f'(x)$ 是不够的. 例如,设有 A 和 B 两种商品,其单价分别为 10 元和 100 元. 同时提价 1 元,显然改变量相同,但提价的百分数大不相同,分别为 10%和 1%. 前者是后者的 10 倍,因此有必要研究函数的相对改变量以及相对变化率,这在经济学中称为弹性. 它定量地反映了一个经济量(自变量)变动时,另一个经济量(因变量)随之变动的灵敏程度,即自变量变动 1%时,因变量变动的百分数.

定义 设函数 $y=f(x)$ 在点 x 处可导,且 $y\neq0$. 函数的相对改变量 $\frac{\Delta y}{y}$ 与自变量的相对改变量 $\frac{\Delta x}{x}$ 之比,当 $\Delta x\to0$ 时的极限

$$\lim_{\Delta x\to0}\frac{\Delta y/y}{\Delta x/x}=\frac{x}{y}y'=\frac{x}{f(x)}f'(x)$$

称为函数 $y=f(x)$ 在点 x 处的弹性,记作 $E(x)$,即

$$E(x)=\frac{x}{f(x)}f'(x).$$

由弹性的定义,可以得出以下几个结论:

(1) 当$\frac{\Delta x}{x}=1\%$时,$\frac{\Delta y}{y}\approx E(x)\%$. 可见,函数$y=f(x)$在点$x$处的弹性$E(x)$表示在点$x$处,当$x$改变1%时,函数近似改变$|E(x)|\%$. 应用问题中解释弹性的意义时,常略去"近似"二字. 但比较不同商品的需求弹性并不受到计量单位的限制.

(2) 函数的弹性与量纲无关,即与各有关变量的计量单位无关. 这使得弹性概念在经济中具有广泛应用.

(3) 函数在点x的弹性$E(x)$,反映了$f(x)$对x变化的敏感程度. 当$|E(x)|>1$时称为富有弹性,当$|E(x)|=1$时称为等效弹性,当$|E(x)|<1$时称为缺乏弹性,当$E(x)=0$时称为完全无弹性,当$E(x)=\infty$时称为完全有弹性.

(4) $E(x)$的表达式可改写为

$$E(x)=\frac{\frac{\mathrm{d}y}{\mathrm{d}x}}{\frac{y}{x}}=\frac{\text{边际函数}}{\text{平均函数}}.$$

故在经济学中,弹性又可以解释为边际函数与平均函数之比.

下面介绍经济学中常用的需求价格弹性$E(P)$函数.

设P表示商品价格,Q表示需求量,则需求函数为:$Q=f(P)$.

需求价格弹性$E(P)$指当价格为P时,需求量对价格的弹性,其表达式为

$$E(P)=-\frac{P}{Q}\cdot\frac{\mathrm{d}Q}{\mathrm{d}P}.$$

注意它与基本的弹性定义差一个符号,这仅仅是需求弹性的特点. 一般说来,商品价格低,需求大;商品价格高,需求小. 因此,一般需求函数$Q=f(P)$是单调减少函数,即$\frac{\mathrm{d}Q}{\mathrm{d}P}<0$,而$E(P)=-\frac{P}{Q}\cdot\frac{\mathrm{d}Q}{\mathrm{d}P}>0$,这就是加上一个负号的原因,需求弹性用来表示商品价格变动时需求变动的强弱.

例 8 设某商品需求函数为$Q=\mathrm{e}^{-\frac{P}{5}}$,求:

(1) 需求弹性函数;

(2) $P=3,P=5,P=6$时的需求弹性,并说明其经济意义.

解 (1) 由已知有 $Q'=-\frac{1}{5}\mathrm{e}^{-\frac{P}{5}}$,则需求弹性函数为

$$E(P)=\frac{1}{5}\mathrm{e}^{-\frac{P}{5}}\cdot\frac{P}{\mathrm{e}^{-\frac{P}{5}}}=\frac{P}{5}.$$

(2) $E(3)=\frac{3}{5}=0.6,E(5)=\frac{5}{5}=1,E(6)=\frac{6}{5}=1.2.$

$E(5)=1$,说明当$P=5$时,价格上涨1%,需求量则下降1%,可见此时价格与需求变动的幅度相同.

$E(3)=0.6$,说明当$P=3$时,价格上涨1%,需求只减少0.6%,此时需求变动的幅度小于价格变动的幅度.

$E(6)=1.2$，说明当 $P=6$ 时，价格上涨1%，需求减少1.2%，此时需求变动的幅度大于价格变动的幅度.

例9 某商品需求函数为 $Q=10-\frac{P}{2}$，求：

(1) 需求价格弹性函数；

(2) 当 $P=3$ 时的需求价格弹性；

(3) 在 $P=3$ 时，若价格上涨1%，其总收益是增加还是减少？它将变化百分之几？

解 (1) 需求价格弹性函数

$$E(P)=-\frac{P}{Q}Q'=-\left(-\frac{1}{2}\right)\cdot\frac{P}{10-\frac{P}{2}}=-\frac{P}{P-20}.$$

(2)当 $P=3$ 时的需求价格弹性为

$$E(P)\big|_{P=3}=\frac{3}{17}\approx 0.18.$$

(3)由于总收益

$$R=PQ=10P-\frac{P^2}{2},$$

于是总收益的价格弹性函数

$$E(P)=\frac{\mathrm{d}R}{\mathrm{d}P}\cdot\frac{P}{R}=(10-P)\cdot\frac{P}{10P-\frac{P^2}{2}}=\frac{2(10-P)}{20-P},$$

从而在 $P=3$ 时，总收益的价格弹性

$$E(P)\big|_{P=3}=\frac{2(10-P)}{20-P}\bigg|_{P=3}\approx 0.82.$$

故在 $P=3$ 时，若价格上涨1%，需求仅减少0.18%，总收益将增加，总收益约增加0.82%.

习题3-4

1. 求下列函数在给定区间上的最大值和最小值：

(1) $y=x^4-8x^2+2, x\in[-1,3]$；　(2) $y=\sin x+\cos x, x\in[0,2\pi]$；

(3) $y=x+\sqrt{1-x}, x\in[-5,1]$；　(4) $y=\ln(x^2+1), x\in[-1,2]$；

(5) $y=x^4-2x^2+5, x\in[-2,2]$；　(6) $y=\sqrt{x(10-x)}, x\in[0,10]$；

(7) $y=\frac{x^2}{1+x}, x\in\left[-\frac{1}{2},1\right]$.

2. 求函数 $f(x)=x^3-3x+3$ 在 $\left[-3,\frac{3}{2}\right]$ 上的最大值和最小值.

3. 求函数 $f(x)=|x^2-2x|$ 在 $[0,3]$ 上的最大值和最小值.

4. 求函数 $y=\sin 2x-2x$ 在 $\left[-\frac{\pi}{2},\frac{\pi}{2}\right]$ 上的最大值和最小值.

5. 已知制作一个背包的成本为50元，若每个背包的售价是 x 元，售出的背包数 $n=\frac{a}{x-50}+b(80-x)$，其中常数 $a>0, b>0$，问：售价为多少时利润最大？

6. 欲制容积为 V 的圆柱形有盖容器，如何设计可使材料最省？

7. 某地区防空洞的截面拟建成矩形加半圆(图 3-4-3)，截面的面积为5 m^2，问：底宽 x 为多少时才能使截面的周长最小，使得建造时所用的材料最省？

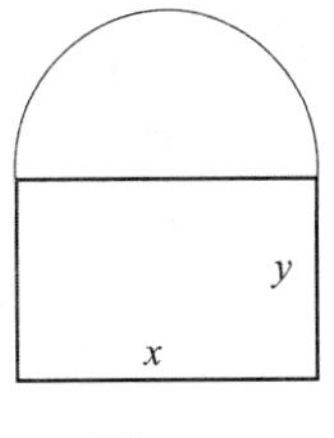

图 3-4-3

8. 某企业生产 Q 件产品的总成本为 $C(Q)=a+bQ^2$，其中 a,b 为待定常数. 已知固定成本为 400，且当产量 $Q=100$ 时，$C=500$，问：产量 Q 为多少时，平均成本 $\overline{C}$ 为最低值？

9. 某企业生产 Q 件产品的总成本为 $C(Q)=200+4Q+0.05Q^2$，若产销平衡，当每件售价 500 时，求：(1)边际成本函数；(2)边际收益函数；(3)边际利润函数；(4)当销售量从 200 增加到 300 时，收入的平均变化率为多少？

10. 每天从甲地到乙地飞机票的需求量为 $Q(P)=5\ 000\sqrt{900-P}\,(0<P<900)$，其中 P 为票价. 求：(1)需求价格弹性；(2)票价定为何值时，航空公司的收益最大？

11. 某商品价格是 10 元时的需求量是 150 件，价格降至 8 元时的需求量是 180 件，求商品的需求弹性，并分析其弹性强度.

第五节　曲线的凹凸性与拐点、函数图形的描绘

【课前导读】

函数的单调性反映在图形上是曲线的上升和下降，但在上升或下降的过程中，存在弯曲方向的问题，称为曲线的凹凸性问题，本节主要研究曲线的凹凸性概念及判定方法.

一、函数凹凸性

1. 凹凸性的概念

定义 1　设 $f(x)$在区间 I 上连续，如果对 I 上任意两点 x_1,x_2，恒有

$$f\left(\frac{x_1+x_2}{2}\right)<\frac{f(x_1)+f(x_2)}{2},$$

则称 $f(x)$在 I 上的图像是(向上)**凹的**(或凹弧)(图 3-5-1)；如果恒有

$$f\left(\frac{x_1+x_2}{2}\right)>\frac{f(x_1)+f(x_2)}{2},$$

则称 $f(x)$在 I 上的图像是(向上)**凸的**(或凸弧)(图 3-5-2).

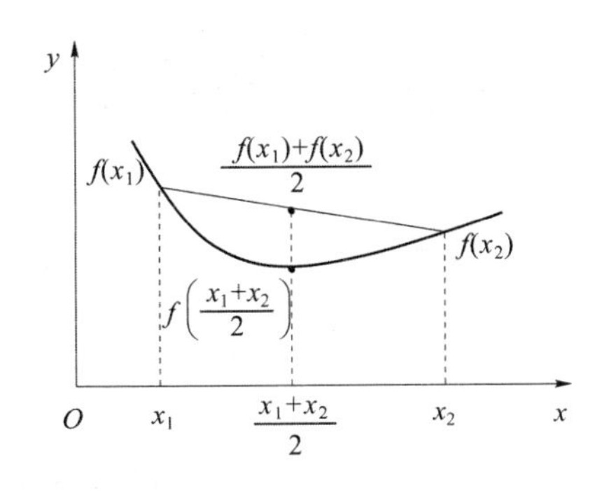

图 3-5-1

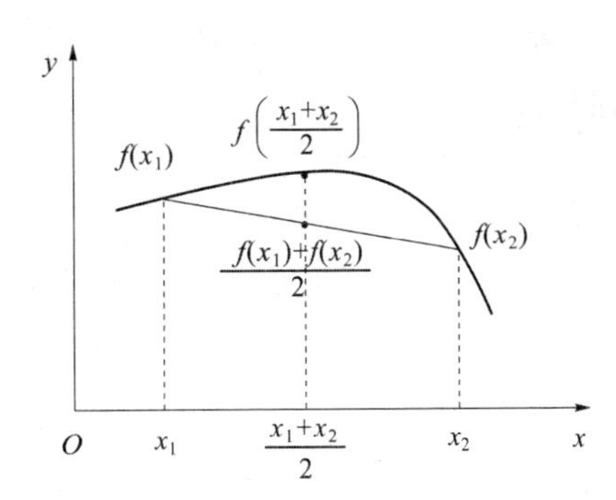

图 3-5-2

2. 曲线凹凸性的判定

定理1 设 $f(x)$ 在 $[a,b]$ 上连续,在 (a,b) 内具有一阶和二阶导数,那么

(1) 若在 (a,b) 内 $f''(x)>0$,则 $f(x)$ 在 $[a,b]$ 上的图像是凹的;

(2) 若在 (a,b) 内 $f''(x)<0$,则 $f(x)$ 在 $[a,b]$ 上的图像是凸的.

拐点:连续曲线 $y=f(x)$ 上凹弧与凸弧的分界点称为该曲线的拐点.

例1 判断曲线 $y=\ln x$ 的凹凸性.

解 函数 $y=\ln x$ 的定义域为 $(0,+\infty)$,$y'=\frac{1}{x}$,$y''=-\frac{1}{x^2}$. 在定义域内 $y''<0$,所以曲线 $y=\ln x$ 在区间 $(0,+\infty)$ 内是凸的.

例2 求曲线 $y=3x^4-4x^3+1$ 的拐点及凹、凸区间.

解 函数 $y=3x^4-4x^3+1$ 的定义域为 $(-\infty,+\infty)$,

$$y'=12x^3-12x^2,\quad y''=36x^2-24x=36x\left(x-\frac{2}{3}\right),$$

令 $y''=0$,得 $x_1=0$,$x_2=\frac{2}{3}$,如表 3-5-1 所示.

表 3-5-1

x	$(-\infty,0)$	0	$\left(0,\frac{2}{3}\right)$	$\frac{2}{3}$	$\left(\frac{2}{3},+\infty\right)$
$f''(x)$	$+$	0	$-$	0	$+$
$f(x)$	凹	1	凸	$\frac{11}{27}$	凹

在区间 $(-\infty,0]$ 和 $\left[\frac{2}{3},+\infty\right)$ 内曲线是凹的,在区间 $\left[0,\frac{2}{3}\right]$ 上曲线是凸的. 点 $(0,1)$ 和 $\left(\frac{2}{3},\frac{11}{27}\right)$ 是曲线的拐点.

二、渐近线

当曲线 $y=f(x)$ 上的一动点 P 沿曲线远离原点时,如果点 P 到某定直线 L 的距离趋近于零,则直线 L 称为曲线 $y=f(x)$ 的一条渐近线.

1. 铅直渐近线(垂直于 x 轴的渐近线)

如果函数 $y=f(x)$ 在点 C 处间断,且 $\lim\limits_{x\to C^+}f(x)=\infty$ 或 $\lim\limits_{x\to C^-}f(x)=\infty$,那么 $x=C$ 就是曲线 $y=f(x)$ 的一条铅直渐近线.

例如,曲线 $y=\frac{1}{(x+2)(x-3)}$ 有两条铅直渐近线:$x=-2$,$x=3$.

2. 水平渐近线(平行于 x 轴的渐近线)

如果函数 $y=f(x)$ 的定义域是无限区间,且 $\lim\limits_{x\to+\infty}f(x)=C$ 或 $\lim\limits_{x\to-\infty}f(x)=C$($C$ 为常数),那

么 $y=C$ 就是曲线 $y=f(x)$的一条水平渐近线.

例如,曲线 $y=\arctan x$ 有两条水平渐近线:$y=\frac{\pi}{2}$,$y=-\frac{\pi}{2}$.

3. 斜渐近线

如果函数 $y=f(x)$的定义域是无穷区间,且$\lim\limits_{x\to\infty}\frac{f(x)}{x}=a$,$\lim\limits_{x\to\infty}[f(x)-ax]=b$,那么 $y=ax+b$ 就是曲线 $y=f(x)$的一条斜渐近线.

下面给出斜渐近线的求法:

(1) 求出$\lim\limits_{x\to\infty}\frac{f(x)}{x}=a$;(2) 计算 $b=\lim\limits_{x\to\infty}[f(x)-ax]$.

则 $y=ax+b$ 就是曲线 $y=f(x)$的斜渐近线.

例 3 函数求 $f(x)=\frac{2(x-2)(x+3)}{x-1}$的渐近线.

解 易知函数 $f(x)$的定义域为$(-\infty,1)\cup(1,+\infty)$.

因为
$$\lim_{x\to1^+}f(x)=-\infty,\lim_{x\to1^-}f(x)=+\infty,$$
所以 $x=1$ 是曲线的铅直渐近线.

又因为
$$\lim_{x\to\infty}\frac{f(x)}{x}=\lim_{x\to\infty}\frac{2(x-2)(x+3)}{x(x-1)}=2,$$
$$\lim_{x\to\infty}\left[\frac{2(x-2)(x+3)}{x-1}-2x\right]=\lim_{x\to\infty}\frac{2(x-2)(x+3)-2x(x-1)}{x-1}=4,$$
所以 $y=2x+4$ 是曲线的一条斜渐近线.

三、函数图形的描绘

对于一个函数,若能作出其图像,就能从直观上了解该函数的性态特征,并可从其图形清楚地看出因变量与自变量之间的相互依赖关系. 在中学阶段,我们利用描点法作函数的图形. 这种方法常会遗漏曲线的一些关键点,如极值点、拐点等,使得曲线的单调性、凹凸性等函数的一些重要性态难以准确显示出来. 本节我们要利用导数描绘函数 $y=f(x)$的图形,其一般步骤如下:

第一步 确定函数 $f(x)$的定义域,研究函数特性,如奇偶性、周期性、有界性等,求出函数的一阶导数 $f'(x)$和二阶导数 $f''(x)$;

第二步 求出一阶导数 $f'(x)$和二阶导数 $f''(x)$在函数定义域内的全部零点,并求出函数$f(x)$的间断点以及导数 $f'(x)$和 $f''(x)$不存在的点,用这些点把函数定义域划分成若干个部分区间;

第三步 确定在这些部分区间内 $f'(x)$和 $f''(x)$的符号,并由此确定函数的增减性和凹凸性、极值点和拐点;

第四步 确定函数图形的水平、铅直渐近线以及其他变化趋势;

第五步 算出 $f'(x)$和 $f''(x)$的零点以及不存在的点所对应的函数值,并在坐标平面上定出图形上相应的点;有时还需要适当补充一些辅助作图点(如与坐标轴的交点和曲线的端点等);然后根据第三步、第四步中得到的结果,用平滑曲线连接而画出函数的图形.

例 4 作函数 $f(x)=x^3-x^2-x+1$ 的图形.

解 定义域为$(-\infty,+\infty)$,无奇偶性及周期性.
$$f'(x)=(3x+1)(x-1),f''(x)=2(3x-1).$$

令 $f'(x)=0$,得 $x=-\frac{1}{3}$ 或 $x=1$.令 $f''(x)=0$,得 $x=\frac{1}{3}$.

列表如表 3-5-2 所示.

表 3-5-2

x	$\left(-\infty,-\frac{1}{3}\right)$	$-\frac{1}{3}$	$\left(-\frac{1}{3},\frac{1}{3}\right)$	$\frac{1}{3}$	$\left(\frac{1}{3},1\right)$	1	$(1,+\infty)$
$f'(x)$	+	0	−		−	0	+
$f''(x)$	−		−		+		+
$f(x)$		极大值 $\frac{32}{27}$		拐点 $\left(\frac{1}{3},\frac{16}{27}\right)$		极小值 0	

补充点:$A(-1,0)$,$B(0,1)$,$C\left(\frac{3}{2},\frac{5}{8}\right)$.综合作出图形,如图 3-5-3 所示.

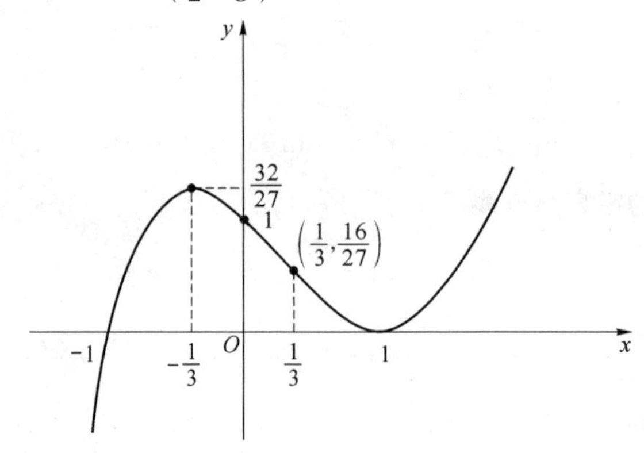

图 3-5-3

例 5 作函数 $f(x)=\frac{4(x+1)}{x^2}-2$ 的图形.

解 $D:\{x|x\neq0\}$,非奇非偶函数,且无对称性.

$$f'(x)=-\frac{4(x+2)}{x^3},f''(x)=\frac{8(x+3)}{x^4}.$$

令 $f'(x)=0$,得 $x=-2$.令 $f''(x)=0$,得 $x=-3$.

$\lim\limits_{x\to\infty}f(x)=\lim\limits_{x\to\infty}\left[\frac{4(x+1)}{x^2}-2\right]=-2$,得水平渐近线 $y=-2$;

$\lim\limits_{x\to0}f(x)=\lim\limits_{x\to0}\left[\frac{4(x+1)}{x^2}-2\right]=+\infty$,得铅直渐近线 $x=0$.

列表如表 3-5-3 所示.

表 3-5-3

x	$(-\infty,-3)$	-3	$(-3,-2)$	-2	$(-2,0)$	0	$(0,+\infty)$
$f'(x)$	−		−	0	+	不存在	−
$f''(x)$	−	0	+		+		+
$f(x)$		拐点 $\left(-3,-\frac{26}{9}\right)$		极值点 $(-2,-3)$		间断点	

补充点：$(1-\sqrt{3},0)$，$(1+\sqrt{3},0)$，$(-1,-2)$；$A(-1,-2)$，$B(1,6)$，$C(2,1)$. 作出图形，如图 3-5-4 所示.

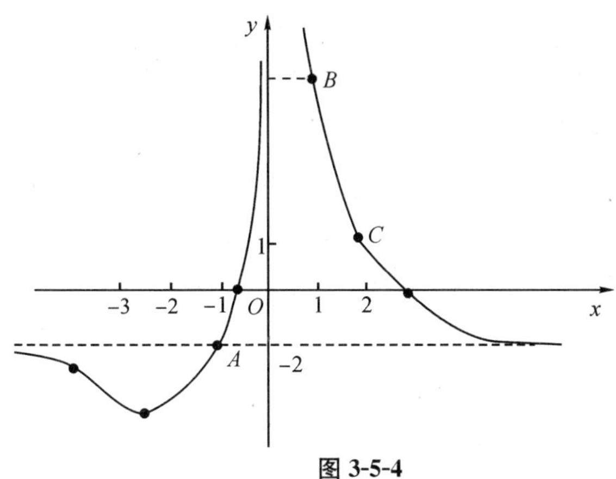

图 3-5-4

习题 3-5

1. 求下列曲线的拐点及凹凸区间：

(1) $y=x+\frac{1}{x}(x>0)$；　　(2) $y=x+\frac{x}{x^2-1}$；

(3) $y=x^3-5x^2+3x+5$；　　(4) $y=\ln(x^2+1)$.

2. 求下列曲线的渐近线：

(1) $y=\mathrm{e}^{-\frac{1}{x}}$；　　(2) $y=\frac{\mathrm{e}^x}{1+x}$；　　(3) $y=\frac{1}{x^2-4x-5}$；

(4) $y=\frac{1}{(x+2)^3}$；　　(5) $y=x\sin\frac{1}{x}$；　　(6) $y=\frac{\mathrm{e}^x}{x^2-1}$.

3. 作下列函数的图形：

(1) $y=\frac{1}{1+x^2}$；　　(2) $y=x\sqrt{3-x}$；　　(3) $y=x^2+\frac{1}{x}$.

第六节　曲线的弧微分与曲率

【课前导读】

工程技术与生产实践中常常要考虑曲线的弯曲程度，如公路、铁路的弯道，机床与土木建筑中的轴或梁在荷载作用下产生的弯曲变形. 在设计时对它们的弯曲程度都有一定的限制，因此要讨论如何定量地描述曲线的弯曲程度. 这就引出了曲率的概念.

一、曲率的概念

直觉上，我们知道，半径小的圆比半径大的圆弯曲得厉害些，那么如何用数量来描述曲线的弯曲程度呢？

如图 3-6-1 所示，$\widehat{M_1M_2}$和$\widehat{M_2M_3}$是两段等长的曲线弧，$\widehat{M_2M_3}$比$\widehat{M_1M_2}$弯曲得厉害些，当点

M_2 沿曲线弧移动到点 M_3 时，切线的转角 $\Delta\alpha_2$ 比从点 M_1 沿曲线弧移动到点 M_2 时，切线的转角 $\Delta\alpha_1$ 要大些.

如图 3-6-2 所示，$\overset{\frown}{M_1M_2}$和$\overset{\frown}{N_1N_2}$是两段切线转角同为 $\Delta\alpha$ 的曲线弧，$\overset{\frown}{N_1N_2}$比$\overset{\frown}{M_1M_2}$弯曲得厉害些，显然，$\overset{\frown}{M_1M_2}$的弧长比$\overset{\frown}{N_1N_2}$的弧长大.

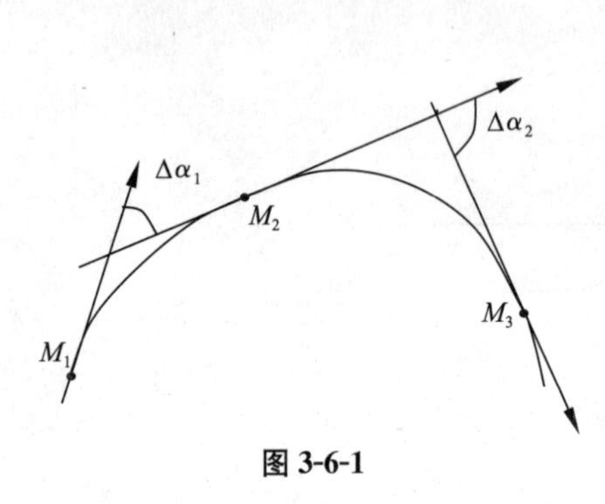

图 3-6-1

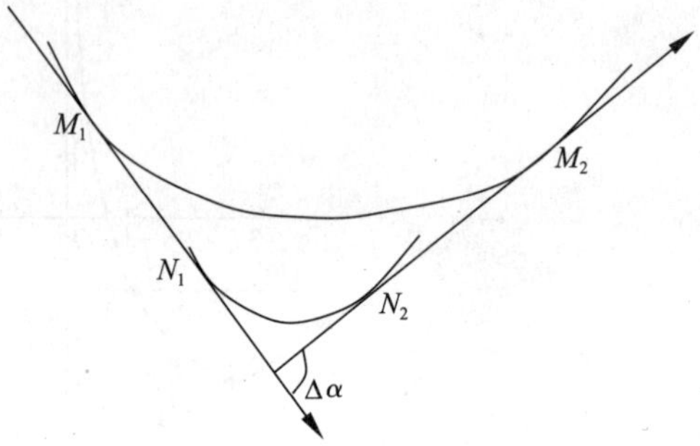

图 3-6-2

这说明，曲线的弯曲程度与曲线的切线转角成正比，与弧长成反比. 由此，我们引入曲率的概念.

如图 3-6-3 所示，设 M,N 是曲线 $y=f(x)$ 上的两点，在点 M 处切线的倾斜角为 α. 当点 M 沿曲线移动到点 N 时，切线相应的转角为 $\Delta\alpha$，曲线弧$\overset{\frown}{MN}$的长为 Δs. 我们用 $\left|\frac{\Delta\alpha}{\Delta s}\right|$ 来表示曲线弧$\overset{\frown}{MN}$的**平均弯曲程度**，并称它为曲线弧$\overset{\frown}{MN}$的**平均曲率**，记为 $\bar{K}$，即

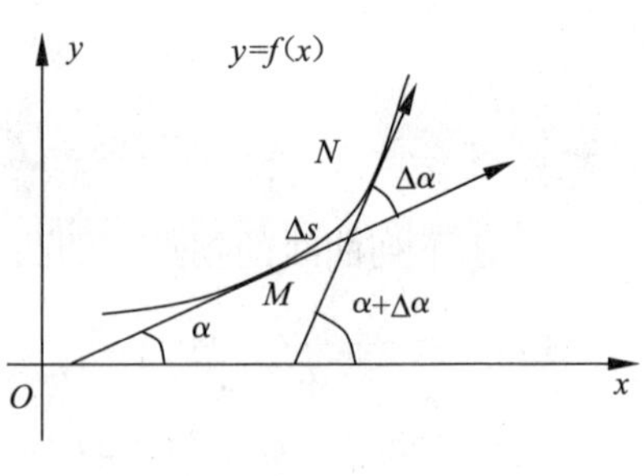

图 3-6-3

$$\bar{K}=\left|\frac{\Delta\alpha}{\Delta s}\right|.$$

若极限 $\lim\limits_{\Delta s\to 0}\left|\frac{\Delta\alpha}{\Delta s}\right|$ 存在，设 $\lim\limits_{\Delta s\to 0}\left|\frac{\Delta\alpha}{\Delta s}\right|=\left|\frac{\mathrm{d}\alpha}{\mathrm{d}s}\right|$，则称 $\left|\frac{\Delta\alpha}{\Delta s}\right|$ 为曲线 $y=f(x)$ 在点 M 的**曲率**，记为 K，即

$$K=\left|\frac{\mathrm{d}\alpha}{\mathrm{d}s}\right|. \tag{3.6.1}$$

注意：$\frac{\mathrm{d}\alpha}{\mathrm{d}s}$是曲线切线的倾斜角相对于弧长的变化率.

二、曲率的计算

下面根据式(3.6.1)推导出便于计算曲率的公式.

(1) $\mathrm{d}\alpha$ 的确定.

设曲线 $y=f(x)$ 二阶可导，α 为曲线在点 M 处切线的倾斜角，则 $\tan\alpha=y'$，两边对 x 求导，可得 $\sec^2\alpha\cdot\frac{\mathrm{d}\alpha}{\mathrm{d}x}=y''$，可整理为：$\frac{\mathrm{d}\alpha}{\mathrm{d}x}=\frac{y''}{\sec^2\alpha}=\frac{y''}{1+\tan^2\alpha}=\frac{y''}{1+y'^2}$，即

$$\mathrm{d}\alpha=\frac{y''}{1+y'^2}\mathrm{d}x. \tag{3.6.2}$$

(2) $\mathrm{d}s$ 的确定. 如图 3-6-4 所示，在曲线上任取一点 M_0，并以此为起点度量弧长. 当点 $M(x,y)$ 在 $M_0(x_0,y_0)$ 的右侧($x>x_0$)时，规定弧长为正；当点 $M(x,y)$ 在 $M_0(x_0,y_0)$ 的左侧($x<x_0$)时，规定弧长为负. 依照此规定，弧长 s 是点的横坐标 x 的增函数，记为 $s=s(x)$.

当点 M 沿曲线移动到点 N，弧增量 $\Delta s=\overset{\frown}{M_0N}-\overset{\frown}{M_0M}=\overset{\frown}{MN}$，长度记为 $|\Delta s|$，点 M 到点 N 的距离 $|MN|=\sqrt{(\Delta x)^2+(\Delta y)^2}$，当 $\Delta x\to 0$ 时，$|\Delta s|\approx|MN|$，两边同除以 $|\Delta x|$，得 $\left|\frac{\Delta s}{\Delta x}\right|\approx\sqrt{1+\left(\frac{\Delta y}{\Delta x}\right)^2}$，两边取极限，得 $\lim\limits_{\Delta x\to 0}\left|\frac{\Delta s}{\Delta x}\right|=\lim\limits_{\Delta x\to 0}\sqrt{1+\left(\frac{\Delta y}{\Delta x}\right)^2}=\sqrt{1+y'^2}$，由于 s 是 x 的增函数，因此 $\frac{\mathrm{d}s}{\mathrm{d}x}>0$，故得 $\frac{\mathrm{d}s}{\mathrm{d}x}=\sqrt{1+y'^2}$，即

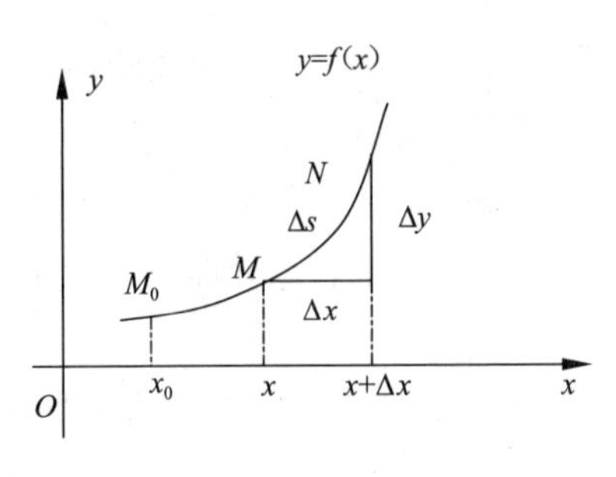

图 3-6-4

$$\mathrm{d}s=\sqrt{1+y'^2}\,\mathrm{d}x. \tag{3.6.3}$$

这个公式也称为**弧微分公式**.

把式(3.6.2)、式(3.6.3)代入式(3.6.1)，得

$$K=\frac{|y''|}{(1+y'^2)^{3/2}}. \tag{3.6.4}$$

这就是曲线 $y=f(x)$ 在点 (x,y) 处**曲率的计算公式**.

例 1 求下列曲线上任意一点处的曲率.

(1) $y=kx+b$； (2) $x^2+y^2=R^2$.

解 (1) 因为 $y'=k$，$y''=0$，代入式(3.6.4)，得 $K=0$. 所以，直线上任意一点的曲率都等于零，这与我们的直觉"直线不弯曲"是一致的.

(2) 因为 $2x+2yy'=0$，$y'=-\frac{x}{y}$，$y''=\frac{-y+xy'}{y^2}=-\frac{R^2}{y^3}$，代入式(3.6.4)，得

$$K=\frac{|y''|}{(1+y'^2)^{\frac{3}{2}}}=\frac{\left|-\frac{R^2}{y^3}\right|}{\left[1+\left(-\frac{x}{y}\right)^2\right]^{\frac{3}{2}}}=\frac{R^2}{(x^2+y^2)^{\frac{3}{2}}}=\frac{1}{R}.$$

所以，圆上任意一点处的曲率都相等，即圆上任意一点处的弯曲程度相同，且曲率等于圆的半径的倒数.

三、曲率圆

如图 3-6-5 所示，设曲线 $y=f(x)$ 在点 $M(x,y)$ 处的曲率为 $K(K\neq 0)$. 在点 M 处的法线上(曲线凹的一侧)取一点 D，使 $|DM|=\frac{1}{K}=\rho$. 以 D 为圆心，ρ 为半径的圆称为曲线在点 M 处的**曲率圆**；曲率圆的圆心 D 称为曲线在点 M 处的**曲率中心**；曲率圆的半径 ρ 称为曲线在点 M 处的**曲率半径**.

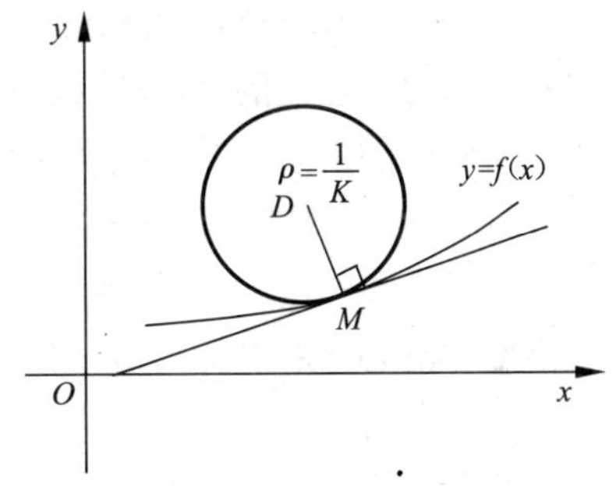

图 3-6-5

根据上述规定，曲率圆与曲线在点 M 处有相同的切线和曲率，且在点 M 邻近处凹凸性相同. 因此，在工程上常常用曲率圆在点 M 邻近处的一段圆弧来近似代替该点邻近处的小曲线弧.

例 2 设工件内表面的截线为抛物线 $y=0.4x^2$，现在要用砂轮磨削其内表面，用直径多大的砂轮才比较合适？

解 为了在磨削时不使砂轮与工件接触处附近的那部分工件磨去太多，砂轮的半径应不大于抛物线上各点处曲率半径中的最小值. 因为

$$y'=0.8x,\quad y''=0.8,$$

所以，抛物线上任一点的曲率半径为

$$\rho=\frac{1}{K}=\frac{(1+y'^2)^{\frac{3}{2}}}{|y''|}=\frac{[1+(0.8x)^2]^{\frac{3}{2}}}{|0.8|},$$

当 $x=0$ 时，即在顶点处，曲率半径最小，为 $\rho=1.25$.

所以，选用砂轮的半径不得超过 1.25 单位长，即直径不得超过 2.50 单位长.

习题 3-6

1. 求圆 $x^2+y^2=R^2(R>0)$ 上任一点的弧微分.
2. 求抛物线 $y=x^2+x$ 上任一点处的弧微分及在点(0,0)处的曲率.
3. 求曲线 $y=\ln x$ 的最大曲率.
4. 求抛物线 $f(x)=x^2+3x+2$ 在 $x=1$ 处的曲率和曲率半径.
5. 求双曲线 $xy=4$ 在点(2,2)处的曲率.
6. 求 $y=x^3$ 在点(0,0)及点(2,8)处的曲率.
7. 求椭圆 $4x^2+y^2=4$ 在点(0,2)处的曲率.
8. 曲线弧 $y=\sin x(0<x<\pi)$ 上哪一点处的曲率半径最小？求出该点处的曲率半径.

阅读与拓展

洛必达(L' Hospital，1661—1704年)简介

洛必达(L' Hospital)是法国数学家，1661年生于巴黎，1704年2月2日卒于巴黎.

洛必达生于法国贵族家庭，他拥有圣梅特侯爵、昂特尔芒伯爵称号，青年时期一度任骑兵军官，后因眼睛近视自行告退，开始从事学术研究.

洛必达很早就显现出数学才华，15岁时就解决了帕斯卡所提出的一个摆线难题.

洛必达是莱布尼茨微积分学的忠实信徒，并且是约翰·伯努利的高足，成功地解答过约翰·伯努利提出的"最速降线"问题. 他还是法国科学院院士.

洛必达的最大功绩是撰写了世界上第一本系统的微积分教程——《用于理解曲线的无穷小分析》. 这部著作出版于1696年，后来多次被修订再版，为在欧洲大陆特别是法国，普及微积分起到了重要作用. 这本书追随欧几里得和阿基米德的古典范例，以定义和公理为出发点；同时借鉴了洛必达的老师约翰·伯努利的著作. 其经过是这样的：约翰·伯努利在1691—1692年写了两篇关于微积分的短论，但未发表. 不久之后，他答应为年轻的洛必达讲授微积分，定期领取薪金. 作为答谢，他把自己的数学发现传授给洛必达，并允许他随时利用. 于是洛必达根据约翰·伯努利的传授及其未发表的论著以及自己的学习心得，撰写了该书.

洛必达曾计划出版一本关于积分学的书,但在得悉莱布尼茨也打算撰写这样一本书后,就放弃了自己的计划.他还写过一本关于圆锥曲线的书——《圆锥曲线分析论》.此书在他逝世16年之后才出版.

洛必达豁达大度,气宇不凡.他与当时欧洲各国主要的数学家都有交往,而他自己也成为在全欧洲传播微积分的著名人物.

总复习题三

1. 单项选择题.

(1) 若极限$\lim\limits_{x\to 0}\dfrac{1-\cos kx}{x^2}=1(k>0)$,则常数$k=$(　　).

A. $\dfrac{1}{2}$　　B. 2　　C. $\dfrac{\sqrt{2}}{2}$　　D. $\sqrt{2}$

(2) 当$x\to 0$时,无穷小量$e^{x^2}-1$是$\sin x$的(　　)无穷小量.

A. 高阶　　B. 低阶　　C. 同阶但非等价　　D. 等价

(3) 方程式$\sin y+xe^y=0$确定了变量y为x的函数$y=y(x)$,则函数曲线$y=y(x)$在原点处的法线斜率为(　　).

A. -2　　B. 2　　C. -1　　D. 1

(4) 函数$f(x)=3x^4+4x^3$的单调增加区间为(　　).

A. $(-\infty,-1)$　　B. $(-\infty,0)$　　C. $(-1,+\infty)$　　D. $(0,+\infty)$

(5) 函数$f(x)=3x^5+5x^3$有(　　)个驻点.

A. 1　　B. 2　　C. 3　　D. 4

(6) 函数$f(x)=x^3-12x$在闭区间$[-3,3]$上的最大值在点(　　)处取得.

A. $x=-3$　　B. $x=3$　　C. $x=-2$　　D. $x=2$

(7) 已知函数$f(x)$在开区间(a,b)内二阶可导,若其在开区间(a,b)内恒有一阶导数$f'(x)>0$,且$f''(x)<0$,则曲线$y=f(x)$在开区间(a,b)内为(　　).

A. 单调递增的凸函数　　B. 单调递增的凹函数

C. 单调递减的凸函数　　D. 单调递减的凹函数

(8) 函数曲线$y=e^x-e^{-x}$在定义域内(　　).

A. 有极值有拐点　　B. 有极值无拐点　　C. 无极值有拐点　　D. 无极值无拐点

2. 填空题.

(1) 已知函数$v(x)$在点$x=0$处一阶可导且导函数$v'(x)$连续.设函数值$v(0)=-2$,一阶导数$v'(0)=6$,则极限$\lim\limits_{x\to 0}\dfrac{\dfrac{1}{v(x)}+\dfrac{1}{2}}{x}=$________.

(2) 设函数曲线$y=2x^2+3x-26$在点$M_0(x_0,y_0)$处的切线斜率为15,则切点M_0的纵坐标$y_0=$________.

(3) 已知函数$f(x)=k\sin x+\dfrac{1}{3}\sin 3x$,若点$x=\dfrac{\pi}{3}$为其驻点,则常数$k=$________.

(4) 若函数 $f(x)$ 在点 x_0 处可导，且函数值 $f(x_0)$ 为极小值，则极限 $\lim\limits_{h\to 0}\dfrac{f(x_0+h)-f(x_0)}{h}$ $=$________.

(5) 函数 $f(x)=\ln(1+x^2)$ 在闭区间 $[1,3]$ 上的最小值等于________.

(6) 函数曲线 $y=(x-1)^6$ 的凹区间为________.

3. 求下列极限：

(1) $\lim\limits_{x\to\frac{\pi}{4}}\dfrac{\tan(x-1)}{\sin 4x}$； (2) $\lim\limits_{x\to 0}\dfrac{x-\arctan x}{\ln(1+x^3)}$； (3) $\lim\limits_{x\to 1}\dfrac{e^x-ex}{(x-1)^2}$；

(4) $\lim\limits_{x\to 0}\dfrac{e^{2x}-2e^x+1}{x^2}$； (5) $\lim\limits_{x\to 0}\dfrac{\cos 3x-\cos x}{x^2}$； (6) $\lim\limits_{x\to\pi}\dfrac{\tan x+2\cos\frac{x}{2}}{(x-\pi)^2}$；

(7) $\lim\limits_{x\to 0}x^{-2}e^x$； (8) $\lim\limits_{x\to 1}\left(\dfrac{1}{x-1}-\dfrac{1}{\ln x}\right)$.

4. 求函数曲线 $y=2x+\ln x$ 在点 $(1,2)$ 处的切线方程与法线方程.

5. 求下列函数的极值：

(1) $f(x)=ex-e^x$； (2) $f(x)=x^2-8\ln x$；

(3) $f(x)=3x^2-2x^3$； (4) $f(x)=(x^2-3)e^x$.

6. 证明：当 $x>0$ 时，恒有不等式 $(1+x)\ln(1+x)>\arctan x$ 成立.

7. 求下列函数在定义域内的最值：

(1) $f(x)=e^{-x^2}$； (2) $f(x)=\ln x+\dfrac{2}{x}$.

8. 求下列函数在给定闭区间上的最大值和最小值：

(1) $f(x)=\dfrac{1}{2}x-\sqrt{x}$，$x\in[0,9]$；

(2) $f(x)=e^x+e^{-x}$，$x\in[-1,1]$.

9. 求下列函数曲线的凹凸区间与拐点：

(1) $y=x\arctan x$； (2) $y=2x\ln x-x^2$.

10. 某产品总成本 C 为产量 Q 的函数：$C=C(Q)=1\,000+7Q+50\sqrt{Q}$，产品的销售价格为 P 元/kg，若产需平衡，需求函数为 $Q=Q(P)=1\,600\left(\dfrac{1}{2}\right)^P$. 试求：

(1) 在产量为 100 kg 的水平上的边际成本值；

(2) 在销售价格为 4 元/kg 的水平上的需求弹性值.

11. 某产品总成本 C(元)为日产量 x(kg)的函数：

$$C=C(x)=\frac{1}{9}x^2+6x+100,$$

产品销售价格为 P (元/kg)，它与日产量 x(kg)的关系为 $P=P(x)=46-\dfrac{1}{3}x$(元/kg).

求：日产量 x 为多少时，才能使得每日产品全部销售后获得的总利润 L 最大？最大利润值为多少？

第四章 不定积分

第二章中,讨论了如何求一个函数导数的问题,称为函数求导问题.本章将研究其逆问题,即寻找一个可导函数,使它的导函数等于已知函数,称为积分问题,这是积分学基本问题之一.

第一节 不定积分的概念与性质

【课前导读】

求导问题与积分问题互为逆问题,例如,

求导问题:已知函数 $\sin x$,求导函数 y'.问题可表述为:$(\sin x)'=(\quad)$.

积分问题:已知函数 $\cos x$,求它是哪个可导函数的导函数.简言之,已知导函数,求原函数.问题可表述为:$(\quad)'=\cos x$.

这种已知函数的导数或微分,求该函数的运算称为"积分"运算,本节将介绍不定积分的概念及其直接积分法.

一、原函数的概念

从微分学知道,若已知曲线方程为 $y=x^2$,则可求出该曲线在任意点 x 处切线的斜率为 $k=2x$;若已知成本函数 $C(q)=q^2+3q+2$,则边际成本函数为 $C'(q)=2q+3$.

现在要解决其逆问题:

(1) 已知曲线上任意一点 x 处切线的斜率,求曲线方程;

(2) 已知边际成本函数,求生产该产品的成本函数.

为此,引入**原函数**的概念.

定义 1 在区间 I 上,若可导函数 $F(x)$的导函数为 $f(x)$,即对任意 $x\in I$,都有 $F'(x)=f(x)$或 $\mathrm{d}F(x)=f(x)\mathrm{d}x$,则称函数 $F(x)$为函数 $f(x)$在区间 I 上的一个原函数.

例如:$(x^2)'=2x$,称 x^2 是 $2x$ 的一个原函数.

满足什么条件的函数一定存在原函数?这个问题将在下一章讨论,现在先给出结论.

定理 1(原函数存在性定理) 在区间 I 上连续的函数 $f(x)$一定存在原函数.

若 $F(x)$为函数 $f(x)$在区间 I 上的一个原函数,有以下两个说明:

(1) 对任意的常数 C,也有$[F(x)+C]'=f(x)$,即 $F(x)+C$ 也是 $f(x)$的原函数,表明函数 $f(x)$有一个原函数,就有无穷多个原函数.

(2) 若 $\Phi(x)$是 $f(x)$在区间 I 上的另一个原函数,即 $\Phi'(x)=f(x)$,在区间 I 上,则有 $[F(x)-\Phi(x)]'=F'(x)-\Phi'(x)=0$,由第三章第一节的推论 1 可知,在一个区间上导函数恒为零的函数必为常数,所以,$F(x)-\Phi(x)=C_0$(C_0 为某个常数),表明函数 $f(x)$的任意两个原函数之间相差一个常数,因此,$f(x)$的所有原函数可表示为:$F(x)+C$ (C 为任意常数).

根据以上两个说明,引进了不定积分的定义.

二、不定积分的概念

定义 2 在区间 I 上,连续函数 $f(x)$ 的所有原函数称为函数 $f(x)$ 在区间 I 上的不定积分.记作

$$\int f(x)\mathrm{d}x,$$

其中,$\int$ 称为**积分号**;$f(x)$ 称为**被积函数**;$f(x)\mathrm{d}x$ 称为**被积表达式**;x 称为**积分变量**.

由定义 2 和上面的说明可知,若 $F(x)$ 为函数 $f(x)$ 在区间 I 上的一个原函数,即 $F'(x)=f(x)$,则 $F(x)+C$ 就是 $f(x)$ 的不定积分,即

$$\int f(x)\mathrm{d}x = F(x) + C \quad (C\text{为任意常数}). \tag{4.1.1}$$

注:原函数 $F(x)$ 的图形称为函数 $f(x)$ 的积分曲线,所有原函数 $F(x)+C$ 的图形称为 $f(x)$ 的**积分曲线族**.

例 2 利用不定积分表示下列函数的关系:

(1) $(x^2)'=2x$,(2) $(\sin x)'=\cos x$.

解 (1) 由于$(x^2)'=2x$,即 x^2 是 $2x$ 的一个原函数,则 x^2+C 是 $2x$ 的所有原函数,根据不定积分的定义,有 $\int 2x\mathrm{d}x = x^2 + C$;

(2) 由于$(\sin x)'=\cos x$,故 $\cos x$ 的所有原函数为 $\sin x+C$,根据不定积分的定义,有 $\int \cos x\mathrm{d}x = \sin x + C$.

原函数和不定积分的定义说明了**导数与积分是互逆运算,微分与积分也是互逆运算**,若 $F'(x)=f(x)$,式(4.1.1)也可表述为:$\int \mathrm{d}F(x) = F(x) + C$. 例如 $\mathrm{d}(x^2)=2x\mathrm{d}x$,而 $\int 2x\mathrm{d}x = \int \mathrm{d}(x^2) = x^2 + C$.

例 3 检验下列不定积分的正确性:

(1) $\int \sqrt{x}\,\mathrm{d}x = 2\sqrt{x} + C$; (2) $\int \frac{1}{\sqrt{1-4x^2}}\mathrm{d}x = \arcsin 2x + C$.

解 (1) 正确. 因为$(2\sqrt{x}+C)'=\frac{1}{\sqrt{x}}$.

(2) 错误. 因为$(\arcsin 2x+C)'=2\cdot\frac{1}{\sqrt{1-4x^2}}\neq\frac{1}{\sqrt{1-4x^2}}$.

三、不定积分的性质

根据不定积分的定义,可得以下不定积分的运算性质:

性质 1 设函数 $f(x)$ 及 $g(x)$ 的原函数存在,则

$$\int [f(x) + g(x)]\mathrm{d}x = \int f(x)\mathrm{d}x + \int g(x)\mathrm{d}x.$$

此性质可推广到有限多个函数之和的情形.

性质 2 设函数 $f(x)$ 的原函数存在,k 为非零常数,则

$$\int kf(x)\mathrm{d}x = k\int f(x)\mathrm{d}x.$$

性质 3 若 $\int f(x)\mathrm{d}x = F(x) + C$,则

(1) $\left(\int f(x)\mathrm{d}x\right)' = f(x)$ 或 $\mathrm{d}\left(\int f(x)\mathrm{d}x\right) = f(x)\mathrm{d}x$;

(2) $\int F'(x)\mathrm{d}x = F(x) + C$ 或 $\int \mathrm{d}F(x) = F(x) + C$.

例 4 若不定积分 $\int f(x)\mathrm{d}x = x\ln x + C$,求被积函数 $f(x)$.

解 由不定积分定义可知,$x\ln x+C$ 为被积函数 $f(x)$ 的原函数,所以

$$f(x) = (x\ln x + C)' = (x\ln x)' = \ln x + 1.$$

例 5 求(1) $\left(\int \arctan x\mathrm{d}x\right)'$;(2) $\int \mathrm{d}(\sin\sqrt{x})$.

解 (1) $\left(\int \arctan x\mathrm{d}x\right)' = \arctan x$;

(2) $\int \mathrm{d}(\sin\sqrt{x}) = \sin\sqrt{x} + C$.

四、基本积分公式

根据不定积分的定义,由导数或微分基本公式,可得到以下不定积分的基本积分公式:

(1) $\int k\mathrm{d}x = kx + C$;

(2) $\int x^{\mu}\mathrm{d}x = \frac{x^{\mu+1}}{\mu+1} + C\ (\mu \neq -1)$;

(3) $\int \frac{1}{x}\mathrm{d}x = \ln|x| + C$;

(4) $\int a^{x}\mathrm{d}x = \frac{a^{x}}{\ln a} + C$;

(5) $\int \mathrm{e}^{x}\mathrm{d}x = \mathrm{e}^{x} + C$;

(6) $\int \cos x\mathrm{d}x = \sin x + C$;

(7) $\int \sin x\mathrm{d}x = -\cos x + C$;

(8) $\int \sec^{2}x\mathrm{d}x = \tan x + C$;

(9) $\int \csc^{2}x\mathrm{d}x = -\cot x + C$;

(10) $\int \frac{1}{1+x^{2}}\mathrm{d}x = \arctan x + C$;

(11) $\int \frac{1}{\sqrt{1-x^{2}}}\mathrm{d}x = \arcsin x + C$;

(12) $\int \sec x\tan x\mathrm{d}x = \sec x + C$;

(13) $\int \csc x\cot x\mathrm{d}x = -\csc x + C$;

(14) $\int \mathrm{sh}\, x\mathrm{d}x = \mathrm{ch}\, x + C$;

(15) $\int \mathrm{ch}\, x\mathrm{d}x = \mathrm{sh}\, x + C$.

以上 15 个基本积分公式必须熟记,它们是求不定积分的基础.

五、直接积分法

利用不定积分的定义计算不定积分非常不方便,例如计算不定积分 $\int \frac{(1+\sqrt{x})^{2}}{\sqrt{x}}\mathrm{d}x$. 下面给出利用不定积分的运算性质和基本积分公式,直接求出不定积分的方法,即直接积分法.

例 6 求 $\int\left(3\cos x - \frac{4}{x} + x^{2}\right)\mathrm{d}x$.

解 利用不定积分的运算性质和基本公式,可得

$$\int\left(3\cos x-\frac{4}{x}+x^2\right)\mathrm{d}x=\int 3\cos x\mathrm{d}x-\int\frac{4}{x}\mathrm{d}x+\int x^2\mathrm{d}x$$

$$=3\int\cos x\mathrm{d}x-4\int\frac{1}{x}\mathrm{d}x+\int x^2\mathrm{d}x$$

$$=3\sin x-4\ln|x|+\frac{1}{3}x^3+C.$$

注:每个积分号都含有任意常数,任意常数之和仍为常数,用常数C来表示.

例 7 求$\int 2^x\mathrm{e}^x\mathrm{d}x$.

解 $\int 2^x\mathrm{e}^x\mathrm{d}x=\int(2\mathrm{e})^x\mathrm{d}x=\frac{(2\mathrm{e})^x}{\ln(2\mathrm{e})}+C=\frac{2^x\mathrm{e}^x}{1+\ln 2}+C.$

例 8 求$\int\frac{(1+\sqrt{x})^2}{\sqrt{x}}\mathrm{d}x$.

解

$$\int\frac{(1+\sqrt{x})^2}{\sqrt{x}}\mathrm{d}x=\int\frac{1+2\sqrt{x}+x}{\sqrt{x}}\mathrm{d}x=\int\left(\frac{1}{\sqrt{x}}+2+\frac{x}{\sqrt{x}}\right)\mathrm{d}x$$

$$=\int\frac{1}{\sqrt{x}}\mathrm{d}x+\int 2\mathrm{d}x+\int\frac{x}{\sqrt{x}}\mathrm{d}x=2\sqrt{x}+2x+\frac{2}{3}x^{\frac{3}{2}}+C.$$

例 9 求$\int\tan^2x\mathrm{d}x$.

解 基本积分公式中没有该积分,可以将被积函数恒等变形为基本积分公式中所具有的形式,再分项求积分.

$$\int\tan^2x\mathrm{d}x=\int(\sec^2x-1)\mathrm{d}x=\int\sec^2x\mathrm{d}x-\int\mathrm{d}x=\tan x-x+C.$$

例 10 求$\int\frac{x^4}{1+x^2}\mathrm{d}x$.

解

$$\int\frac{x^4}{1+x^2}\mathrm{d}x=\int\frac{(x^4-1)+1}{1+x^2}\mathrm{d}x=\int\frac{(x^2-1)(x^2+1)+1}{1+x^2}\mathrm{d}x$$

$$=\int x^2\mathrm{d}x-\int 1\mathrm{d}x+\int\frac{\mathrm{d}x}{1+x^2}=\frac{1}{3}x^3-x+\arctan x+C.$$

例 11 求$\int\frac{\mathrm{d}x}{\sin^2x\cos^2x}$.

解

$$\int\frac{\mathrm{d}x}{\sin^2x\cos^2x}=\int\frac{\sin^2x+\cos^2x}{\sin^2x\cos^2x}\mathrm{d}x$$

$$=\int\sec^2x\mathrm{d}x+\int\csc^2x\mathrm{d}x=\tan x-\cot x+C.$$

例 12 求$\int\sin^2\frac{x}{2}\mathrm{d}x$.

解

$$\int\sin^2\frac{x}{2}\mathrm{d}x=\int\frac{1}{2}(1-\cos x)\mathrm{d}x=\frac{1}{2}\int(1-\cos x)\mathrm{d}x$$

$$=\frac{1}{2}\left(\int\mathrm{d}x-\int\cos x\mathrm{d}x\right)=\frac{1}{2}(x-\sin x)+C.$$

注:在求不定积分时,经常会遇到基本积分公式中没有的形式,这就需要将被积函数进行恒等变形.

例 13 求$\int\frac{1}{1-\sin x}\mathrm{d}x$.

解
$$\int\frac{1}{1-\sin x}\mathrm{d}x=\int\frac{1+\sin x}{1-\sin^2 x}\mathrm{d}x=\int\frac{1+\sin x}{\cos^2 x}\mathrm{d}x$$
$$=\int\sec^2 x\mathrm{d}x+\int\sec x\tan x\mathrm{d}x=\tan x+\sec x+C.$$

六、求解满足初始条件的原函数

函数$y=\int f(x)\mathrm{d}x$的图像是曲线族，对应了无数条曲线，可求经过点(x_0,y_0)曲线，也可以表述为求函数$y=\int f(x)\mathrm{d}x$满足初始条件$y(x_0)=y_0$的原函数(或称为特解).

例 14 求函数$y=\int 3x^3\mathrm{d}x$满足初始条件$y(2)=4$的原函数.

解 $y=\int 3x^3\mathrm{d}x=\frac{3}{4}x^4+C$，又$y(2)=4$，即$\frac{3}{4}\cdot 2^4+C=4$，可得$C=-8$，所以，满足初始条件的原函数为$y=\frac{3}{4}x^4-8$.

七、应用案例

例 15 从 1990 年到 2005 年美国的离婚增长率满足函数
$$D'(t)=-0.004t+0.49,$$
t表示年，$t=0$对应 1990 年，2005 年美国的离婚数为 22.1 百万.

(1) 求离婚数随时间变化的函数表达式；

(2) 利用(1)所得的函数关系式求解 2012 年美国的离婚数.

解 (1) 因为离婚增长率满足函数$D'(t)=-0.004t+0.49$，所以
$$D(t)=\int D'(t)\mathrm{d}t=\int(-0.004t+0.49)\mathrm{d}t=-0.002t^2+0.49t+C.$$
由于$t=0$对应 1990 年，则$t=15$对应 2005 年. 由 2005 年美国的离婚数为 22.1 百万，即$D(15)=22.1$，代入上式可得$22.1=-0.002\times 15^2+0.49\times 15+C$，即$C=15.2$. 离婚数随时间变化的函数为：
$$D(t)=-0.002t^2+0.49t+15.2.$$
(2) 2012 年对应的t值为$t=22$，2012 年美国的离婚数为：
$$D(22)=-0.002\times 22^2+0.49\times 22+15.2=25.012(\text{百万}).$$

习题 4-1

1. 选择题.

(1) 设$f(x)$存在连续导函数，下列等式中正确的是(　　).

A. $\int f'(x)\mathrm{d}x=f(x)$　　　　B. $\int\mathrm{d}f(x)=f(x)$

C. $\frac{\mathrm{d}}{\mathrm{d}x}\left[\int f(x)\mathrm{d}x\right]=f(x)$　　D. $\mathrm{d}\left[\int f(x)\mathrm{d}x\right]=f(x)+C$

(2) 在区间(a,b)内的任一点x,如果总有$f'(x)=g'(x)$成立,则下列各式中必定成立的是(　　).

A. $f(x)=g(x)$　　B. $f(x)=g(x)+1$

C. $f(x)=g(x)+C$　　D. $\left[\int f(x)\mathrm{d}x\right]'=\left[\int g(x)\mathrm{d}x\right]'$

(3) 设$I=\int \frac{1}{x^3}\mathrm{d}x$,则$I=$(　　).

A. $-3x^{-4}+C$　　B. $-\frac{1}{2x^2}+C$　　C. $-\frac{1}{2}x^2+C$　　D. $\frac{1}{2}x^{-2}+C$

2. 求下列不定积分:

(1) $\int (x^2-2)^2\mathrm{d}x$;　　(2) $\int (3^x+x^2)\mathrm{d}x$;　　(3) $\int x\sqrt{x}\,\mathrm{d}x$;

(4) $\int (3^x 2^x)\mathrm{d}x$;　　(5) $\int \left(\frac{2}{x}+\cos x\right)\mathrm{d}x$;　　(6) $\int \frac{4-3x+2x^2}{x^3}\mathrm{d}x$;

(7) $\int \frac{(1-x)^2}{\sqrt{x}}\mathrm{d}x$;　　(8) $\int \frac{x^2}{1+x^2}\mathrm{d}x$;　　(9) $\int \frac{1}{x^2(1+x^2)}\mathrm{d}x$;

(10) $\int \frac{1+3x^2}{x^2(x^2+1)}\mathrm{d}x$;　　(11) $\int \frac{\mathrm{e}^{2t}-1}{\mathrm{e}^t-1}\mathrm{d}t$;　　(12) $\int \cos^2\frac{x}{2}\mathrm{d}x$;

(13) $\int \frac{1}{1+\cos 2x}\mathrm{d}x$;　　(14) $\int \frac{\cos 2x}{\cos x-\sin x}\mathrm{d}x$;　　(15) $\int \frac{\cos 2x}{\cos^2 x\sin^2 x}\mathrm{d}x$.

3. 设$\int f(x)\mathrm{d}x=\ln(1+x^2)+C$,求:(1) $f(x)$;(2) $f'(x)$.

4. 设$f(x)$的导函数是$\frac{1}{1+x^2}$,求$f(x)$的所有原函数.

5. 设曲线通过点(1,2),且其上任一点处的切线斜率等于该点横坐标的两倍,求此曲线的方程.

6. 一物体由静止开始运动,经t s后的速度是$3t^2$ m/s,问:

(1) 在3 s后物体离开出发点的距离是多少?

(2) 物体走完360 m需要多少时间?

第二节　换元积分法(凑微分法)

【课前导读】

上节介绍的直接积分法是利用不定积分的性质和基本积分公式求解不定积分,所能求解的不定积分有限.本节把复合函数的微分反过来用于求不定积分,利用中间变量的代换,得到复合函数的积分法,称为换元积分法.换元法分为第一换元积分法(也称为凑微分法)和第二换元积分法,本节主要介绍第一换元积分法,第二换元积分法将在本章第五节介绍.

引例　求$\int \cos[\varphi(x)]\varphi'(x)\mathrm{d}x$.

解　因为$\varphi'(x)\mathrm{d}x=\mathrm{d}\varphi(x)$,所以$\int \cos[\varphi(x)]\varphi'(x)\mathrm{d}x=\int \cos[\varphi(x)]\mathrm{d}\varphi(x)$.

令 $u=\varphi(x)$，则得

$$\int\cos[\varphi(x)]\varphi'(x)\mathrm{d}x=\int\cos[\varphi(x)]\mathrm{d}\varphi(x)=\int\cos u\mathrm{d}u.$$

由基本积分公式知，$\int\cos u\mathrm{d}u=\sin u+C$，所以

$$\begin{aligned}\int\cos[\varphi(x)]\varphi'(x)\mathrm{d}x&=\int\cos[\varphi(x)]\mathrm{d}\varphi(x)=\int\cos u\mathrm{d}u\\&=\sin u+C=\sin[\varphi(x)]+C.\end{aligned}$$

问题中的被积函数是 $\cos[\varphi(x)]\cdot\varphi'(x)$，即由复合函数 $\cos[\varphi(x)]$ 和它的内函数的导函数 $\varphi'(x)$ 的乘积构成. 这种求解积分的方法，就称为**第一换元积分法**（或**凑微分法**）. 于是有下述定理：

定理 1（第一换元积分法） 若 $\int f(u)\mathrm{d}u=F(u)+C$，$u=\varphi(x)$ 可导，则

$$\begin{aligned}\int f[\varphi(x)]\varphi'(x)\mathrm{d}x&=\int f[\varphi(x)]\mathrm{d}\varphi(x)=\int f(u)\mathrm{d}u\\&=F(u)+C=F[\varphi(x)]+C.\end{aligned}\tag{4.2.1}$$

要求不定积分 $\int g(x)\mathrm{d}x$，若 $g(x)=f[\varphi(x)]\cdot\varphi'(x)$ 的形式，则可应用凑微分法求解，求解中特别注意微分运算 $\varphi'(x)\mathrm{d}x=\mathrm{d}\varphi(x)$ 的运用.

例 1 求 $\int e^{5x+2}\cdot 5\mathrm{d}x$.

解 被积函数 e^{5x+2} 是由 e^u，$u=5x+2$ 复合而成的复合函数，5 是内函数 $u=5x+2$ 的导数，即 $(5x+2)'=5$，得被积函数 $e^{5x+2}\cdot 5=e^{5x+2}\cdot(5x+2)'$，满足第一换元积分法对被积函数形式的要求. 令 $u=5x+2$，则

$$\int e^{5x+2}\cdot 5\mathrm{d}x=\int e^{5x+2}\cdot(5x+2)'\mathrm{d}x=\int e^{5x+2}\mathrm{d}(5x+2)=\int e^u\mathrm{d}u=e^u+C,$$

将 $u=5x+2$ 代入，即得

$$\int e^{5x+2}\cdot 5\mathrm{d}u=e^{5x+2}+C.$$

注意：当 $u=5x+2$ 时，$\mathrm{d}u=\mathrm{d}(5x+2)=(5x+2)'\mathrm{d}x=5\mathrm{d}x$.

例 2 求 $\int(2x+1)^5\mathrm{d}x$.

解 被积函数 $(2x+1)^5$ 是由 u^5，$u=2x+1$ 复合而成的，且 $(2x+1)'=2$，被积函数中内函数 $u=2x+1$ 的导数为 2，但由于内函数 $u=2x+1$ 的导数是常数，故可改变被积函数的系数凑出这个因子，

$$(2x+1)^5=\frac{1}{2}(2x+1)^5\cdot 2=\frac{1}{2}(2x+1)^5\cdot(2x+1)',$$

使得被积函数的形式满足凑微分法的要求. 然后利用凑微分法和不定积分的性质 2 求解. 令 $u=2x+1$，则

$$\begin{aligned}\int(2x+1)^5\mathrm{d}x&=\frac{1}{2}\int(2x+1)^5\cdot 2\mathrm{d}x=\frac{1}{2}\int(2x+1)^5\cdot(2x+1)'\mathrm{d}x\\&=\frac{1}{2}\int(2x+1)^5\mathrm{d}(2x+1)\\&\xlongequal[\text{换元}]{\text{令 }u=2x+1}\frac{1}{2}\int u^5\mathrm{d}u=\frac{1}{12}u^6+C=\underbrace{\frac{1}{12}(2x+1)^6}_{\text{回代}}+C.\end{aligned}$$

例 3 求$\int \frac{1}{3x+2}\mathrm{d}x$.

解 被积函数$\frac{1}{3x+2}$是由$\frac{1}{u}$,$u=3x+2$复合而成的,且$(3x+2)'=3$.改变被积函数的系数凑出$(3x+2)'$这个因子,即

$$\frac{1}{3x+2}=\frac{1}{3}\cdot\frac{1}{3x+2}\cdot 3=\frac{1}{3}\cdot\frac{1}{3x+2}\cdot(3x+2)',$$

令$u=3x+2$,则$\mathrm{d}u=\mathrm{d}(3x+2)=3\mathrm{d}x$,于是

$$\int\frac{1}{3x+2}\mathrm{d}x=\frac{1}{3}\int\frac{1}{3x+2}\cdot 3\mathrm{d}x=\frac{1}{3}\int\frac{1}{3x+2}\mathrm{d}(3x+2)$$

$$\xlongequal{令 3x+2=u}\frac{1}{3}\int\frac{1}{u}\mathrm{d}u=\frac{1}{3}\ln|u|+C=\frac{1}{3}\underbrace{\ln|3x+2|}_{回代}+C.$$

一般情况,若被积函数为$f(ax+b)(a\neq0)$,因$(ax+b)'=a$,令$u=ax+b$,则$\mathrm{d}u=\mathrm{d}(ax+b)=a\mathrm{d}x$,于是

$$\int f(ax+b)\mathrm{d}x=\frac{1}{a}\int f(ax+b)\cdot a\mathrm{d}x=\frac{1}{a}\int f(ax+b)\mathrm{d}(ax+b)=\frac{1}{a}\left[\int f(u)\mathrm{d}u\right]_{u=ax+b}.$$

例 4 求$\int 2x\mathrm{e}^{x^2}\mathrm{d}x$.

解 被积函数中,复合函数e^{x^2}的内函数为x^2,且$(x^2)'=2x$,令$u=x^2$,则$\mathrm{d}u=\mathrm{d}x^2=2x\mathrm{d}x$,于是

$$\int 2x\mathrm{e}^{x^2}\mathrm{d}x=\int\mathrm{e}^{x^2}\cdot 2x\mathrm{d}x=\int\mathrm{e}^{x^2}\mathrm{d}x^2\xlongequal{令 u=x^2}\int\mathrm{e}^u\mathrm{d}u=\mathrm{e}^u+C=\underbrace{\mathrm{e}^{x^2}}_{回代}+C.$$

凑微分法熟练以后,不必写出中间变量u,可在心里将x^2看作u直接积出.

$$\int 2x\mathrm{e}^{x^2}\mathrm{d}x=\int\mathrm{e}^{x^2}\cdot 2x\mathrm{d}x=\int\mathrm{e}^{x^2}\mathrm{d}x^2=\mathrm{e}^{x^2}+C.$$

从前面的例子可以看出,为被积函数的形式与第一换元积分法要求的形式只是缺失一个常系数时,可以通过改变被积函数的系数凑出常系数,然后运用第一换元积分法完成积分.然而,如果缺失的不是一个常系数,则不能运用第一换元积分法完成积分,例如$\int x^2\sqrt{x^2+4}\mathrm{d}x$,被积函数中复合函数$\sqrt{x^2+4}$的内函数为$x^2+4$,其导数为$2x$,其微分为$\mathrm{d}(x^2+4)=2x\mathrm{d}x$,而$x^2\mathrm{d}x$不是$2x\mathrm{d}x$的常数倍.

根据微分基本公式,得到常用的凑微分公式,如表4-2-1所示.

表 4-2-1

项目	积分类型	换元公式
第一换元积分法	1. $\int f(ax+b)\mathrm{d}x=\frac{1}{a}\int f(ax+b)\mathrm{d}(ax+b)\quad(a\neq0)$	$u=ax+b$
	2. $\int f(x^\mu)x^{\mu-1}\mathrm{d}x=\frac{1}{\mu}\int f(x^\mu)\mathrm{d}(x^\mu)\quad(\mu\neq0)$	$u=x^\mu$
	3. $\int f(\ln x)\cdot\frac{1}{x}\mathrm{d}x=\int f(\ln x)\mathrm{d}(\ln x)$	$u=\ln x$
	4. $\int f(\mathrm{e}^x)\cdot\mathrm{e}^x\mathrm{d}x=\int f(\mathrm{e}^x)\mathrm{d}(\mathrm{e}^x)$	$u=\mathrm{e}^x$

续表

项目	积分类型	换元公式
第一换元积分法	5. $\int f(a^x)\cdot a^x\mathrm{d}x=\frac{1}{\ln a}\int f(a^x)\mathrm{d}(a^x)$	$u=a^x$
	6. $\int f(\sin x)\cos x\mathrm{d}x=\int f(\sin x)\mathrm{d}(\sin x)$	$u=\sin x$
	7. $\int f(\cos x)\sin x\mathrm{d}x=-\int f(\cos x)\mathrm{d}(\cos x)$	$u=\cos x$
	8. $\int f(\tan x)\sec^2 x\mathrm{d}x=\int f(\tan x)\mathrm{d}(\tan x)$	$u=\tan x$
	9. $\int f(\cot x)\csc^2 x\mathrm{d}x=-\int f(\cot x)\mathrm{d}(\cot x)$	$u=\cot x$
	10. $\int f(\arctan x)\frac{1}{1+x^2}\mathrm{d}x=\int f(\arctan x)\mathrm{d}(\arctan x)$	$u=\arctan x$
	11. $\int f(\arcsin x)\frac{1}{\sqrt{1-x^2}}\mathrm{d}x=\int f(\arcsin x)\mathrm{d}(\arcsin x)$	$u=\arcsin x$

例 5 求 $\int x\sqrt{1-x^2}\,\mathrm{d}x$.

解 复合函数 $\sqrt{1-x^2}$ 的内函数为 $1-x^2$，且 $(1-x^2)'=-2x$，即 $\mathrm{d}(1-x^2)=-2x\mathrm{d}x$，则

$$\int x\sqrt{1-x^2}\,\mathrm{d}x=-\frac{1}{2}\int\sqrt{1-x^2}\cdot(-2x)\mathrm{d}x=-\frac{1}{2}\int\sqrt{1-x^2}\,\mathrm{d}(1-x^2)$$

$$=-\frac{1}{2}\cdot\frac{1}{\frac{1}{2}+1}(1-x^2)^{\frac{1}{2}+1}+C=-\frac{1}{3}(1-x^2)^{\frac{3}{2}}+C.$$

例 6 求 $\int\sin 2x\mathrm{d}x$.

解 方法一 原式 $=\frac{1}{2}\int\sin 2x\mathrm{d}(2x)=-\frac{1}{2}\cos 2x+C$.

方法二 原式 $=2\int\sin x\cdot\cos x\mathrm{d}x=2\int\sin x\mathrm{d}(\sin x)=(\sin x)^2+C$.

方法三 原式 $=2\int\sin x\cdot\cos x\mathrm{d}x=-2\int\cos x\mathrm{d}(\cos x)=-(\cos x)^2+C$.

注:应用不同的积分方式，得到的原函数表达式可能不同.

例 7 求 $\int\frac{1}{x(1+2\ln x)}\mathrm{d}x$.

解 $\int\frac{1}{x(1+2\ln x)}\mathrm{d}x=\int\frac{1}{1+2\ln x}\mathrm{d}\ln x=\frac{1}{2}\int\frac{1}{1+2\ln x}\mathrm{d}(1+2\ln x)=\frac{1}{2}\ln|1+2\ln x|+C$.

例 8 求 $\int\tan x\mathrm{d}x$.

解 $\int\tan x\mathrm{d}x=\int\frac{\sin x}{\cos x}\mathrm{d}x=-\int\frac{1}{\cos x}\mathrm{d}(\cos x)=-\ln|\cos x|+C$.

例 9 求 $\int\frac{1}{1+\mathrm{e}^x}\mathrm{d}x$.

解

$$\int\frac{1}{1+\mathrm{e}^x}\mathrm{d}x=\int\frac{1+\mathrm{e}^x-\mathrm{e}^x}{1+\mathrm{e}^x}\mathrm{d}x=\int\left(1-\frac{\mathrm{e}^x}{1+\mathrm{e}^x}\right)\mathrm{d}x=\int\mathrm{d}x-\int\frac{\mathrm{e}^x}{1+\mathrm{e}^x}\mathrm{d}x$$

$$=x-\int\frac{1}{1+\mathrm{e}^x}\mathrm{d}(\mathrm{e}^x+1)=x-\ln(1+\mathrm{e}^x)+C.$$

例 10 求 $\int \frac{1}{\sqrt{a^2-x^2}}\mathrm{d}x \quad (a>0)$.

解 $\int \frac{1}{\sqrt{a^2-x^2}}\mathrm{d}x=\int \frac{1}{a\sqrt{1-\left(\frac{x}{a}\right)^2}}\mathrm{d}x=\int \frac{1}{\sqrt{1-\left(\frac{x}{a}\right)^2}}\mathrm{d}\left(\frac{x}{a}\right)=\arcsin\left(\frac{x}{a}\right)+C.$

例 11 求 $\int \sin^2 x\cos^3 x\mathrm{d}x$.

解
$$\int \sin^2 x\cos^3 x\mathrm{d}x=\int \sin^2 x\cos^2 x\cos x\mathrm{d}x=\int \sin^2 x(1-\sin^2 x)\mathrm{d}(\sin x)$$
$$=\int(\sin^2 x-\sin^4 x)\mathrm{d}(\sin x)=\frac{1}{3}\sin^3 x-\frac{1}{5}\sin^5 x+C.$$

一般的,被积函数是三角函数的,常用凑微分法方法有以下3种情形:

(1) 计算 $\int \sin^{2m+1}x\cdot\cos^n x\mathrm{d}x$ 或 $\int \sin^n x\cdot\cos^{2m+1}x\mathrm{d}x$(其中 $n,m\in\mathbf{N}$),则令 $u=\cos x$ 或 $u=\sin x$ 来作代换,被积函数化为 $\cos x$ 或 $\sin x$ 的多项式;

(2) 计算 $\int \sin^{2m}x\cdot\cos^{2n}x\mathrm{d}x$(其中 $m.n\in\mathbf{N}$),利用三角恒等式 $\sin^2 x=\frac{1}{2}(1-\cos 2x)$,$\cos^2 x=\frac{1}{2}(1+\cos 2x)$ 化被积函数为 $\cos 2x$ 的多项式,可通过多次使用三角恒等式来降低多项式的幂次;

(3) 计算 $\int \sec^{2m}x\cdot\tan^n x\mathrm{d}x$ 或 $\int \sec^n x\cdot\tan^{2m+1}x\mathrm{d}x$(其中 $n,m\in\mathbf{N}$),则令 $u=\tan x$ 或 $u=\sec x\tan x$ 来作代换,被积函数化为 $\tan x$ 或 $\sec x$ 的多项式.

例 12 求 $\int \cos^2 x\mathrm{d}x$.

解
$$\int \cos^2 x\mathrm{d}x=\int \frac{1+\cos 2x}{2}\mathrm{d}x=\frac{1}{2}\left(\int \mathrm{d}x+\int \cos 2x\mathrm{d}x\right)=\frac{1}{2}\left[x+\frac{1}{2}\int \cos 2x\mathrm{d}(2x)\right]$$
$$=\frac{1}{2}\left(x+\frac{1}{2}\sin 2x\right)+C=\frac{x}{2}+\frac{1}{4}\sin 2x+C.$$

例 13 求 $\int \sin 3x\cos 2x\mathrm{d}x$.

解 利用积化和差公式
$$\sin 3x\cos 2x=\frac{1}{2}[\sin(3x+2x)+\sin(3x-2x)]=\frac{1}{2}(\sin 5x+\sin x),$$
因而
$$\int \sin 3x\cos 2x\mathrm{d}x=\frac{1}{2}\int(\sin 5x+\sin x)\mathrm{d}x=-\frac{1}{10}\cos 5x-\frac{1}{2}\cos x+C.$$

例 14 求 $\int \sec x\mathrm{d}x$.

解
$$\int \sec x\mathrm{d}x=\int \frac{\sec x(\sec x+\tan x)}{\sec x+\tan x}\mathrm{d}x=\int \frac{\mathrm{d}(\sec x+\tan x)}{\sec x+\tan x}$$
$$=\ln|\sec x+\tan x|+C.$$

同理,可求得 $\int \csc x\mathrm{d}x=\ln|\csc x-\cot x|+C$.

例 15 求 $\int \sec^4 x\mathrm{d}x$.

解 $\int \sec^4 x\mathrm{d}x = \int \sec^2 x \cdot \sec^2 x\mathrm{d}x = \int (1+\tan^2 x)\mathrm{d}(\tan x)$

$$= \tan x + \frac{1}{3}\tan^3 x + C.$$

例 16 求 $\int \tan x\sec^3 x\mathrm{d}x$.

解 $\int \tan x\sec^3 x\mathrm{d}x = \int \sec^2 x \cdot \sec x\tan x\mathrm{d}x = \int \sec^2 x\mathrm{d}(\sec x) = \frac{1}{3}\sec^3 x + C.$

上面所举的例子使我们认识到式(4.2.1)在求不定积分中所起的作用，在运用中需要一定的技巧，而且变量 $u=\varphi(x)$ 如何选择没有一般的规律，因此要掌握换元法，除了熟悉一些典型例子外，还要做较多的练习.

习题 4-2

1. 填空.

(1) $\mathrm{d}x=$____ $\mathrm{d}(2-5x)$； (2) $x\mathrm{d}x=$____ $\mathrm{d}(x^2+1)$； (3) $\frac{1}{x}\mathrm{d}x=\mathrm{d}(\quad)$；

(4) $\mathrm{e}^x\mathrm{d}x=\mathrm{d}(\quad)$； (5) $\sin 2x\mathrm{d}x=$____ $\mathrm{d}(\cos 2x)$； (6) $\sec^2 x\mathrm{d}x=\mathrm{d}(\quad)$.

2. 求下列不定积分：

(1) $\int (x-3)^3\mathrm{d}x$； (2) $\int \frac{1}{3-x}\mathrm{d}x$； (3) $\int \sqrt[3]{3-2x}\,\mathrm{d}x$； (4) $\int \mathrm{e}^{-t}\mathrm{d}t$；

(5) $\int \mathrm{e}^{3t+5}\mathrm{d}t$； (6) $\int \cos(2x-3)\mathrm{d}x$； (7) $\int 2x(x^2+1)^5\mathrm{d}x$； (8) $\int \frac{x}{1+3x^2}\mathrm{d}x$；

(9) $\int x^2\mathrm{e}^{x^3+5}\mathrm{d}x$； (10) $\int \frac{(\ln x)^2}{x}\mathrm{d}x$； (11) $\int \frac{\cos\sqrt{x}}{\sqrt{x}}\mathrm{d}x$； (12) $\int \mathrm{e}^{2t}\sin \mathrm{e}^{2t}\mathrm{d}t$；

(13) $\int \frac{1}{1-\mathrm{e}^x}\mathrm{d}x$； (14) $\int \frac{1}{\mathrm{e}^x+\mathrm{e}^{-x}}\mathrm{d}x$； (15) $\int \frac{1-x}{\sqrt{1-x^2}}\mathrm{d}x$； (16) $\int \frac{\mathrm{d}x}{\sin x\cos x}$；

(17) $\int \sin^6\theta\cos\theta\mathrm{d}\theta$； (18) $\int \sin^3 x\mathrm{d}x$； (19) $\int \sin 2x\cos 3x\mathrm{d}x$； (20) $\int \sin^4 x\cos^2 x\mathrm{d}x$；

(21) $\int \tan^3 x\sec x\mathrm{d}x$； (22) $\int \tan^2 x\sec^4 x\mathrm{d}x$；

(23) $\int \frac{1}{\sqrt{4-x^2}}\mathrm{d}x$； (24) $\int \frac{(\arctan x)^3}{1+x^2}\mathrm{d}x$.

3. 设 $\int f(x)\mathrm{d}x = \arcsin 2x + C$，求 $f(x)$.

4. 已知 $f(x)$ 的一个原函数为 $\frac{x}{1+x^2}$，求 $\int f(x)f'(x)\mathrm{d}x$.

5. 已知 $f(x)=\mathrm{e}^{-x}$，求 $\int \frac{f'(\ln x)}{x}\mathrm{d}x$.

第三节　简单有理函数和无理函数的积分法

【课前导读】

有理函数:指两个多项式的商,又称有理分式,如:$\frac{x+1}{1+x^2}$, $\frac{x^2}{1-x}$, $\frac{x+2}{x^2+x}$,其中, $\frac{x+1}{1+x^2}$, $\frac{x+2}{x^2+x}$ 称为真分式,$\frac{x^2}{1-x}$ 称为假分式.可以将假分式分解为多项式和真分式之和: $\frac{x^2}{1-x}=\frac{x^2-1+1}{1-x}=\frac{x^2-1}{1-x}+\frac{1}{1-x}=-1-x+\frac{1}{1-x}$;也可以将真分式化为简单有理分式和的形式: $\frac{2}{1-x^2}=\frac{1}{1+x}+\frac{1}{1-x}$.

一、简单有理函数的积分

有理函数的一般形式

$$\frac{P_n(x)}{Q_m(x)}=\frac{a_0x^n+a_1x^{n-1}+\cdots+a_{n-1}x+a_n}{b_0x^m+b_1x^{m-1}+\cdots+b_{m-1}x+b_m}, \tag{4.3.1}$$

其中,m,n 都是非负整数;$a_0,a_1,a_2,\cdots,a_n$ 及 $b_0,b_1,b_2,\cdots,b_m$ 都是实数,并且 $a_0\neq0,b_0\neq0$. 有理函数一般可通过裂项等方式化为简单有理函数.

常见简单有理函数的不定积分:

(1) $\int\frac{1}{x-a}\mathrm{d}x=\ln|x-a|+C$ （a 为实数);

(2) $\int\frac{1}{(x-a)^k}\mathrm{d}x=\frac{1}{(1-k)(x-a)^{k-1}}+C$ （$k\neq1$ 且为正整数);

(3) $\int\frac{Mx+N}{x^2+px+q}\mathrm{d}x$ 形式.

下面主要讨论形式(3)的积分方法,根据分母 x^2+px+q 的可分解性分为以下几种情形.

1. x^2+px+q 不可作线性分解

例 1 求 $\int\frac{1}{x^2+4}\mathrm{d}x$.

解 $\int\frac{1}{x^2+4}\mathrm{d}x=\frac{1}{4}\int\frac{1}{1+\frac{x^2}{4}}\mathrm{d}x=\frac{1}{2}\int\frac{1}{1+\left(\frac{x}{2}\right)^2}\mathrm{d}\left(\frac{x}{2}\right)=\frac{1}{2}\arctan\frac{x}{2}+C.$

例 2 求 $\int\frac{2x+1}{x^2+4}\mathrm{d}x$.

解
$$\begin{aligned}\int\frac{2x+1}{x^2+4}\mathrm{d}x&=\int\frac{2x}{x^2+4}\mathrm{d}x+\int\frac{1}{x^2+4}\mathrm{d}x=\int\frac{1}{x^2+4}\cdot2x\mathrm{d}x+\int\frac{1}{x^2+4}\mathrm{d}x\\&=\int\frac{1}{x^2+4}\mathrm{d}(x^2+4)+\frac{1}{4}\int\frac{1}{\left(\frac{x}{2}\right)^2+1}\mathrm{d}x=\ln(x^2+4)+\frac{1}{2}\arctan\frac{x}{2}+C.\end{aligned}$$

例 3 求 $\int\frac{x^3}{x^2+4}\mathrm{d}x$.

解 $\int \frac{x^3}{x^2+4}dx = \int \frac{x^3+4x-4x}{x^2+4}dx = \int\left(x-\frac{4x}{x^2+4}\right)dx$

$$= \int x dx - 2\int \frac{2x}{x^2+4}dx = \frac{x^2}{2} - 2\ln(x^2+4) + C.$$

2. x^2+px+q 可作线性分解

例 4 求 $\int \frac{1}{x^2-a^2}dx \quad (a \neq 0).$

解 $\int \frac{1}{x^2-a^2}dx = \int \frac{1}{(x-a)(x+a)}dx = \frac{1}{2a}\int\left(\frac{1}{x-a}-\frac{1}{x+a}\right)dx$

$$= \frac{1}{2a}\left(\int \frac{1}{x-a}dx - \int \frac{1}{x+a}dx\right) = \frac{1}{2a}(\ln|x-a| - \ln|x+a|) + C$$

$$= \frac{1}{2a}\ln\left|\frac{x-a}{x+a}\right| + C.$$

例 5 求 $\int \frac{x+3}{x^2-5x+6}dx.$

解 因为 $x^2-5x+6=(x-2)(x-3)$，所以设

$$\frac{x+3}{x^2-5x+6} = \frac{A}{x-2} + \frac{B}{x-3},$$

其中，A,B 为待定常数. 等式两端约去分母可得

$$x+3 = A(x-3) + B(x-2) = (A+B)x - (3A+2B),$$

从而有 $A+B=1$，$-(3A+2B)=3$，解得 $A=-5$，$B=6$，即

$$\frac{x+3}{x^2-5x+6} = \frac{-5}{x-2} + \frac{6}{x-3},$$

所以 $\int \frac{x+3}{x^2-5x+6}dx = \int\left(\frac{-5}{x-2}+\frac{6}{x-3}\right)dx = -5\ln|x-2| + 6\ln|x-3| + C.$

例 6 求 $\int \frac{1}{x(x-1)^2}dx.$

解 设被积有理函数 $\frac{1}{x(x-1)^2} = \frac{A}{x} + \frac{B}{(x-1)^2} + \frac{C}{x-1}.$

其中，A,B,C 为待定常数，等式两端约去分母可得

$$1 = A(x-1)^2 + Bx + Cx(x-1),$$

令 $x=0$，得 $A=1$；令 $x=1$，得 $B=1$；令 $x=2$，得 $C=-1$. 即

$$\frac{1}{x(x-1)^2} = \frac{1}{x} + \frac{1}{(x-1)^2} - \frac{1}{x-1},$$

所以 $\int \frac{1}{x(x-1)^2}dx = \int\left[\frac{1}{x}+\frac{1}{(x-1)^2}-\frac{1}{x-1}\right]dx = \ln|x| - \frac{1}{x-1} - \ln|x-1| + C.$

注： 也可设 $\frac{1}{x(x-1)^2} = \frac{A}{x} + \frac{B+Cx}{(x-1)^2}$，其中，$A,B,C$ 为待定常数.

以上所介绍的有理函数的不定积分方法虽具有普遍适用的特点，但在具体积分时，应根据被积函数的特点，灵活选用各种能简化积分计算的方法.

例 7 求 $\int \frac{2x^3+2x^2+5x+5}{x^4+5x^2+4}dx.$

解 原式$=\int\frac{2x^3+5x}{x^4+5x^2+4}\mathrm{d}x+\int\frac{2x^2+5}{x^4+5x^2+4}\mathrm{d}x$

$$=\frac{1}{2}\int\frac{\mathrm{d}(x^4+5x^2+4)}{x^4+5x^2+4}+\int\frac{x^2+1+x^2+4}{(x^2+1)(x^2+4)}\mathrm{d}x$$

$$=\frac{1}{2}\ln|x^4+5x^2+4|+\int\frac{1}{x^2+4}\mathrm{d}x+\int\frac{1}{x^2+1}\mathrm{d}x$$

$$=\frac{1}{2}\ln|x^4+5x^2+4|+\frac{1}{2}\arctan\frac{x}{2}+\arctan x+C.$$

二、简单无理函数的积分

无理函数的积分，其**基本思想是利用适当的变换将其转化为有理函数的积分**. 这里主要讨论$R(x,\sqrt[n]{ax+b})$及$R\left(x,\sqrt[n]{\frac{ax+b}{cx+d}}\right)$这两类函数的积分，其中，$R(x,u)$表示$x,u$两个变量的有理式. 令$\sqrt[n]{ax+b}=t$或$\sqrt[n]{\frac{ax+b}{cx+d}}=t$，可将这两类积分转化为$t$的有理函数积分.

例 8 求$\int\frac{1}{x+\sqrt{x}}\mathrm{d}x$.

解 令$\sqrt{x}=t(t\geqslant 0)$，则$x=t^2$，$\mathrm{d}x=2t\,\mathrm{d}t$，

$$\int\frac{1}{x+\sqrt{x}}\mathrm{d}x=\int\frac{1}{t^2+t}\cdot 2t\,\mathrm{d}t=2\int\frac{1}{1+t}\mathrm{d}t=2\ln|t+1|+C=2\ln|\sqrt{x}+1|+C.$$

例 9 求$\int\frac{x+1}{\sqrt[3]{3x+1}}\mathrm{d}x$.

解 令$t=\sqrt[3]{3x+1}$，则$x=\frac{t^3-1}{3}$，$\mathrm{d}x=t^2\mathrm{d}t$，

$$\int\frac{x+1}{\sqrt[3]{3x+1}}\mathrm{d}x=\int\frac{\frac{t^3-1}{3}+1}{t}\cdot t^2\mathrm{d}t=\frac{1}{3}\int(t^3+2)t\,\mathrm{d}t$$

$$=\frac{1}{15}t^5+\frac{1}{3}t^2+C=\frac{1}{5}(x+2)\sqrt[3]{(3x+1)^2}+C.$$

习题 4-3

1. 求下列不定积分：

(1) $\int\frac{2}{(x+1)^3}\mathrm{d}x$；　(2) $\int\frac{x}{(x-3)^2}\mathrm{d}x$；　(3) $\int\frac{1}{x(x^2+1)}\mathrm{d}x$；

(4) $\int\frac{1}{x^2+2x-3}\mathrm{d}x$；　(5) $\int\frac{2x+2}{x^2+2x+3}\mathrm{d}x$；　(6) $\int\frac{x^4}{1+x^2}\mathrm{d}x$；

(7) $\int\frac{1}{x^2-9}\mathrm{d}x$；　(8) $\int\frac{(x+1)^2}{(x^2+1)^2}\mathrm{d}x$.

2. 求下列不定积分：

(1) $\int\frac{1}{x-\sqrt{x}}\mathrm{d}x$；　(2) $\int\frac{1}{1+\sqrt[3]{x+1}}\mathrm{d}x$；　(3) $\int\frac{1}{\sqrt{x}+\sqrt[3]{x}}\mathrm{d}x$；

(4) $\int \frac{\sqrt{x+1}-1}{\sqrt{x+1}+1}\mathrm{d}x$; (5) $\int \frac{1}{\sqrt{x}+\sqrt[4]{x}}\mathrm{d}x$; (6) $\int \frac{x^3}{\sqrt{1+x^2}}\mathrm{d}x$.

第四节 分部积分法

【课前导读】

在复合函数求导法则的基础上得到换元积分法，本节利用两个函数乘积的求导法则，推得另一个求积分的基本方法——分部积分法.

设函数 $u=u(x)$ 及 $v=v(x)$ 具有连续导数，则两个函数乘积的导数公式为：

$$(uv)' = u'v + uv',$$

移项得 $uv'=(uv)'-u'v$. 对等式两端求不定积分得

$$\int uv'\mathrm{d}x = uv - \int u'v\,\mathrm{d}x, \tag{4.4.1}$$

或者

$$\int u\,\mathrm{d}v = uv - \int v\,\mathrm{d}u. \tag{4.4.2}$$

式(4.4.1)或式(4.4.2)称为**分部积分公式**.

分部积分公式的基本思想：若 $\int uv'\mathrm{d}x$ 应用换元积分无法求解，且比 $\int v\mathrm{d}u$ 更难求解，可通过分部积分法，转换为 $\int v\mathrm{d}u$ 进行求解.

下面通过例子说明如何使用这个公式.

例 1 求 $\int x\mathrm{e}^x\mathrm{d}x$.

解 令 $u=x$，$\mathrm{e}^x\mathrm{d}x=\mathrm{d}(\mathrm{e}^x)=\mathrm{d}v$，则

$$\int x\mathrm{e}^x\mathrm{d}x = \int x\mathrm{d}(\mathrm{e}^x) = x\cdot\mathrm{e}^x - \int \mathrm{e}^x\mathrm{d}x = x\cdot\mathrm{e}^x - \mathrm{e}^x + C.$$

利用分部积分法计算不定积分，选择好 u,v 非常关键，选择不当将会使积分的计算变得更加复杂，若例 1 中令 $u=\mathrm{e}^x$，$x\mathrm{d}x=\frac{1}{2}\mathrm{d}x^2=\mathrm{d}v$，则

$$\int x\mathrm{e}^x\mathrm{d}x = \frac{1}{2}\int \mathrm{e}^x\mathrm{d}(x^2) = \frac{1}{2}x^2\cdot\mathrm{e}^x - \int \frac{1}{2}x^2\mathrm{d}(\mathrm{e}^x) = \frac{1}{2}x^2\cdot\mathrm{e}^x - \int \frac{1}{2}x^2\mathrm{e}^x\mathrm{d}x.$$

上式右端的积分比原积分更不易求出.

由此可见，在应用分部积分公式时，若 u 和 $\mathrm{d}v$ 选取不当，易导致求不出结果. 选取 u 和 $\mathrm{d}v$ 一般考虑两点：

(1) v 易求得；

(2) $\int v\mathrm{d}u$ 比 $\int u\mathrm{d}v$ 更易积出.

例 2 求 $\int x\cos x\mathrm{d}x$.

解 令 $u=x$，$\cos x\mathrm{d}x=\mathrm{d}(\sin x)=\mathrm{d}v$，则

$$\int x\cos x\mathrm{d}x=\int x\mathrm{d}(\sin x)=x\sin x-\int\sin x\mathrm{d}x=x\sin x+\cos x+C.$$

有些函数的积分需要连续多次应用分部积分法.

例 3 求$\int x^2\mathrm{e}^x\mathrm{d}x$.

解 令$u=x^2$，$\mathrm{e}^x\mathrm{d}x=\mathrm{d}(\mathrm{e}^x)=\mathrm{d}v$，则

$$\int x^2\mathrm{e}^x\mathrm{d}x=\int x^2\mathrm{d}(\mathrm{e}^x)=x^2\mathrm{e}^x-2\int x\mathrm{e}^x\mathrm{d}x=x^2\mathrm{e}^x-2\int x\mathrm{d}(\mathrm{e}^x)\text{（再次用分部积分法）}$$

$$=x^2\mathrm{e}^x-2\left(x\mathrm{e}^x-\int\mathrm{e}^x\mathrm{d}x\right)=x^2\mathrm{e}^x-2(x\mathrm{e}^x-\mathrm{e}^x)+C.$$

注:若被积函数是幂函数和指数函数的乘积或幂函数与三角函数的乘积，在用分部积分求解时，设幂函数为u.

例 4 求$\int x^2\ln x\mathrm{d}x$.

解 令$u=\ln x$，$x^2\mathrm{d}x=\frac{1}{3}\mathrm{d}x^3=\mathrm{d}v$，则

$$\int x^2\ln x\mathrm{d}x=\frac{1}{3}\int\ln x\mathrm{d}x^3=\frac{1}{3}\left[x^3\ln x-\int x^3\mathrm{d}(\ln x)\right]$$

$$=\frac{1}{3}\left[x^3\ln x-\int x^3\cdot(\ln x)'\mathrm{d}x\right]=\frac{1}{3}x^3\ln x-\frac{x^3}{9}+C.$$

例 5 求$\int x^2\arctan x\mathrm{d}x$.

解 令$u=\arctan x$，$x^2\mathrm{d}x=\frac{1}{3}\mathrm{d}x^3$，则

$$\int x^2\arctan x\mathrm{d}x=\int\arctan x\cdot x^2\mathrm{d}x=\frac{1}{3}\int\arctan x\mathrm{d}x^3$$

$$=\frac{1}{3}\left(x^3\arctan x-\int x^3\mathrm{d}\arctan x\right)$$

$$=\frac{1}{3}\left(x^3\arctan x-\int\frac{x^3}{1+x^2}\mathrm{d}x\right)$$

$$=\frac{1}{3}\left(x^3\arctan x-\int\frac{x^3+x-x}{1+x^2}\mathrm{d}x\right)$$

$$=\frac{1}{3}\left[x^3\arctan x-\int\left(x-\frac{x}{1+x^2}\right)\mathrm{d}x\right]$$

$$=\frac{1}{3}\left[x^3\arctan x-\frac{x^2}{2}+\frac{1}{2}\ln(1+x^2)\right]+C.$$

例 6 求$\int\ln x\mathrm{d}x$.

解 被积函数只是对数函数，可令$u=\ln x$，$\mathrm{d}x=\mathrm{d}v$，则

$$\int\ln x\mathrm{d}x=x\ln x-\int x\mathrm{d}(\ln x)=x\ln x-\int x\cdot\frac{1}{x}\mathrm{d}x=x\ln x-x+C.$$

注:若被积函数是幂函数和对数函数的乘积或幂函数与反三角函数的乘积，在用分部积分求解时，设对数函数或反三角函数为u.

例 6 中将被积函数换为反三角函数解法类似.

在分部积分法运用熟练后,可以不必写出哪一部分为 u,哪一部分为 $\mathrm{d}v$.

例 7 求 $\int \mathrm{e}^x \sin x\mathrm{d}x$.

解
$$\begin{aligned}\int \mathrm{e}^x \sin x\mathrm{d}x &= -\int \mathrm{e}^x \mathrm{d}(\cos x) = -\mathrm{e}^x\cos x + \int \mathrm{e}^x \cos x\mathrm{d}x \\ &= -\mathrm{e}^x\cos x + \int \mathrm{e}^x \mathrm{d}(\sin x) \\ &= -\mathrm{e}^x\cos x + \mathrm{e}^x\sin x - \int \mathrm{e}^x \sin x\mathrm{d}x\end{aligned}$$

将上式第三项移到等式左边,可得 $\int \mathrm{e}^x \sin x\mathrm{d}x = \frac{1}{2}\mathrm{e}^x(\sin x - \cos x) + C$.

注:若被积函数是三角函数和对数函数的乘积,在用分部积分求解时,三角函数和对数函数均可为 u. 一般求解过程中要进行两次分部积分,两次分部积分中,选择同类型的函数为 u.

在积分的过程中往往要兼用变形、换元法和分部法,下面给出 3 个典型例子.

例 8 求 $\int \mathrm{e}^{\sqrt[3]{x}}\mathrm{d}x$.

解 本题不易直接分部积分,应该先换元,然后应用分部积分.

设 $t=\sqrt[3]{x}$,则 $x=t^3$,$\mathrm{d}x=3t^2\mathrm{d}t$.

$$\begin{aligned}\int \mathrm{e}^{\sqrt[3]{x}}\mathrm{d}x &= \int 3t^2\mathrm{e}^t\mathrm{d}t = 3\int t^2\mathrm{d}(\mathrm{e}^t) = 3t^2\mathrm{e}^t - 3\int 2t\mathrm{e}^t\mathrm{d}t \\ &= 3t^2\mathrm{e}^t - 6\int t\mathrm{d}(\mathrm{e}^t) = 3t^2\mathrm{e}^t - 6t\mathrm{e}^t + 6\int \mathrm{e}^t\mathrm{d}t \\ &= 3t^2\mathrm{e}^t - 6t\mathrm{e}^t + 6\mathrm{e}^t + C = 3\mathrm{e}^t(t^2 - 2t + 2) + C \\ &= 3\mathrm{e}^{\sqrt[3]{x}}(\sqrt[3]{x^2} - 2\sqrt[3]{x} + 2) + C.\end{aligned}$$

例 9 求 $\int \sec^3 x\mathrm{d}x$.

解
$$\begin{aligned}\int \sec^3 x\mathrm{d}x &= \int \sec x \cdot \sec^2 x\mathrm{d}x = \int \sec x\mathrm{d}\tan x = \sec x\tan x - \int \tan x\mathrm{d}\sec x \\ &= \sec x\tan x - \int \tan^2 x\sec x\mathrm{d}x \\ &= \sec x\tan x - \int (\sec^2 x - 1)\sec x\mathrm{d}x \\ &= \sec x\tan x + \ln|\sec x + \tan x| - \int \sec^3 x\mathrm{d}x\end{aligned}$$

将上式第三项移到等号左边,整理可得

$$\int \sec^3 x\mathrm{d}x = \frac{1}{2}(\sec x\tan x + \ln|\sec x + \tan x|) + C$$

例 10 求 $\int x\sin^2\frac{x}{2}\mathrm{d}x$.

解 $\int x\sin^2\frac{x}{2}\mathrm{d}x = \frac{1}{2}\int x(1-\cos x)\mathrm{d}x = \frac{1}{2}\int (x - x\cos x)\mathrm{d}x = \frac{1}{2}\left(\int x\mathrm{d}x - \int x\cos x\mathrm{d}x\right)$

结合例 2 的结论,可得

$$=\frac{1}{2}\left(\frac{x^2}{2}-x\sin x-\cos x\right)+C.$$

思考问题:例10在求解不定积分中,都用到了哪些方法?

习题 4-4

1. 求下列不定积分:

(1) $\int x\mathrm{e}^{-x}\mathrm{d}x$; (2) $\int x\sin x\mathrm{d}x$; (3) $\int x\ln x\mathrm{d}x$;

(4) $\int x\arctan x\mathrm{d}x$; (5) $\int \arctan x\mathrm{d}x$; (6) $\int \ln(1+x^2)\mathrm{d}x$;

(7) $\int \mathrm{e}^x\cos x\mathrm{d}x$; (8) $\int (x^2+1)\mathrm{e}^x\mathrm{d}x$; (9) $\int \mathrm{e}^{\sqrt{x}}\mathrm{d}x$;

(10) $\int x\sin x\cos x\mathrm{d}x$; (11) $\int \ln^2 x\mathrm{d}x$; (12) $\int \cos\ln x\mathrm{d}x$;

(13) $\int \mathrm{e}^{\sqrt{4x+1}}\mathrm{d}x$; (14) $\int x\cos^2\frac{x}{2}\mathrm{d}x$; (15) $\int \frac{\ln x}{x^2}\mathrm{d}x$.

2. 已知$\frac{\sin x}{x}$是$f(x)$的一个原函数,求$\int xf'(x)\mathrm{d}x$.

3. 已知 $f(x)=\frac{\mathrm{e}^x}{x}$,求$\int xf''(x)\mathrm{d}x$.

第五节 三角函数的积分法

【课前导读】

含三角函数的积分是不定积分中重要且难度较大的一部分,此类题目解法灵活多变,本节主要介绍三角函数有理式的积分和三角代换有理化的积分.

一、三角函数有理式的积分

三角函数有理式,是指三角函数和常数经过有限次四则运算所构成的函数. 三角函数有理式的积分方法,其基本思想是通过适当的变换,将三角有理函数化为其他有理函数的积分.

一般令 $\sin x=t$, $\tan x=t$ 或 $\sec x=t$,换为 t 的有理函数积分,例如不定积分$\int\frac{1}{1+\tan x}\mathrm{d}x$. 但这三种变换不一定能够把三角函数有理式化成 t 的有理函数积分. 如果作变换

$$t=\tan\frac{x}{2}\quad(-\pi<x<+\pi),$$

则

$$\sin x=\frac{2t}{1+t^2},\quad \cos x=\frac{1-t^2}{1+t^2},\quad \mathrm{d}x=\frac{2}{1+t^2}\mathrm{d}t.$$

三角函数有理式的积分总可以化为有理函数的积分,这种变换称为**半角变换**或**万能变换**.

例1 求不定积分$\int\frac{1+\sin x}{\sin x(1+\cos x)}\mathrm{d}x$.

解 由万能变换公式,令 $t=\tan\dfrac{x}{2}$,则

$$\int\frac{1+\sin x}{\sin x(1+\cos x)}\mathrm{d}x=\int\frac{\left(1+\frac{2t}{1+t^2}\right)}{\frac{2t}{1+t^2}\left(1+\frac{1-t^2}{1+t^2}\right)}\cdot\frac{2}{1+t^2}\mathrm{d}t=\frac{1}{2}\int\left(t+2+\frac{1}{t}\right)\mathrm{d}t$$

$$=\frac{1}{2}\left(\frac{t^2}{2}+2t+\ln|t|\right)+C=\frac{1}{4}\tan^2\frac{x}{2}+\tan\frac{x}{2}+\ln\left|\tan\frac{x}{2}\right|+C.$$

有些情况下(如三角有理式中 $\sin x,\cos x$ 的幂次均为偶数),常用变换 $t=\tan x$,易推出 $\sin x=\dfrac{t}{\sqrt{1+t^2}},\cos x=\dfrac{1}{\sqrt{1+t^2}},\mathrm{d}x=\dfrac{1}{1+t^2}\mathrm{d}t$,这个变换公式常称为**修改的万能置换公式**.

二、三角代换有理化的积分

若被积函数为二次式根式:$\sqrt{a^2-x^2},\sqrt{a^2+x^2},\sqrt{x^2-a^2}\,(a>0)$,可利用下列三角代换进行有理化(表 4-5-1),称为第二换元积分法.

表 4-5-1

根 式	x 的代换形式	$\mathrm{d}x$ 的代换形式	t 的取值范围
$\sqrt{a^2-x^2}$	$x=a\sin t$	$\mathrm{d}x=a\cos t\,\mathrm{d}t$	$-\frac{\pi}{2}\leqslant t\leqslant\frac{\pi}{2}$
$\sqrt{a^2+x^2}$	$x=a\tan t$	$\mathrm{d}x=a\sec^2 t\,\mathrm{d}t$	$-\frac{\pi}{2}<t<\frac{\pi}{2}$
$\sqrt{x^2-a^2}$	$x=a\sec t$	$\mathrm{d}x=a\sec t\cdot\tan t\,\mathrm{d}t$	$0<t<\frac{\pi}{2}$

常用的积分公式,除基本积分表以外,再添加几个(其中常数 $a>0$):

(1) $\int\tan x\mathrm{d}x=-\ln|\cos x|+C$;　(2) $\int\cot x\mathrm{d}x=\ln|\sin x|+C$;

(3) $\int\sec x\mathrm{d}x=\ln|\sec x+\tan x|+C$;　(4) $\int\csc x\mathrm{d}x=\ln|\csc x-\cot x|+C$;

(5) $\int\dfrac{1}{a^2+x^2}\mathrm{d}x=\dfrac{1}{a}\arctan\dfrac{x}{a}+C$;　(6) $\int\dfrac{1}{x^2-a^2}\mathrm{d}x=\dfrac{1}{2a}\ln\left|\dfrac{x-a}{x+a}\right|+C$;

(7) $\int\dfrac{1}{\sqrt{a^2-x^2}}\mathrm{d}x=\arcsin\dfrac{x}{a}+C$;　(8) $\int\dfrac{1}{\sqrt{x^2+a^2}}\mathrm{d}x=\ln(x+\sqrt{x^2+a^2})+C$;

(9) $\int\dfrac{1}{\sqrt{x^2-a^2}}\mathrm{d}x=\ln(x+\sqrt{x^2-a^2})+C$.

习题 4-5

利用万能代换或三角代换计算下列各题:

(1) $\int\dfrac{1}{3+\cos x}\mathrm{d}x$;　(2) $\int\dfrac{1}{2+\sin x}\mathrm{d}x$;　(3) $\int\dfrac{1}{3+\sin^2 x}\mathrm{d}x$;　(4) $\int\dfrac{1}{1+\tan x}\mathrm{d}x$;

(5) $\int\dfrac{1}{1+\sin x+\cos x}\mathrm{d}x$.

总复习题四

1. 填空题.

(1) 设 $f(x)$的一个原函数为 $x\ln x$,则 $f(x)=$________.

(2) 曲线 $y=f(x)$在点(x,y)处的切线斜率为$-x+2$,且曲线过点$(2,5)$,则该曲线方程为________.

(3) 设 $f'(x)$存在且连续,则 $\left[\int \mathrm{d}f(x)\right]'=$________, $\int \mathrm{d}[\sin(1-2x)]=$________.

(4) 设 $f(x)=\mathrm{e}^{-x}$,则 $\int \frac{f'(\ln x)}{x}\mathrm{d}x=$________.

(5) 若 $\int f(x)\mathrm{d}x=3\mathrm{e}^{\frac{x}{3}}+C$,则 $f(x)=$________.

2. 选择题.

(1) 若 $f(x)$是 $g(x)$的一个原函数,则( ).

A. $\int f(x)\mathrm{d}x=g(x)+C$ B. $\int g(x)\mathrm{d}x=f(x)+C$

C. $\int g'(x)\mathrm{d}x=f(x)+C$ D. $\int f'(x)\mathrm{d}x=g(x)+C$

(2) 在可积函数 $f(x)$的积分曲线族中,每一条曲线在横坐标相同的点上的切线( ).

A. 平行于 x 轴 B. 平行于 y 轴 C. 相互平行 D. 相互垂直

(3) 设 $f'(x)$连续,则下列各式中正确的是( ).

A. $\int f'(x)\mathrm{d}x=f(x)$ B. $\frac{\mathrm{d}}{\mathrm{d}x}\left[\int f(x)\mathrm{d}x\right]=f(x)+C$

C. $\int f'(2x)\mathrm{d}x=f(2x)+C$ D. $\frac{\mathrm{d}}{\mathrm{d}x}\left[\int f(2x)\mathrm{d}x\right]=f(2x)$

3. 计算题.

(1) $\int \frac{1}{1+9x^2}\mathrm{d}x$; (2) $\int \cos^3 x\sin x\mathrm{d}x$; (3) $\int \frac{1-6x}{1+9x^2}\mathrm{d}x$; (4) $\int \frac{\ln x}{x}\mathrm{d}x$;

(5) $\int \frac{\ln x}{\sqrt{x}}\mathrm{d}x$; (6) $\int x^3\sqrt{1-x^2}\,\mathrm{d}x$; (7) $\int \frac{x+3}{(x+1)^2}\mathrm{d}x$;

(8) $\int \ln(1+2x)\mathrm{d}x$; (9) $\int \frac{\mathrm{d}x}{\mathrm{e}^x-\mathrm{e}^{-x}}$; (10) $\int \frac{1}{16-x^4}\mathrm{d}x$.

4. 已知$\frac{\sin x}{x}$是函数 $f(x)$的一个原函数,求$\int x^3 f'(x)\mathrm{d}x$.

5. 已知 $F(x)$在$[-1,1]$上连续,在$(-1,1)$内 $F'(x)=\frac{1}{\sqrt{1-x^2}}$,且 $F(1)=\frac{3\pi}{2}$,求 $F(x)$.

6. 某商品的需求量 D 是价格 P 的函数,该商品的最大需求量为 1 000(即 $P=0$ 时,$D=$ 1 000),已知需求量的变化率函数为

$$D'(P)=2(P-100),$$

求该商品的需求函数 $D(P)$.

7. 设 $f(\ln x)=\frac{\ln(1+x)}{x}$,求$\int f(x)\mathrm{d}x$.

第五章 定积分

前面利用切线和速度问题引入了导数，本章通过面积和路程的计算问题引入定积分的基本概念，讨论它的性质和计算方法，并将定积分进行推广得到广义积分，最后讨论定积分的应用.

第一节　定积分的概念

【课前导读】

定积分起源于求图形的面积和体积等实际问题，古希腊的阿基米德用“穷竭法”，我国刘徽用“割圆术”，都曾计算过一些几何体的面积和体积，这些均为定积分的雏形. 直到 17 世纪中叶，牛顿和莱布尼茨先后提出了定积分的概念，定积分的思想：“化整为零→近似代替→积零为整→取极限”. 定积分这种“和的极限”的思想，在高等数学、物理、工程技术、其他的知识领域以及人们在生产实践活动中具有普遍的意义.

一、定积分问题举例

1. 曲边梯形的面积

设曲线 $y=f(x)$ 在区间 $[a,b]$ 上非负、连续. 由直线 $x=a$，$x=b$，$y=0$ 及曲线 $y=f(x)$ 所围成的图形称为**曲边梯形**(图 5-1-1).

采用矩形来求曲边梯形的近似面积.

引例 1　求由曲线 $f(x)=x^2$，x 轴，直线 $x=0$ 与 $x=1$ 所围区域(曲边梯形)面积的近似值.

解　将曲边梯形利用直线分为四个小曲边梯形(图 5-1-2)，同时将区间 $[0,1]$ 分为四个小区间：$\left[0,\frac{1}{4}\right]$，$\left[\frac{1}{4},\frac{1}{2}\right]$，$\left[\frac{1}{2},\frac{3}{4}\right]$，$\left[\frac{3}{4},1\right]$. 以每个小区间 $\Delta x=0.25$ 为底，分别以小区间的左、右端点的函数值为高建立小矩形(图 5-1-3(a)、图 5-1-3(b)).

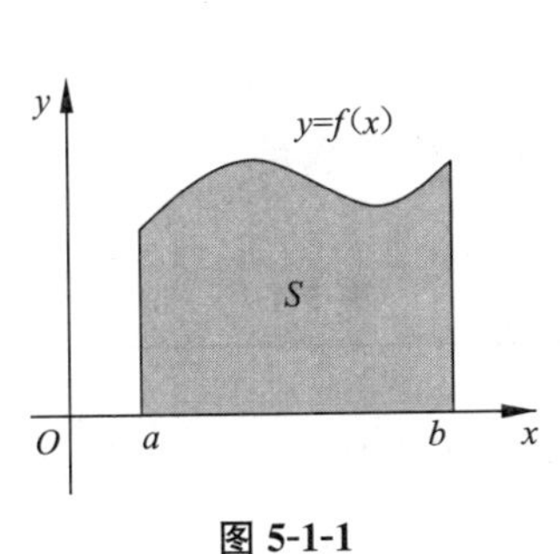

图 5-1-1

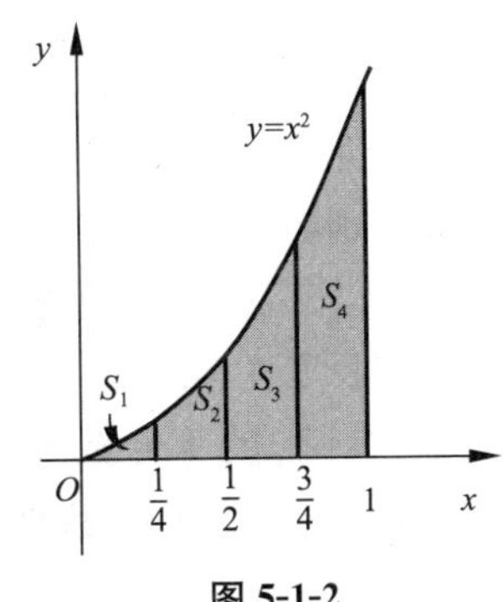

图 5-1-2

图 5-1-3(a)中小矩形的面积和为：

$$L_4=\sum_{i=0}^{3}f(x_i)\cdot\Delta x=\frac{1}{4}\cdot0^2+\frac{1}{4}\cdot\left(\frac{1}{4}\right)^2+\frac{1}{4}\cdot\left(\frac{1}{2}\right)^2+\frac{1}{4}\cdot\left(\frac{3}{4}\right)^2=\frac{7}{32}=0.218\,75.$$

图 5-1-3(b)中小矩形的面积和为：

$$R_4=\sum_{i=1}^{4}f(x_i)\cdot\Delta x=\frac{1}{4}\cdot\left(\frac{1}{4}\right)^2+\frac{1}{4}\cdot\left(\frac{1}{2}\right)^2+\frac{1}{4}\cdot\left(\frac{3}{4}\right)^2+\frac{1}{4}\cdot 1^2=\frac{15}{32}=0.468\,75.$$

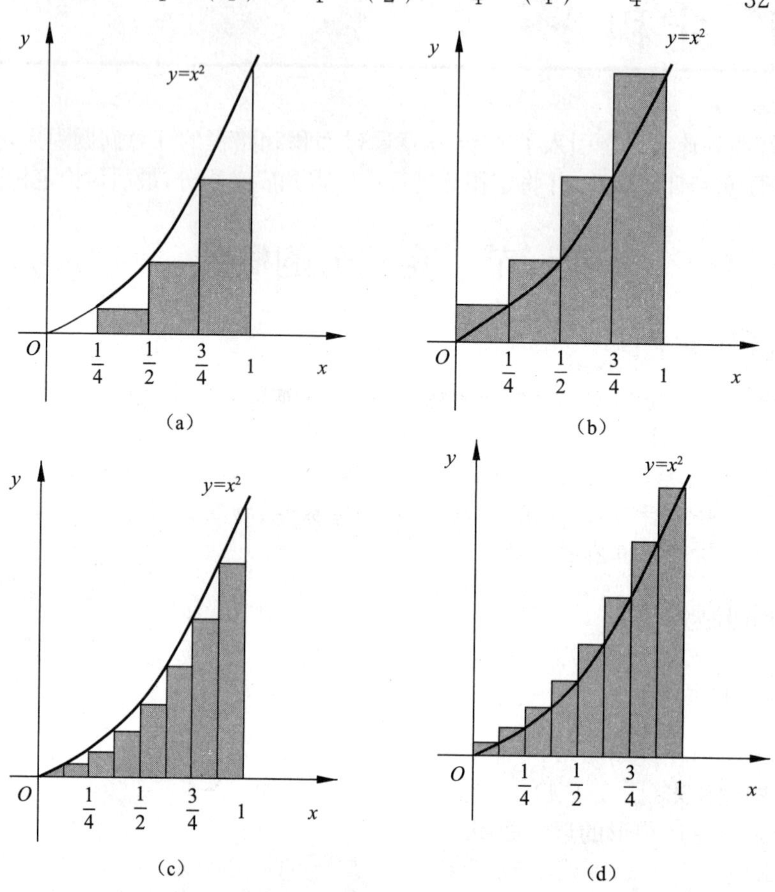

图 5-1-3

将 L_4 称为**左矩形和**，R_4 称为**右矩形和**. 显然所求曲边梯形的面积 S 满足

$$0.218\,75<S<0.468\,75,$$

即曲边梯形的面积 S 的估计区间为(0.218 75，0.468 75).

若将曲边梯形利用直线分为八个小曲边梯形，如图 5-1-3(c)、图 5-1-3(d)所示，其左矩形和和右矩形和分别为 0.273 437 5 和 0.398 437 5. 曲边梯形的面积 S 满足

$$0.273\,437\,5<S<0.398\,437\,5.$$

面积的估计区间长度变小.

如果将曲边梯形的等分数 n 不断增加，左、右矩形和如表 5-1-1 所示. 数据表明，分割越密集，左右矩形和越接近，即所求区域的面积为左右矩形和的极限值，

$$S=\lim_{n\to\infty}L_n=\lim_{n\to\infty}R_n=\frac{1}{3}.$$

表 5-1-1

n	L_n	R_n
10	0.285 000 0	0.385 000 0
20	0.308 750 0	0.358 750 0
30	0.316 851 9	0.350 185 2
50	0.323 400 0	0.343 400 0
100	0.328 350 0	0.338 350 0
1 000	0.332 833 5	0.333 833 5

说明:将 a 到 b 的区间不等分,只要分割密集,并且不一定选左、右分点的函数值为高,可在任意小区间 $\Delta x_i=[x_{i-1},x_i]$上任取一点 ξ_i,则以 $f(\xi_i)$为高,以 Δx_i 为底的矩形面积和的极限值也是所求曲边梯形的面积.

对任意的曲边梯形面积的求解都可应用上述方法.

(1) **分割**. 在区间$[a,b]$上任意插入 $n-1$ 个分点 $x_1,x_2,\cdots,x_{n-1}$,过每一个分点作垂直于 x 轴的竖线,把曲边梯形分成 n 个小的曲边梯形. 在第 i 个小区间$[x_{i-1},x_i]$上任取一点 ξ_i,以 $\Delta x_i=x_i-x_{i-1}$为底、$f(\xi_i)$为高的小矩形近似代替第 i 个小曲边梯形($i=1,2,\cdots,n$)(图 5-1-4).

(2) **求和**. 把这 n 个小矩形的面积之和作为曲边梯形面积 A 的近似值,得

$$A\approx f(\xi_1)\Delta x_1+f(\xi_2)\Delta x_2+\cdots+f(\xi_n)\Delta x_n=\sum_{i=1}^{n}f(\xi_i)\Delta x_i.$$

(3) **取极限**. 显然,竖线把区间$[a,b]$分得越细,每个小区间长度越小,近似值的近似程度越好. 为保证所有小区间的长度都无限缩小,记所有小区间长度的最大值 $\lambda=\max\{\Delta x_1,\Delta x_2,\cdots,\Delta x_n\}$,令 $\lambda\to 0$,则这 n 个小矩形的面积之和趋近于所求曲边梯形面积 A,即

$$A=\lim_{\lambda\to 0}\sum_{i=1}^{n}f(\xi_i)\Delta x_i. \tag{5.1.1}$$

2. 变速直线运动的路程问题

对匀速直线运动,有下列公式.

$$路程 = 速度\times 时间.$$

假设在 4 h 的旅行中,速度为 50 mile/h,则行驶的总路程是图像中阴影部分的面积(图 5-1-5).

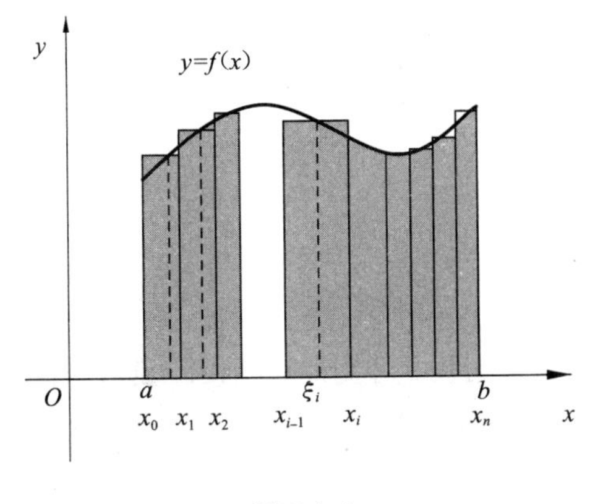

图 5-1-4

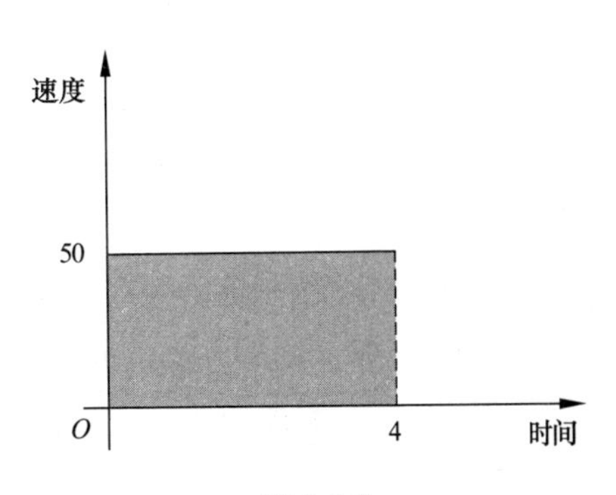

图 5-1-5

考查变速直线运动:设某物体做变速直线运动,已知速度 $v=v(t)$是时间间隔$[T_1,T_2]$上的连续函数,且 $v(t)\geqslant 0$,现在计算这段时间内物体所经过的路程 s.

引例 2 假设一辆汽车以不断加快的速度行驶,每两秒钟检测汽车的速度,获得数据如表 5-1-2 所示,1 ft/s=0.304 8 m/s,计算在这 10 s 内汽车行驶了多远.

表 5-1-2

时间/s	0	2	4	6	8	10
速度/(ft·s^{-1})	20	30	38	44	48	50

由于不知道汽车在每一时刻的行驶速度,因而不能精确地求路程,但速度是增加的,因此汽车在前 2 s 的速度至少是 20 ft/s,至少行驶了 $20\times2=40$ (ft).类似地,汽车在下一个 2 s 内至少行驶了 $30\times2=60$ (ft),等等.在这 10 s 内,汽车至少行驶了 360 ft(也称为下估计).

以同样的方式推理:在前 2 s 内,汽车的速度最多为 30 ft/s,最多行驶了 $30\times2=60$ (ft),等等.在这 10 s 内,汽车最多行驶 420 ft(也称为上估计).因此,

$$360 \text{ ft} \leqslant \text{行驶的总路程} \leqslant 420 \text{ ft}.$$

在速度关于时间的函数图像上描绘出下估计和上估计,标出这些数据,画出通过这些数据点的平滑曲线,就绘制出了速度曲线(图 5-1-6(a)).

如果想得到更精确的估计,可越来越频繁地检测速度,这样用来估计行驶路程的矩形也越来越接近曲线,随着细分数量的增多,行驶的路程就是速度曲线与水平轴之间的面积(图 5-1-6(b)).

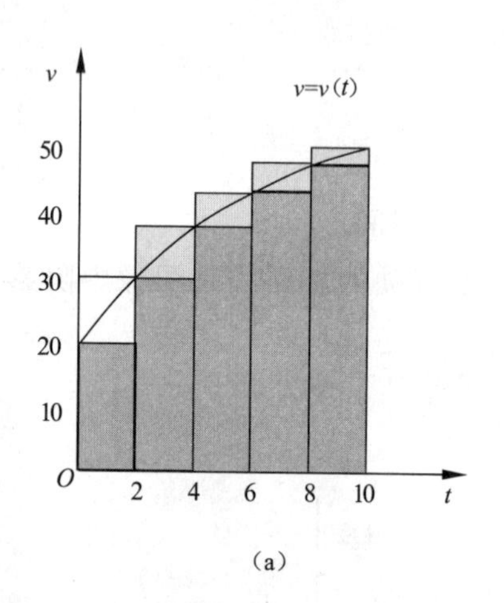

(a)

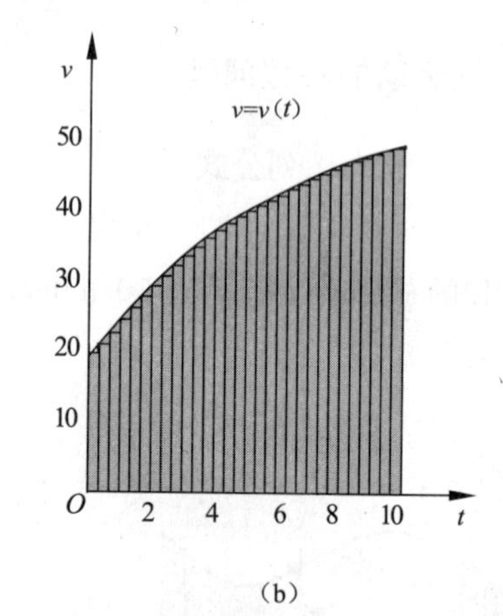

(b)

图 5-1-6

因此,计算物体在时间间隔$[T_1,T_2]$上的路程 s,实际上是计算在区间$[T_1,T_2]$上,速度曲线 $v=v(t)$与水平轴之间的曲边梯形的面积.参照引例 1,路程 s 可类似地用极限表示为:

$$s=\lim_{\lambda\to0}\sum_{i=1}^{n}v(\tau_i)\Delta t_i$$

其中,τ_i 为第 i 段时间$[t_{i-1},t_i]$上任取的时刻,$\lambda=\max\{\Delta t_1,\Delta t_2,\cdots,\Delta t_n\}$.

我们已经清楚如何用路程的变化率(速度)计算行驶的总路程,我们也能利用同样的方法用其他量的变化率求总变化量.

二、定积分的定义

上述两个例子,尽管实际背景完全不同,但通过“分割、近似代换、求和、取极限”,都将问题

转化为形如 $\lim\limits_{\lambda\to 0}\sum\limits_{i=1}^{n}f(\xi_i)\Delta x_i$ 的极限问题，因此给这种形式的极限做了如下定义和命名.

定义 设函数 $y=f(x)$ 在区间 $[a,b]$ 上有界，在 $[a,b]$ 上任意插入 $n-1$ 个分点 $x_1,x_2,\cdots,x_{n-1}$，使 $a=x_0<x_1<x_2<\cdots<x_{n-1}<x_n=b$，把 $[a,b]$ 分成 n 个小区间 $[x_0,x_1],[x_1,x_2],\cdots,[x_{n-1},x_n]$，它们的长度依次为

$$\Delta x_1=x_1-x_0,\Delta x_2=x_2-x_1,\cdots,\Delta x_n=x_n-x_{n-1}.$$

在每个小区间 $[x_{i-1},x_i]$ 上任取一点 $\xi_i(x_{i-1}\leqslant\xi_i\leqslant x_i)$，作乘积 $f(\xi_i)\Delta x_i$，并作和

$$S=\sum_{i=1}^{n}f(\xi_i)\Delta x_i,$$

记 $\lambda=\max\{\Delta x_1,\Delta x_2,\cdots,\Delta x_n\}$. 如果不论怎样分割 $[a,b]$，也不论在小区间 $[x_{i-1},x_i]$ 上点 ξ_i 怎样选取，只要当 $\lambda\to 0$ 时，和式 S 总趋于确定的数 I，则称**函数 $f(x)$ 在区间 $[a,b]$ 上可积**，并称**极限值 I 为函数 $y=f(x)$ 在区间 $[a,b]$ 上的定积分**（简称积分），记作 $\int_a^b f(x)\mathrm{d}x$，即

$$\int_a^b f(x)\mathrm{d}x=I=\lim_{\lambda\to 0}\sum_{i=1}^{n}f(\xi_i)\Delta x_i, \tag{5.1.2}$$

其中，$f(x)$ 称为**被积函数**；$f(x)\mathrm{d}x$ 称为**被积表达式**；x 称为**积分变量**；a 称为**积分下限**；b 称为**积分上限**；$[a,b]$ 称为积分区间；和式 $\sum\limits_{i=1}^{n}f(\xi_i)\Delta x_i$ 称为积分和，也称为黎曼和（Riemann Sum），是以德国数学家 Bernhard Riemann（1826—1866 年）命名的.

关于定积分的定义，做以下几点说明：

(1) 定积分 $\int_a^b f(x)\mathrm{d}x$ 是和式 $\sum\limits_{i=1}^{n}f(\xi_i)\Delta x_i$ 的极限值，是一个确定的常数，这个常数只与被积函数 $f(x)$ 及积分区间 $[a,b]$ 有关，而与积分变量用哪个字母表示无关，即有 $\int_a^b f(x)\mathrm{d}x=\int_a^b f(t)\mathrm{d}t=\int_a^b f(u)\mathrm{d}u$.

(2) 利用定积分的定义，前面讨论的两个实际问题可以分别表述如下：

① 由曲线 $y=f(x)(f(x)>0)$、x 轴及两直线 $x=a,x=b$ 所围成的曲边梯形面积 A 等于 $f(x)$ 在区间 $[a,b]$ 上的定积分，即 $A=\int_a^b f(x)\mathrm{d}x$.

② 物体以变速 $v=v(t)(v(t)\geqslant 0)$ 做直线运动，从时刻 $t=T_1$ 到时刻 $t=T_2$，物体所经过的路程 s 等于速度 $v(t)$ 在区间 $[T_1,T_2]$ 上的定积分，即 $s=\int_{T_1}^{T_2}v(t)\mathrm{d}t$.

(3) $\int_a^b f(x)\mathrm{d}x$ 的计量单位是 $f(x)$ 的单位与 x 的单位的乘积，引例中讨论的两个实际问题的定积分的单位分别为 m^2 和 ft.

(4) 如果 $f(t)$ 是某量的变化率，则 $\int_a^b f(t)\mathrm{d}t$ 表示 $t=a$ 和 $t=b$ 之间某量的总变化量.

(5) 当函数 $f(x)$ 在区间 $[a,b]$ 上的定积分存在时，称 $f(x)$ 在区间 $[a,b]$ 上可积，否则称不可积.

关于定积分，还有一个重要的问题：函数 $f(x)$ 在区间 $[a,b]$ 上满足怎样的条件，$f(x)$ 在区间 $[a,b]$ 上一定可积吗？这个问题本书不做深入讨论而直接给出下面两个定理.

定理 1 设函数 $f(x)$在区间$[a,b]$上连续,则 $f(x)$在$[a,b]$上可积(连续⇒可积).

定理 2 设函数 $f(x)$在区间$[a,b]$上有界,且只有有限个间断点,则 $f(x)$在区间$[a,b]$上可积.

下面讨论定积分的**几何意义**:

(1) 在区间$[a,b]$上,当 $f(x)\geqslant 0$ 时,定积分 $\int_a^b f(x)\mathrm{d}x$ 在几何上表示由曲线 $y=f(x)$,x 轴及两直线 $x=a$,$x=b$ 所围成的曲边梯形的面积.

(2) 在区间$[a,b]$上,当 $f(x)\leqslant 0$ 时,由曲线 $y=f(x)$,x 轴及两直线 $x=a$,$x=b$ 所围成的曲边梯形位于 x 轴下方,其面积为 $\int_a^b[-f(x)]\mathrm{d}x$,此时定积分 $\int_a^b f(x)\mathrm{d}x$ 在几何上表示上述曲边梯形面积的负值.

(3) 在区间$[a,b]$上,$f(x)$既取得正值又取得负值时(图 5-1-7),函数 $f(x)$的图形某些部分在 x 轴上方,而其他部分在 x 轴下方,此时定积分 $\int_a^b f(x)\mathrm{d}x$ 表示 x 轴上方图形面积与 x 轴下方图形面积之差,即 $\int_a^b f(x)\mathrm{d}x = A_1 - A_2 + A_3 - A_4 + A_5$.

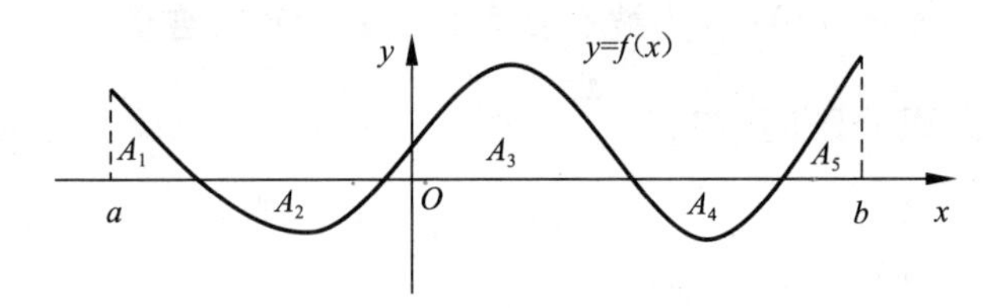

图 5-1-7

例 1 利用定积分的几何意义计算 $\int_0^a \sqrt{a^2-x^2}\,\mathrm{d}x\ (a>0)$.

解 在积分区间$[0,a]$上,被积函数$\sqrt{a^2-x^2}\geqslant 0$,由定积分的几何意义,此定积分是以上半圆 $y=\sqrt{a^2-x^2}$为曲边,区间$[0,a]$为底的曲边梯形面积,即半径为 a 的四分之一圆的面积(图 5-1-8),故

$$\int_0^a \sqrt{a^2-x^2}\,\mathrm{d}x = \frac{1}{4}\pi a^2.$$

例 2 设投资价值 $F(t)$的变化率为 $F'(t)$,前 5 个月 $F'(t)$的变化如图 5－1－9 所示回答下列问题:

(1) 投资价值何时增长,何时减少?

(2) 这 5 个月内,投资价值是增加了还是减少了?

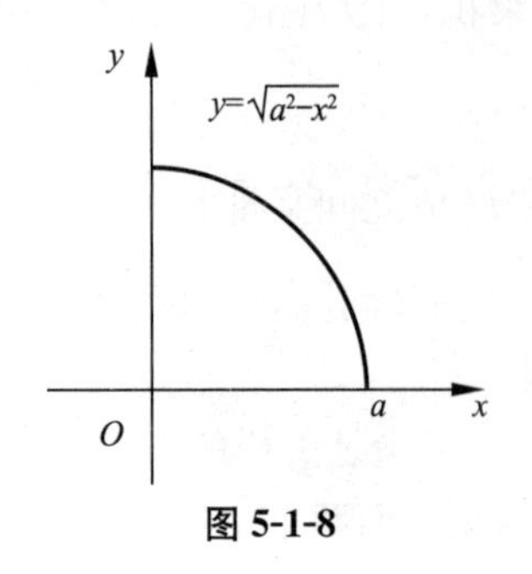

图 5-1-8

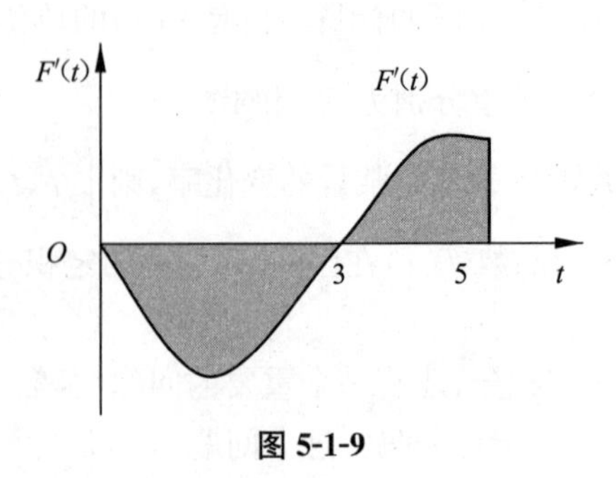

图 5-1-9

解 (1) 投资价值在前 3 个月内减少,因为这段时间内变化率小于零.后两个月内价值增长.

(2) 由于总变化量是变化率 $F'(t)$的积分,则投资价值在 $t=0$ 和 $t=5$ 之间的总变化量为 $\int_0^5 F'(t)\mathrm{d}t$,积分等于 t 轴上方阴影部分的面积减去 t 轴下方阴影部分的面积,因此定积分为负.即这段时间内价值的总变化量为负,因此价值减少.

利用定积分的几何意义,若积分区间是关于原点对称的区间,根据被积函数的奇偶性,显然有如下结论:

(1) 若 $f(x)$在$[-a,a]$上连续且为偶函数,则 $\int_{-a}^{a} f(x)\mathrm{d}x = 2\int_0^a f(x)\mathrm{d}x$;

(2) 若 $f(x)$在$[-a,a]$上连续且为奇函数,则 $\int_{-a}^{a} f(x)\mathrm{d}x = 0$.

例 3 计算(1) $\int_{-1}^{1} x^3\mathrm{d}x$; (2) $\int_{-1}^{1} |x|\mathrm{d}x$.

解 (1) 积分区间$[-1,1]$关于原点对称,被积函数 x^3 为奇函数,所以

$$\int_{-1}^{1} x^3\mathrm{d}x = 0.$$

(2) 积分区间$[-1,1]$关于原点对称,被积函数$|x|$为偶函数,所以

$$\int_{-1}^{1} |x|\mathrm{d}x = 2\int_0^1 x\mathrm{d}x,$$

利用几何意义 $\int_0^1 x\mathrm{d}x = \frac{1}{2}$, 所以 $\int_{-1}^{1} |x|\mathrm{d}x = 1$.

例 4 计算 $\int_{-1}^{1} (x+\sqrt{1-x^2})^2\mathrm{d}x$.

解 将被积函数展开并整理,得

$$\int_{-1}^{1} (x+\sqrt{1-x^2})^2\mathrm{d}x = \int_{-1}^{1} (1+2x\sqrt{1-x^2})\mathrm{d}x.$$

由于 1 是偶函数,$2x\sqrt{1-x^2}$是奇函数,积分区间关于原点对称,得

$$\int_{-1}^{1} (x+\sqrt{1-x^2})^2\mathrm{d}x = \int_{-1}^{1} \mathrm{d}x + \int_{-1}^{1} 2x\sqrt{1-x^2}\mathrm{d}x = 2.$$

三、定积分的近似计算

定积分的近似计算方法很多,这里只介绍**矩形法**和**梯形法**.

例 5 利用矩形法和梯形法分别求定积分 $\int_0^1 \mathrm{e}^{-x^2}\mathrm{d}x$ 的近似值.

解 把区间十等分,设分点为 $x_i(i=0,1,\cdots,10)$,并设相应的函数值为 $y_i=\mathrm{e}^{-x_i^2}(i=0,1,\cdots,10)$,如表 5-1-3 所示.

表 5-1-3

i	0	1	2	3	4	5	6	7	8	9	10
x_i	0	0.1	0.2	0.3	0.4	0.5	0.6	0.7	0.8	0.9	1.0
y_i	1.000 00	0.990 05	0.960 79	0.913 93	0.852 14	0.778 80	0.697 68	0.612 63	0.527 29	0.444 86	0.367 88

(1) 矩形法.

利用左矩形公式得

$$\int_0^1 e^{-x^2}dx \approx (y_0+y_1+\cdots+y_9)\times\frac{1-0}{10}\approx 0.777\ 82.$$

利用右矩形公式得

$$\int_0^1 e^{-x^2}dx \approx (y_1+y_2+\cdots+y_{10})\times\frac{1-0}{10}\approx 0.714\ 61.$$

所以，可得 $0.714\ 61<\int_0^1 e^{-x^2}dx<0.777\ 82$.

(2) 梯形法.

$$\int_0^1 e^{-x^2}dx \approx \left(\frac{y_0+y_1}{2}+\frac{y_1+y_2}{2}+\frac{y_2+y_3}{2}+\cdots+\frac{y_9+y_{10}}{2}\right)\times\frac{1-0}{10}\approx 0.746\ 22.$$

习题 5-1

1. 将下列极限表示成定积分：

(1) $\lim\limits_{\lambda\to 0}\sum\limits_{i=1}^{n}(\xi_i^2-3\xi_i)\Delta x_i, x_i\in[-7,5], i=0,1,2,\cdots,n$;

(2) $\lim\limits_{\lambda\to 0}\sum\limits_{i=1}^{n}\sqrt{4-\xi_i^2}\Delta x_i, x_i\in[0,1], i=0,1,2,\cdots,n$;

(3) $\lim\limits_{n\to\infty}\frac{1}{n}\left[\sin\frac{\pi}{n}+\sin\frac{2\pi}{n}+\cdots+\sin\frac{(n-1)}{n}\pi\right]$.

2. 利用定积分的几何意义计算定积分：

(1) $\int_0^2 2x dx$；　(2) $\int_1^2(x-3)dx$；　(3) $\int_{-2}^2\sqrt{4-x^2}dx$；

(4) $\int_{-\frac{\pi}{2}}^{\frac{\pi}{2}}\sin x dx$；　(5) $\int_0^1\sqrt{2x-x^2}dx$；　(6) $\int_0^2|x-1|dx$；

(7) $\int_{-1}^2 f(x)dx$，其中 $f(x)=\begin{cases}x, & -1\leqslant x\leqslant 0,\\ 2-x, & 0<x\leqslant 2.\end{cases}$

3. 利用函数的奇偶性计算下列积分：

(1) $\int_{-\frac{\pi}{2}}^{\frac{\pi}{2}}\sin x\cos 2x dx$；　(2) $\int_{-5}^5\frac{x^3\sin^2 x}{x^4+x^2+1}dx$；　(3) $\int_{-2}^2\frac{x}{2+x^2}dx$；

(4) $\int_{-2}^2(x+1)\,|\,x\,|\,dx$；　(5) $\int_{-3}^3(x-2)\sqrt{9-x^2}dx$.

4. 试将和式的极限 $\lim\limits_{n\to\infty}\frac{1^p+2^p+\cdots+n^p}{n^{p+1}}(p>0)$ 表示成定积分.

5. 某跑车 36 s(即 0.01 h)内速度从 0 加速到 228 km/h，数据表 5-1-4 所示.

表 5-1-4

t/h	0.000	0.001	0.002	0.003	0.004	0.005
$V(t)/(\mathrm{km\cdot h^{-1}})$	0	64	100	132	154	174
t/h	0.006	0.007	0.008	0.009	0.010	
$V(t)/(\mathrm{km\cdot h^{-1}})$	187	201	212	220	228	

用矩形法估算该跑车在 36 s 内速度到达 228 km/h 时行进的路程.

6. 有条河宽 200 m(图 5-1-10),从一岸边到正对面每隔 20 m 测量一次水深,测得的数据(单位:m)如表 5-1-5 所示.

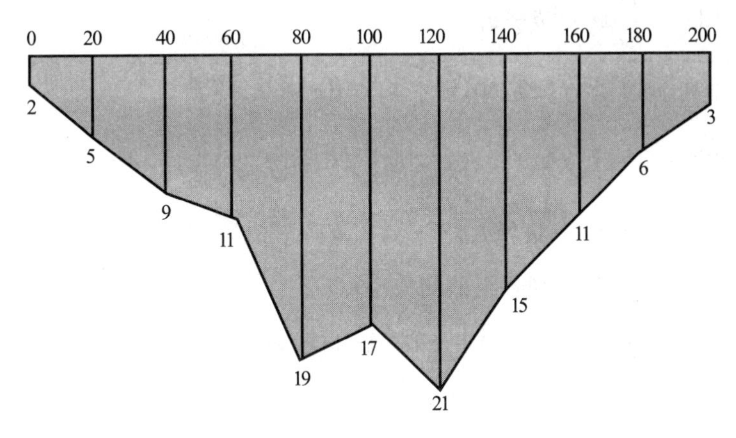

图 5-1-10

表 5-1-5

X 宽/m	0	20	40	60	80	100
Y 深/m	2	5	9	11	19	17
X 宽/m	120	140	160	180	200	
Y 深/m	21	15	11	6	3	

试用梯形公式估计此河横截面面积的近似值.

第二节 定积分的性质

若 $\int_a^b f(x)\mathrm{d}x$ 存在,对定积分作以下两点规定:

(1) 当 $a=b$ 时,$\int_a^a f(x)\mathrm{d}x=0$;

(2) $\int_a^b f(x)\mathrm{d}x=-\int_b^a f(x)\mathrm{d}x$.

下面讨论定积分的性质,假设各性质中所列出的定积分都存在,性质的证明均可运用定积分的定义.

性质 1(线性性质) 设 k_1,k_2 均为常数,则

$$\int_a^b[k_1 f(x)+k_2 g(x)]\mathrm{d}x=k_1\int_a^b f(x)\mathrm{d}x+k_2\int_b^a g(x)\mathrm{d}x.$$

注:此性质可以推广到任意有限个函数的线性组合.

性质 2 若 $f(x)$是以 l 为周期的连续函数,a 为任意常数,则

$$\int_a^{a+l} f(x)\mathrm{d}x=\int_0^l f(x)\mathrm{d}x.$$

性质3(积分区间的可加性)

$$\int_a^b f(x)\mathrm{d}x=\int_a^c f(x)\mathrm{d}x+\int_c^b f(x)\mathrm{d}x \quad (c\text{ 是任意常数}).$$

性质4 $\int_a^b 1\mathrm{d}x=\int_a^b \mathrm{d}x=b-a$.

性质5 如果在$[a,b]$上 $f(x)\geqslant 0$,则$\int_a^b f(x)\mathrm{d}x\geqslant 0$.

推论1 如果在$[a,b]$上 $f(x)\geqslant g(x)$,则$\int_a^b f(x)\mathrm{d}x\geqslant\int_a^b g(x)\mathrm{d}x$.

推论2 $\left|\int_a^b f(x)\mathrm{d}x\right|\leqslant\int_a^b|f(x)|\mathrm{d}x \quad (a<b)$.

例1 不计算积分,比较下列各组值的大小:

(1) $\int_{-1}^0 \mathrm{e}^x\mathrm{d}x$ 与$\int_{-1}^0 x\mathrm{d}x$; (2) $\int_0^{\frac{\pi}{2}}\sin x\mathrm{d}x$ 与$\int_0^{\frac{\pi}{2}}x\mathrm{d}x$.

解 (1) 当$-1\leqslant x\leqslant 0$时,因为$x\leqslant \mathrm{e}^x$,所以$\int_{-1}^0 \mathrm{e}^x\mathrm{d}x\geqslant\int_{-1}^0 x\mathrm{d}x$;

(2) 当$0\leqslant x\leqslant\frac{\pi}{2}$时,因为$\sin x\leqslant x$,所以$\int_0^{\frac{\pi}{2}}\sin x\mathrm{d}x\leqslant\int_0^{\frac{\pi}{2}}x\mathrm{d}x$.

性质6 设M,m分别是函数$f(x)$在$[a,b]$上的最大值和最小值,则

$$m(b-a)\leqslant\int_a^b f(x)\mathrm{d}x\leqslant M(b-a) \quad (a<b).$$

这个性质称为**定积分的估值定理**.

例2 估计积分$\int_0^\pi\frac{1}{2+\cos^2 x}\mathrm{d}x$的值.

解 因为$0\leqslant x\leqslant\pi$,所以$0\leqslant\cos^2 x\leqslant 1$,从而$\frac{1}{3}\leqslant\frac{1}{2+\cos^2 x}\leqslant\frac{1}{2}$,所以

$$\frac{\pi}{3}\leqslant\int_0^\pi\frac{1}{2+\cos^2 x}\mathrm{d}x\leqslant\frac{\pi}{2}.$$

性质7(定积分中值定理) 如果函数$f(x)$在闭区间$[a,b]$上连续,则在$[a,b]$上至少存在一点ξ,使下式成立:$\int_a^b f(x)\mathrm{d}x=f(\xi)(b-a) \quad (a\leqslant\xi\leqslant b)$.

上式称为积分中值公式.

积分中值公式的几何解释:在区间$[a,b]$上至少存在一点ξ,使得以区间$[a,b]$为底边,以曲线$y=f(x)$为曲边的曲边梯形的面积等于同一底边而高为$f(\xi)$的矩形的面积(图5-2-1).

数值$\frac{1}{b-a}\int_a^b f(x)\mathrm{d}x$称为**函数$f(x)$在区间$[a,b]$上的平均值**.这一概念是对有限个数的平均值概念的拓展,例如,假设$f(t)$表示时刻t时的温度,t起始于午夜,单位为h,则24 h内的平均温度为$\frac{1}{24}\int_0^{24}f(t)\mathrm{d}t$.

例3 (1) 针对图5-2-2给出的函数$f(x)$,求$\int_0^5 f(x)\mathrm{d}x$;

(2) 求区间$[0,5]$上$f(x)$的平均值.

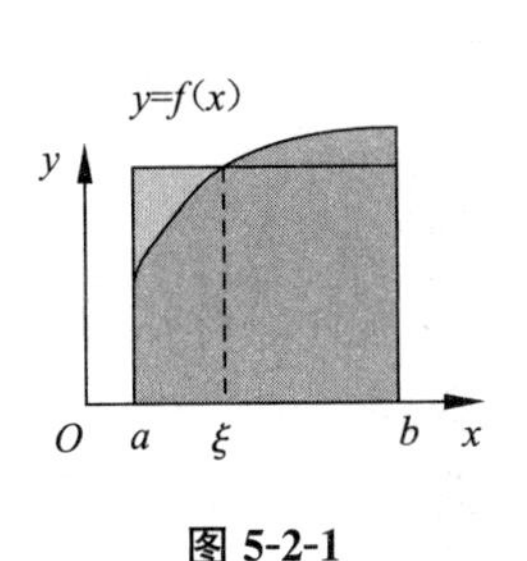

图 5-2-1

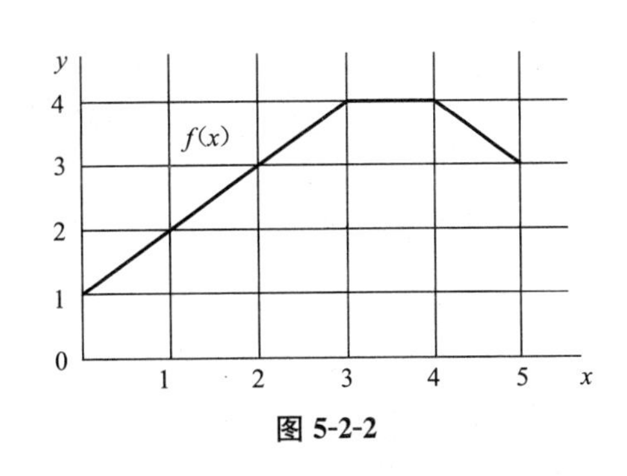

图 5-2-2

解 (1) 由于 $f(x)\geqslant 0$,定积分就是 $x=0$ 到 $x=5$ 之间 $f(x)$的图形下方区域的面积.图 5-2-2 表明其由 13 个完整的方格和 4 个半方格组成,每个方格的面积是 1,加在一起总面积为 15,于是

$$\int_0^5 f(x)\mathrm{d}x=15.$$

(2) $x=0$ 到 $x=5$ 的区间上,$f(x)$的平均值为:$\dfrac{1}{5-0}\displaystyle\int_0^5 f(x)\mathrm{d}x=\dfrac{1}{5}\times 15=3$.

习题 5-2

1. 利用线性性质和积分区间可加性求解下列问题:

(1) 设 $f(x)$ 在$[0,4]$ 上连续,且$\int_0^3 f(x)\mathrm{d}x=3$,$\int_0^4 f(x)\mathrm{d}x=7$,求$\int_3^4 f(x)\mathrm{d}x$;

(2) 设$\int_{-1}^3 3f(x)\mathrm{d}x=12$,$\int_{-1}^5 f(x)\mathrm{d}x=7$,$\int_3^5 g(x)\mathrm{d}x=2$,求$\int_3^5 [2f(x)+5g(x)]\mathrm{d}x$.

2. 根据定积分性质,比较下列各组值的大小:

(1) $\int_0^1 x^2\mathrm{d}x$,$\int_0^1 x^3\mathrm{d}x$; (2) $\int_0^1 \mathrm{e}^x\mathrm{d}x$,$\int_0^1 \mathrm{e}^{x^2}\mathrm{d}x$;

(3) $\int_1^2 \ln x\mathrm{d}x$,$\int_1^2 \ln^2 x\mathrm{d}x$; (4) $\int_3^4 \ln x\mathrm{d}x$,$\int_3^4 \ln^2 x\mathrm{d}x$.

3. 估计下列积分值的范围:

(1) $\displaystyle\int_0^1 \frac{1}{1+x^2}\mathrm{d}x$; (2) $\int_0^{\frac{\pi}{4}} (1+\cos^2 x)\mathrm{d}x$; (3) $\int_{\frac{\pi}{6}}^{\frac{3}{4}\pi} \sin x\mathrm{d}x$.

4. 如果函数 $f(x)$在区间$[a,b]$上连续且$\int_a^b f(x)\mathrm{d}x=0$,证明函数 $f(x)$在$[a,b]$上至少存在一个零点.

5. 求函数 $f(x)=3x+2$ 在$[0,2]$上的平均值.

6. 水利工程中要计算拦水闸门所受的水压力.已知闸门上水的压强 P 是水深 h 的函数,即 $P=9.8h(\mathrm{kN/m^2})$.若闸门高 $H=3\ \mathrm{m}$,宽 $L=2\ \mathrm{m}$.求水面与闸门顶相齐时,闸门所受的水压力 P.

第三节　微积分基本公式

【课前导读】

积分学要解决两个问题:第一个是原函数的求解问题,第四章不定积分已经给出了讨论;第二个是定积分的计算问题.如果按照定积分的定义来计算定积分,将是十分困难的,因此寻求一种计算定积分的有效方法便成为积分学发展的关键.微积分基本定理开辟了求定积分的新途径,使各自独立的微分学和积分学联系在一起,构成完整的理论体系——微积分学.牛顿和莱布尼茨也因此作为微积分学的奠基人而载入史册.

一、积分上限的函数及其导数

设函数 $f(x)$在区间$[a,b]$上连续,$a\leqslant x\leqslant b$,$f(x)$在部分区间$[a,x]$上仍连续,从而定积分$\int_a^x f(x)\mathrm{d}x$存在.这里 x 既表示定积分的上限,又表示积分变量.因为定积分的值与积分变量的记法无关,所以为明确起见,把积分变量改用其他符号,例如用 t 表示,则上面的定积分可写作$\int_a^x f(t)\mathrm{d}t$.

定义 1　设函数 $f(x)$在区间$[a,b]$上连续,x 为$[a,b]$上的一点,则由式

$$\Phi(x)=\int_a^x f(t)\mathrm{d}t\quad(a\leqslant x\leqslant b)$$

所定义的函数称为**积分上限的函数**(或**变上限的函数**).

当 $x\in[a,b]$时,若 $f(x)\geqslant 0$,则$\int_a^x f(x)\mathrm{d}x$表示曲边梯形的面积,如图 5-3-1 中阴影部分的面积.

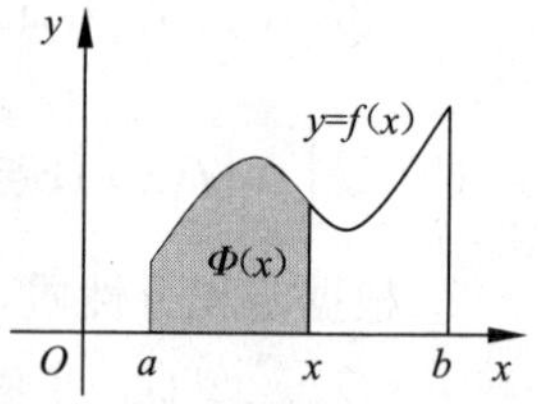

图 5-3-1

关于积分上限函数 $\Phi(x)$的可导性,有如下定理:

定理 1　如果函数 $f(x)$在区间$[a,b]$上连续,则积分上限的函数

$$\Phi(x)=\int_a^x f(t)\mathrm{d}t\quad(a\leqslant x\leqslant b)\tag{5.3.1}$$

在区间$[a,b]$上可导,并且

$$\Phi'(x)=\frac{\mathrm{d}}{\mathrm{d}x}\int_a^x f(t)\mathrm{d}t=f(x)\quad(a\leqslant x\leqslant b).\tag{5.3.2}$$

证明　设 $x\in(a,b)$,$x+\Delta x\in[a,b]$,则

$$\Delta\Phi=\Phi(x+\Delta x)-\Phi(x)=\int_x^{x+\Delta x}f(t)\mathrm{d}t,$$

应用积分中值定理,$\Delta\Phi=f(\xi)\Delta x$,$\xi$ 在 x 与 $x+\Delta x$ 之间,当 $\Delta x\to 0$ 时,$\xi\to x$,所以 $\lim\limits_{\Delta x\to 0}\frac{\Delta\Phi}{\Delta x}=\lim\limits_{\xi\to x}f(\xi)=f(x)$,即$\Phi'(x)=f(x)$.

若 $x=a$,则取 $\Delta x>0$,同理可证$\Phi'_+(a)=f(a)$;

若 $x=b$,则取 $\Delta x<0$,同理可证$\Phi'_-(b)=f(b)$.

定理 1 表明,连续函数必有原函数,它不仅给出了原函数存在的条件,而且给出了其中一个原函数的表达形式.故有如下原函数存在定理:

定理 2 如果 $f(x)$ 在 $[a,b]$ 上连续,则 $\Phi(x)=\int_a^x f(t)\mathrm{d}t$ 是 $f(x)$ 在 $[a,b]$ 上的一个原函数.

例 1 求 $\dfrac{\mathrm{d}}{\mathrm{d}x}\left(\int_0^x \cos^2 t\,\mathrm{d}t\right)$.

解 $\dfrac{\mathrm{d}}{\mathrm{d}x}\left(\int_0^x \cos^2 t\,\mathrm{d}t\right)=\cos^2 x$.

利用复合函数的求导法则,可得到下列公式:

(1) $\dfrac{\mathrm{d}}{\mathrm{d}x}\int_a^{\varphi(x)} f(t)\mathrm{d}t=f[\varphi(x)]\varphi'(x)$;

(2) $\dfrac{\mathrm{d}}{\mathrm{d}x}\int_{\psi(x)}^{\varphi(x)} f(t)\mathrm{d}t=f[\varphi(x)]\varphi'(x)-f[\psi(x)]\psi'(x)$.

例 2 求 $\dfrac{\mathrm{d}}{\mathrm{d}x}\left(\int_0^{x^3} \mathrm{e}^{t^2}\,\mathrm{d}t\right)$.

解 函数 $\int_0^{x^3} \mathrm{e}^{t^2}\,\mathrm{d}t$ 可看成由 $\int_0^u \mathrm{e}^{t^2}\,\mathrm{d}t$ 和 $u=x^3$ 复合而成的,由复合函数求导法则得:

$$\frac{\mathrm{d}}{\mathrm{d}x}\left(\int_0^{x^3} \mathrm{e}^{t^2}\,\mathrm{d}t\right)=\frac{\mathrm{d}}{\mathrm{d}u}\left(\int_0^u \mathrm{e}^{t^2}\,\mathrm{d}t\right)\cdot\frac{\mathrm{d}u}{\mathrm{d}x}=\mathrm{e}^{u^2}\cdot 3x^2=3x^2\mathrm{e}^{x^6}.$$

例 3 求下列函数的导数:

(1) $y=\int_1^{x^2}\sin(t+1)\mathrm{d}t$;　　(2) $y=\int_{\cos x}^1 (t^2+1)\mathrm{d}t$;　　(3) $y=\int_{\ln x}^{\mathrm{e}^{2x}}(t^2+1)\mathrm{d}t$.

解 (1) $y'=\sin(x^2+1)\cdot(x^2)'=2x\sin(x^2+1)$;

(2) $y'=-(\cos^2 x+1)\cdot(\cos x)'=(\cos^2 x+1)\sin x$;

(3) $y'=(\mathrm{e}^{4x}+1)(\mathrm{e}^{2x})'-(\ln^2 x+1)(\ln x)'=2\mathrm{e}^{2x}(\mathrm{e}^{4x}+1)-\dfrac{(\ln^2 x+1)}{x}$.

例 4 求 $\lim\limits_{x\to 0}\dfrac{\int_{\cos x}^1 \mathrm{e}^{-t^2}\,\mathrm{d}t}{x^2}$.

解 易知这是 $\dfrac{0}{0}$ 型未定式.利用洛必达法则,得

$$\lim_{x\to 0}\frac{\int_{\cos x}^1 \mathrm{e}^{-t^2}\,\mathrm{d}t}{x^2}=\lim_{x\to 0}\frac{-\int_1^{\cos x}\mathrm{e}^{-t^2}\,\mathrm{d}t}{x^2}=\lim_{x\to 0}\frac{-\mathrm{e}^{-\cos^2 x}\cdot(-\sin x)}{2x}=\frac{1}{2}\mathrm{e}^{-1}.$$

例 5 设 $f(x)$ 为连续函数,且 $\int_0^{x^3-1} f(t)\mathrm{d}t=x$,求 $f(7)$.

解 两边对 x 求导,得

$$f(x^3-1)\cdot 3x^2=1,$$

令 $x=2$,得 $f(7)\cdot 12=1$,故 $f(7)=\dfrac{1}{12}$.

例 6 求由方程 $\int_0^y \sin t\,\mathrm{d}t+\int_0^{x^2}\cos t\,\mathrm{d}t=0$ 确定的隐函数 $y=y(x)$ 的导数.

解 方程两边对 x 求导,注意到 y 是 x 的函数,得 $\sin y\cdot y'+\cos x^2\cdot 2x=0$,故 $y'=-\frac{2x\cos x^2}{\sin y}$.

二、牛顿—莱布尼茨公式

定理 3 如果函数 $F(x)$是连续函数 $f(x)$在区间$[a,b]$上的一个原函数,则

$$\int_a^b f(x)\mathrm{d}x=F(b)-F(a). \tag{5.3.3}$$

证明 已知函数 $F(x)$是 $f(x)$在区间$[a,b]$上的一个原函数,又由定理1知,积分上限函数

$$\Phi(x)=\int_a^x f(t)\mathrm{d}t$$

也是 $f(x)$在区间$[a,b]$上的一个原函数.根据第四章第一节中原函数的理论,存在某一常数 C,使得

$$F(x)=\Phi(x)+C \quad (a\leqslant x\leqslant b).$$

当 $x=a$ 时,得 $F(a)=\Phi(a)+C$,而

$$\Phi(a)=\int_a^a f(t)\mathrm{d}t=0,$$

所以 $F(a)=C$,故

$$\int_a^x f(t)\mathrm{d}t=F(x)-F(a).$$

令 $x=b$ 时,即得式(5.3.3),即 $\int_a^b f(t)\mathrm{d}t=F(b)-F(a)$.

为了方便起见,以后把 $F(b)-F(a)$记作$\left[F(x)\right]_a^b$ 或 $F(x)\Big|_a^b$. 式(5.3.3)称为**牛顿—莱布尼茨公式**.这个公式揭示了定积分与被积函数的原函数或不定积分之间的联系,也提供了计算定积分的简便而有效的方法,故称为**微积分基本公式**.

依据微积分基本公式,函数 $f(x)$在区间$[a,b]$上的定积分 $\int_a^b f(x)\mathrm{d}x$ 等于 $f(x)$的一个原函数 $F(x)$在$[a,b]$上的增量,因此,计算定积分的步骤为:

(1) 求 $f(x)$的一个原函数 $F(x)$(即求解相应的不定积分);

(2) 计算 $F(b)-F(a)$.

例 7 计算$\int_1^3 x^2\mathrm{d}x$

解 由于$\frac{x^3}{3}$是 x^2 的一个原函数,因此$\int_1^3 x^2\mathrm{d}x=\left[\frac{x^3}{3}\right]_1^3=8\frac{2}{3}$.

例 8 计算$\int_{-1}^1\frac{1}{1+x^2}\mathrm{d}x$

解 由于 $\arctan x$ 是$\frac{1}{1+x^2}$的一个原函数,因此

$$\int_{-1}^1\frac{1}{1+x^2}\mathrm{d}x=[\arctan x]_{-1}^1=\frac{\pi}{4}-\left(-\frac{\pi}{4}\right)=\frac{\pi}{2}.$$

例 9 计算$\int_0^{\frac{\pi}{2}}\left(\frac{3}{2}\cos x-\frac{1}{2}\sin x\right)\mathrm{d}x$

解 由于$\frac{3}{2}\sin x+\frac{1}{2}\cos x$ 是$\frac{3}{2}\cos x-\frac{1}{2}\sin x$ 的一个原函数,因此

$$\int_0^{\frac{\pi}{2}}\left(\frac{3}{2}\cos x-\frac{1}{2}\sin x\right)\mathrm{d}x=\left[\frac{3}{2}\sin x+\frac{1}{2}\cos x\right]_0^{\frac{\pi}{2}}=\frac{3}{2}-\frac{1}{2}=1.$$

例 9 中被积函数是两个函数的线性组合，依据线性性质，定积分可以拆成两个定积分的线性组合，具体过程如下：

$$\begin{aligned}\int_0^{\frac{\pi}{2}}\left(\frac{3}{2}\cos x-\frac{1}{2}\sin x\right)\mathrm{d}x&=\frac{3}{2}\int_0^{\frac{\pi}{2}}\cos x\mathrm{d}x-\frac{1}{2}\int_0^{\frac{\pi}{2}}\sin x\mathrm{d}x\\&=\frac{3}{2}\left[\sin x\right]_0^{\frac{\pi}{2}}+\frac{1}{2}\left[\cos x\right]_0^{\frac{\pi}{2}}=1.\end{aligned}$$

下面通过几个典型例题，介绍分段函数定积分的求解方法.

例 10 计算 $\int_{-\frac{\pi}{2}}^{\frac{\pi}{3}}\sqrt{1-\cos^2 x}\mathrm{d}x$.

解 $\int_{-\frac{\pi}{2}}^{\frac{\pi}{3}}\sqrt{1-\cos^2 x}\mathrm{d}x=\int_{-\frac{\pi}{2}}^{\frac{\pi}{3}}\sqrt{\sin^2 x}\mathrm{d}x=\int_{-\frac{\pi}{2}}^{\frac{\pi}{3}}|\sin x|\mathrm{d}x$

$$=-\int_{-\frac{\pi}{2}}^{0}\sin x\mathrm{d}x+\int_0^{\frac{\pi}{3}}\sin x\mathrm{d}x=\cos x\Big|_{-\frac{\pi}{2}}^{0}-\cos x\Big|_0^{\frac{\pi}{3}}=\frac{3}{2}.$$

例 11 设 $f(x)=\begin{cases}x, & -1\leqslant x<0,\\ \mathrm{e}^x+1, & 0\leqslant x\leqslant 1,\end{cases}$ 求 $\int_{-1}^{1}f(x)\mathrm{d}x$.

解 因 $f(x)$ 是分段表示的函数，故

$$\begin{aligned}\int_{-1}^{1}f(x)\mathrm{d}x&=\int_{-1}^{0}x\mathrm{d}x+\int_0^1(\mathrm{e}^x+1)\mathrm{d}x=\frac{1}{2}x^2\Big|_{-1}^{0}+(\mathrm{e}^x+x)\Big|_0^1\\&=-\frac{1}{2}+\mathrm{e}+1-1=\mathrm{e}-\frac{1}{2}.\end{aligned}$$

例 12 求 $\int_0^2\max\{x,x^2\}\mathrm{d}x$.

解 $f(x)=\max\{x,x^2\}=\begin{cases}x, & 0\leqslant x<1,\\ x^2, & 1\leqslant x\leqslant 2,\end{cases}$ 如图 5-3-2 所示，所以

$$\int_0^2\max\{x,x^2\}\mathrm{d}x=\int_0^1 x\mathrm{d}x+\int_1^2 x^2\mathrm{d}x=\frac{17}{6}.$$

例 13 计算图 5-3-3 中阴影部分的面积.

解 $S=2\cdot 4-\int_0^2 x^2\mathrm{d}x=8-\left[\frac{x^3}{3}\right]_0^2=8-\frac{8}{3}=\frac{16}{3}.$

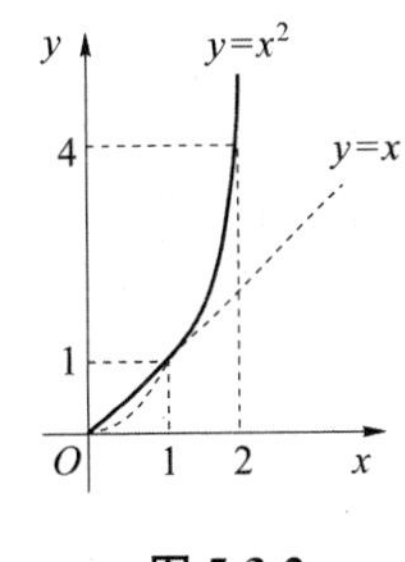

图 5-3-2

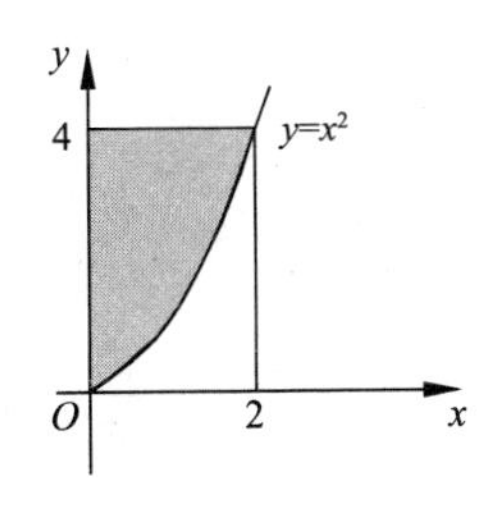

图 5-3-3

例 14 汽车以每小时 36 km 的速度行驶，到某处需要减速停车. 设汽车以加速度 $a=-5\ \mathrm{m/s^2}$ 刹车. 问：从开始刹车到停车，汽车行驶了多长距离？

解 设开始刹车的时刻为 $t=0$,此时汽车速度为 $v_0=36\ \text{km/h}=10\ \text{m/s}$. 刹车后汽车减速行驶,其速度为

$$v(t)=v_0+at=10-5t.$$

当汽车停住时,速度 $v(t)=0$,故从 $v(t)=10-5t=0$ 解得 $t=2$ (s).

于是,在这段时间内汽车驶过的距离为

$$s=\int_0^2 v(t)\mathrm{d}t=\int_0^2(10-5t)\mathrm{d}t=\left[10t-5\cdot\frac{t^2}{2}\right]_0^2=10\ (\text{m}).$$

即在刹车后,汽车需要驶过 10 m 才能停住.

习题 5-3

1. 设 $y=\int_0^x \sin t\,\mathrm{d}t$,求 $y'(0)$,$y'\left(\frac{\pi}{6}\right)$.

2. $\int_{-3}^{3}\frac{1}{1-x}\mathrm{d}x$ 可以用牛顿—莱布尼茨公式计算吗?为什么?

3. 计算下列各导数:

(1) $\frac{\mathrm{d}}{\mathrm{d}x}\left(\int_0^x\sqrt{1+t^2}\,\mathrm{d}t\right)$;　(2) $\frac{\mathrm{d}}{\mathrm{d}x}\left(\int_1^x\sin 2t\,\mathrm{d}t\right)$;　(3) $\frac{\mathrm{d}}{\mathrm{d}x}\left(\int_0^{\sqrt{x}}\cos t^2\,\mathrm{d}t\right)$;

(4) $\frac{\mathrm{d}}{\mathrm{d}x}\left(\int_{x^2}^5\frac{\sin t}{t}\mathrm{d}t\right)$;　(5) $\frac{\mathrm{d}}{\mathrm{d}x}\left(\int_{\sin x}^{\cos x}t\,\mathrm{d}t\right)$;　(6) $\frac{\mathrm{d}}{\mathrm{d}x}\left(\int_{\ln x}^{\sin 2x}t^2\,\mathrm{d}t\right)$.

4. 设 $g(x)$ 是连续函数,且 $\int_0^{x^2-1}g(t)\mathrm{d}t=-x$,求 $g(3)$.

5. 求下列极限:

(1) $\lim\limits_{x\to 0}\frac{\int_0^x\cos t^2\,\mathrm{d}t}{x}$;　(2) $\lim\limits_{x\to 0}\frac{\int_0^{2x}\mathrm{e}^t\,\mathrm{d}t}{x}$;　(3) $\lim\limits_{x\to 1}\frac{\int_1^x\mathrm{e}^{t^2}\,\mathrm{d}t}{\ln x}$;

(4) $\lim\limits_{x\to 0}\frac{\int_0^x\sin t^2\,\mathrm{d}t}{x}$;　(5) $\lim\limits_{x\to 0}\frac{\int_0^x\arctan^2 t\,\mathrm{d}t}{x^3}$;　(6) $\lim\limits_{x\to 0}\frac{x-\int_0^x\mathrm{e}^{t^2}\,\mathrm{d}t}{x^2\sin 2x}$.

6. 计算下列定积分:

(1) $\int_1^2\left(x^2+\frac{1}{x^4}\right)\mathrm{d}x$;　(2) $\int_1^2\left(1-\frac{1}{x}\right)^2\mathrm{d}x$;　(3) $\int_0^2(2-x)(2-x^2)\mathrm{d}x$;

(4) $\int_{-1}^1\frac{x^2}{1+x^2}\mathrm{d}x$;　(5) $\int_1^4\sqrt{x}(1-2\sqrt{x})\mathrm{d}x$;　(6) $\int_{-1}^0\frac{3x^4+3x^2+1}{x^2+1}\mathrm{d}x$;

(7) $\int_0^2|x-1|\mathrm{d}x$;　(8) $\int_{-2}^2\mathrm{e}^{|x|}\mathrm{d}x$;　(9) $\int_{\frac{\pi}{6}}^{\frac{\pi}{3}}\frac{1}{\sin^2 x\cos^2 x}\mathrm{d}x$;

(10) $\int_{-3}^1\min\{1,\mathrm{e}^x\}\mathrm{d}x$;　(11) $\int_{-1}^{\frac{1}{2}}\frac{1}{\sqrt{1-x^2}}\mathrm{d}x$;　(12) $\int_2^3\frac{x+1}{\sqrt{x}}\mathrm{d}x$;

(13) $\int_0^{\pi}(\sin x+\cos x)\mathrm{d}x$;　(14) $\int_0^{\frac{\pi}{3}}\tan^2\theta\mathrm{d}\theta$;

(15) $\int_0^2 f(x)\mathrm{d}x$,其中,函数 $f(x)=\begin{cases}\sqrt{x}+1, 0\leqslant x\leqslant 1,\\ \frac{1}{2}x^2, 1<x\leqslant 2;\end{cases}$

(16) $\int_0^{\frac{3}{2}} f(x)\mathrm{d}x$,其中,函数 $f(x)=\begin{cases}\dfrac{1}{1+x^2}, & 0\leqslant x\leqslant 1,\\ \mathrm{e}^x, & 1<x\leqslant \dfrac{3}{2}.\end{cases}$

7. 求图 5-3-4 中阴影区域的面积.

8. 某公司估计,其销售额将会以函数 $s'(t)=20\cdot \mathrm{e}^t$ 所给出的速度连续增长,其中,$s'(t)$是第 t 天销售额的增长速度,以元/天为单位(初始天取 $t=0$).

(1) 求初始 5 天的累计销售额;

(2) 求第 2 天到第 5 天的累计销售额.

9. 设 $f(x)$是可导函数,已知 $\int_0^{f(x)} t^2\mathrm{d}t=x^2(1+x)$,求 $f(2)$.

10. 设 $f(x)$是一个可导函数,其图像如图 5-3-5 所示,一个沿坐标轴运动的质点在时刻 t s的位置是 $s(t)=\int_0^t f(x)\mathrm{d}x$ m,利用图形回答下列问题.

(1) 质点在时刻 $t=5$ 时的速度是多少?

(2) 质点在时刻 $t=5$ 时的加速度是正还是负?

(3) 质点在时刻 $t=3$ 时的位置在哪里?

(4) 在前 9 s 内的什么时刻 s 有最大值?

(5) 大约何时加速度是零?

(6) 质点何时向靠近原点方向运动? 何时向远离原点方向运动?

(7) 质点在 $t=9$ 时在原点的哪一侧?

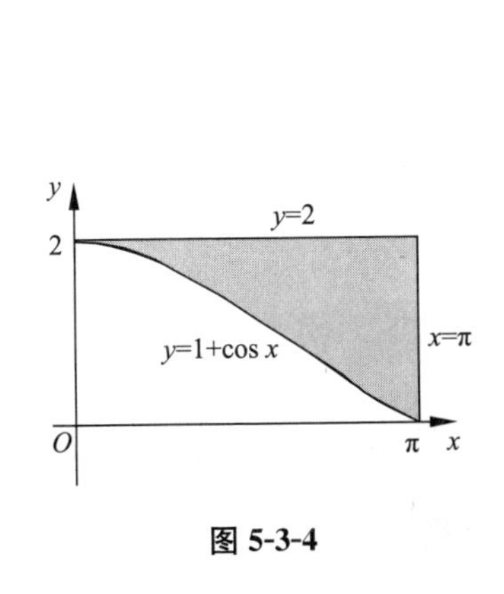

图 5-3-4

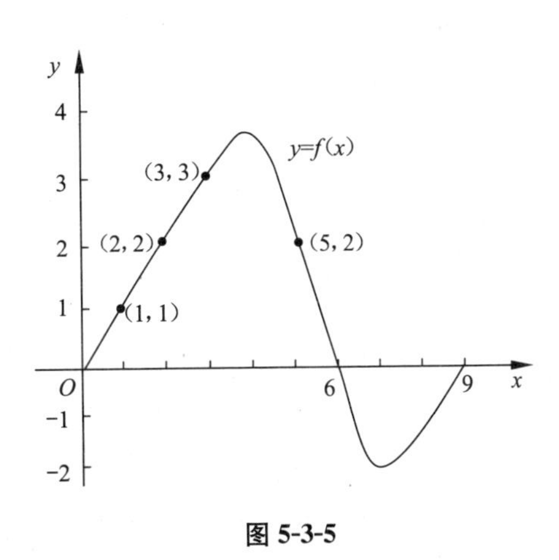

图 5-3-5

第四节　定积分的换元积分法和分部积分法

【课前导读】

由微积分基本公式,可知 $\int_a^b f(x)\mathrm{d}x=F(b)-F(a)$,其中,$F(x)$ 是连续函数 $f(x)$ 的一个原函数,原函数 $F(x)$ 求解中有换元积分法和分部积分法,自然想到,在定积分计算中,也可以应用换元积分法与分部法.

一、定积分的换元积分法

定理1(定积分的换元积分法)　设函数 $f(x)$ 在区间 $[a,b]$ 上连续，函数 $x=\varphi(t)$ 满足条件：

(1) $\varphi(\alpha)=a,\varphi(\beta)=b$；

(2) $\varphi(t)$ 在区间 $[\alpha,\beta]$(或 $[\beta,\alpha]$)上有连续导数，并且单调. 则

$$\int_a^b f(x)\mathrm{d}x=\int_\alpha^\beta f[\varphi(t)]\varphi'(t)\mathrm{d}t. \tag{5.4.1}$$

式(5.4.1)称为**定积分的换元公式**.

式(5.4.1)是用 $x=\varphi(t)$ 把原来变量 x 代换成新变量 t，应用换元公式时要注意，积分限也要换成新变量 t 的积分限.

例1　计算 $\int_0^a \sqrt{a^2-x^2}\,\mathrm{d}x\quad(a>0)$.

解　设 $x=a\sin t$，则 $\mathrm{d}x=a\cos t\mathrm{d}t$，当 $x=0$ 时，$t=0$；当 $x=a$ 时，$t=\frac{\pi}{2}$. 于是

$$\begin{aligned}\int_0^a \sqrt{a^2-x^2}\,\mathrm{d}x&=\int_0^{\frac{\pi}{2}}\sqrt{a^2-a^2\sin^2 t}\cdot a\cos t\mathrm{d}t=a^2\int_0^{\frac{\pi}{2}}\cos^2 t\mathrm{d}t\\&=\frac{a^2}{2}\int_0^{\frac{\pi}{2}}(1+\cos 2t)\mathrm{d}t=\frac{a^2}{2}\left[t+\frac{1}{2}\sin 2t\right]_0^{\frac{\pi}{2}}=\frac{\pi a^2}{4}.\end{aligned}$$

换元公式也可以反过来使用，把换元公式(5.4.1)中左右两边位置对调，同时把 t 改记为 x，而 x 改记为 t，得

$$\int_a^b f[\varphi(x)]\varphi'(x)\mathrm{d}x=\int_\alpha^\beta f(t)\mathrm{d}t. \tag{5.4.2}$$

式(5.4.2)是用 $t=\varphi(x)$ 把原来变量 x 代换成新变量 t，新变量 t 的积分限 $\alpha=\varphi(a),\beta=\varphi(b)$.

例2　计算 $\int_0^2 x\mathrm{e}^{x^2}\mathrm{d}x$.

解　设 $t=x^2$，则 $\mathrm{d}t=2x\mathrm{d}x$，当 $x=0$ 时，$t=0$；当 $x=2$ 时，$t=4$. 于是

$$\int_0^2 x\mathrm{e}^{x^2}\mathrm{d}x=\frac{1}{2}\int_0^4\mathrm{e}^t\mathrm{d}t=\frac{1}{2}\left[\mathrm{e}^t\right]_0^4=\frac{1}{2}(\mathrm{e}^4-1).$$

例3　计算 $\int_1^4\frac{1}{x+\sqrt{x}}\mathrm{d}x$.

解　设 $t=\sqrt{x}$，则 $x=t^2$，$\mathrm{d}x=2t\mathrm{d}t$，当 $x=1$ 时，$t=1$；当 $x=4$ 时，$t=2$. 于是

$$\int_1^4\frac{1}{x+\sqrt{x}}\mathrm{d}x=\int_1^2\frac{1}{t^2+t}\cdot 2t\mathrm{d}t=2\int_1^2\frac{1}{t+1}\mathrm{d}t=2\left[\ln|t+1|\right]_1^2=2\ln\frac{3}{2}.$$

例4　设函数 $f(x)=\begin{cases}2x, & -\pi<x<0,\\ x\mathrm{e}^{x^2}, & x\geqslant 0,\end{cases}$ 计算 $\int_1^4 f(x-2)\mathrm{d}x$.

解　设 $t=x-2$，则 $x=t+2$，$\mathrm{d}x=\mathrm{d}t$，当 $x=1$ 时，$t=-1$；当 $x=4$ 时，$t=2$. 于是

$$\int_1^4 f(x-2)\mathrm{d}x=\int_{-1}^2 f(t)\mathrm{d}t=\int_{-1}^0 2t\mathrm{d}t+\int_0^2 t\mathrm{e}^{t^2}\mathrm{d}t=\left[t^2\right]_{-1}^0+\frac{1}{2}\left[\mathrm{e}^{t^2}\right]_0^2=\frac{1}{2}(\mathrm{e}^4-3).$$

例5　设函数 $f(x)$ 在 $[0,1]$ 连续，证明：$\int_0^{\frac{\pi}{2}} f(\sin x)\mathrm{d}x=\int_0^{\frac{\pi}{2}} f(\cos x)\mathrm{d}x$.

证明　设 $x=\frac{\pi}{2}-t$，则 $\mathrm{d}x=-\mathrm{d}t$，当 $x=0$ 时，$t=\frac{\pi}{2}$；当 $x=\frac{\pi}{2}$ 时，$t=0$. 于是

$$\int_0^{\frac{\pi}{2}} f(\sin x)\mathrm{d}x = -\int_{\frac{\pi}{2}}^0 f\left[\sin\left(\frac{\pi}{2}-t\right)\right]\mathrm{d}t = \int_0^{\frac{\pi}{2}} f(\cos t)\mathrm{d}t = \int_0^{\frac{\pi}{2}} f(\cos x)\mathrm{d}x.$$

下面给出一个重要的定积分公式，**瓦利斯(Wallis)公式**：

$$\int_0^{\frac{\pi}{2}} \sin^n x\mathrm{d}x = \int_0^{\frac{\pi}{2}} \cos^n x\mathrm{d}x = \begin{cases} \dfrac{n-1}{n}\cdot\dfrac{n-3}{n-2}\cdot\cdots\cdot\dfrac{3}{4}\cdot\dfrac{1}{2}\cdot\dfrac{\pi}{2}, & n\text{ 为正偶数}, \\ \dfrac{n-1}{n}\cdot\dfrac{n-3}{n-2}\cdot\cdots\cdot\dfrac{4}{5}\cdot\dfrac{2}{3}, & n\text{ 为大于 1 的正奇数}. \end{cases}$$

例 6 计算 $\int_0^{\pi} \sin^5 \frac{x}{2}\mathrm{d}x$.

解 设 $t=\frac{x}{2}$，则 $x=2t$，$\mathrm{d}x=2\mathrm{d}t$，当 $x=0$ 时，$t=0$；当 $x=\pi$ 时，$t=\frac{\pi}{2}$. 于是应用瓦利斯公式，得 $\int_0^{\pi} \sin^5 \frac{x}{2}\mathrm{d}x = 2\int_0^{\frac{\pi}{2}} \sin^5 t\mathrm{d}t = 2\cdot\frac{4}{5}\cdot\frac{2}{3} = \frac{16}{15}$.

二、定积分的分部积分法

根据不定积分的分部积分法，可得

$$\begin{aligned}\int_a^b u(x)v'(x)\mathrm{d}x &= \left[u(x)v(x) - \int v(x)u'(x)\mathrm{d}x\right]_a^b \\ &= [u(x)v(x)]_a^b - \int_a^b v(x)u'(x)\mathrm{d}x,\end{aligned} \tag{5.4.3}$$

简记作

$$\int_a^b uv'\mathrm{d}x = [uv]_a^b - \int_a^b vu'\mathrm{d}x, \quad \text{或} \quad \int_a^b u\mathrm{d}v = [uv]_a^b - \int_a^b v\mathrm{d}u.$$

式(5.4.3)称为**定积分的分部积分公式**. 公式表明原函数已经积出的部分可以先代入上下限.

例 7 计算 $\int_1^2 \ln x\mathrm{d}x$.

解 $\int_1^2 \ln x\mathrm{d}x = [x\ln x]_1^2 - \int_1^2 x\mathrm{d}\ln x = 2\ln 2 - \int_1^2 \mathrm{d}x = 2\ln 2 - 1$.

例 8 计算 $\int_0^{\frac{\pi}{2}} x\cos x\mathrm{d}x$.

解 $\int_0^{\frac{\pi}{2}} x\cos x\mathrm{d}x = \int_0^{\frac{\pi}{2}} x\mathrm{d}\sin x = \left[x\sin x\right]_0^{\frac{\pi}{2}} - \int_0^{\frac{\pi}{2}} \sin x\mathrm{d}x = \frac{\pi}{2} + \left[\cos x\right]_0^{\frac{\pi}{2}} = \frac{\pi}{2} - 1$.

利用介绍的定积分计算方法是否可以计算每一个定积分？非常遗憾，不能做到这一点，例如，无法计算出定积分 $\int_0^1 \mathrm{e}^{x^2}\mathrm{d}x$ 的精确值. 原因是被积函数 e^{x^2} 的原函数不是初等函数，所以当被积函数 $f(x)$ 在 $[a,b]$ 上的原函数不是初等函数时，无法使用介绍的方法计算出定积分的精确值.

习题 5-4

1. 计算下列定积分：

(1) $\int_1^2 (x-2)^3\mathrm{d}x$；　(2) $\int_{-2}^0 \frac{1}{(11+5x)^3}\mathrm{d}x$；　(3) $\int_{\frac{\pi}{3}}^{\pi} \sin\left(x+\frac{\pi}{3}\right)\mathrm{d}x$；

(4) $\int_0^{\frac{\pi}{2}} \sin^2\varphi\cos\varphi \mathrm{d}\varphi$; (5) $\int_0^{\frac{\pi}{2}} \frac{\cos x}{1+\sin^2 x}\mathrm{d}x$; (6) $\int_1^2 \frac{1}{x}\ln^2 x\mathrm{d}x$;

(7) $\int_0^2 \frac{\ln(1+x)}{1+x}\mathrm{d}x$; (8) $\int_0^1 \mathrm{e}^x(1+\mathrm{e}^x)^2\mathrm{d}x$; (9) $\int_{-1}^1 \frac{\mathrm{e}^x}{1+\mathrm{e}^x}\mathrm{d}x$;

(10) $\int_{-1}^1 \frac{x}{1+x^2}\mathrm{d}x$; (11) $\int_0^{\sqrt{\pi}} x\cos x^2\mathrm{d}x$; (12) $\int_0^1 t\mathrm{e}^{-\frac{t^2}{2}}\mathrm{d}t$;

(13) $\int_1^3 x^2\mathrm{e}^{x^3}\mathrm{d}x$; (14) $\int_1^{\mathrm{e}} \frac{1+\ln x}{x}\mathrm{d}x$; (15) $\int_0^5 \frac{x^3}{1+x^2}\mathrm{d}x$;

(16) $\int_{-\frac{\pi}{2}}^{\frac{\pi}{2}} \sqrt{\cos x-\cos^3 x}\mathrm{d}x$; (17) $\int_0^1 \frac{1}{1+\sqrt{x}}\mathrm{d}x$; (18) $\int_0^1 \frac{\sqrt{x}}{2-\sqrt{x}}\mathrm{d}x$;

(19) $\int_0^4 \mathrm{e}^{\sqrt{x}}\mathrm{d}x$; (20) $\int_{-1}^1 \frac{x}{\sqrt{5-4x}}\mathrm{d}x$; (21) $\int_0^8 \frac{1}{1+\sqrt[3]{x}}\mathrm{d}x$.

2. 计算下列定积分:

(1) $\int_0^1 x\mathrm{e}^x\mathrm{d}x$; (2) $\int_0^{\frac{\pi}{2}} x\cos 2x\mathrm{d}x$; (3) $\int_0^1 x\arctan x\mathrm{d}x$;

(4) $\int_0^{\mathrm{e}-1} \ln(x+1)\mathrm{d}x$; (5) $\int_0^{\mathrm{e}-1} x\ln(x+1)\mathrm{d}x$; (6) $\int_0^{\frac{\pi}{2}} \arctan 2x\mathrm{d}x$;

(7) $\int_0^{\frac{\pi}{2}} \mathrm{e}^x\sin x\mathrm{d}x$; (8) $\int_{\frac{1}{\mathrm{e}}}^{\mathrm{e}} |\ln x|\mathrm{d}x$; (9) $\int_0^{\frac{\pi}{2}} \cos^5 x\mathrm{d}x$;

(10) $\int_0^{\frac{\pi}{2}} \sin^4 x\mathrm{d}x$.

3. 证明:$\int_0^1 x^m(1-x)^n\mathrm{d}x=\int_0^1 x^n(1-x)^m\mathrm{d}x$.

4. 求解下列问题:

(1) 设 $f(x)=\int_1^{x^2} \frac{\sin t}{t}\mathrm{d}t$,求$\int_0^1 x\cdot f(x)\mathrm{d}x$;

(2) 设函数 $f(x)$ 在$[0,2]$上有连续的导数,$f(0)=1$,$\int_0^2 f(x)\mathrm{d}x=3$,计算

$$\int_0^2 (x-2)f'(x)\mathrm{d}x.$$

第五节 广义积分

【课前导读】

定积分$\int_a^b f(x)\mathrm{d}x$对被积函数和积分区间都有要求:

(1)积分区间$[a,b]$是有限区间;

(2)被积函数 $f(x)$在$[a,b]$上是有界的,一般还要求是连续的.

在实际问题中,常常遇到积分区间为无穷区间,或者被积函数为无界函数的积分,例如,将火箭发射到远离地球的太空中,要计算克服地心引力所做的功,积分区间采用无穷区间.无穷区间的积分和无界函数的积分是定积分的两种推广,都称为广义积分.

一、无穷限的广义积分

引例 由曲线 $y=\dfrac{1}{x^2}$,直线 $x=1$ 和 x 轴围成的开口曲边梯形的面积 A,如图 5-5-1 所示阴影区域.

解 先计算曲线 $y=\dfrac{1}{x^2}$ 和直线 $x=1,x=t$ 及 x 轴围成的曲边梯形的面积 $A_t=\int_1^t \dfrac{1}{x^2}\mathrm{d}x$,再令 $x=t$ 趋向正无穷大,便得开口曲边梯形的面积 A,即

$$A=\lim_{t\to+\infty}A_t=\lim_{t\to+\infty}\int_1^t \frac{1}{x^2}\mathrm{d}x.$$

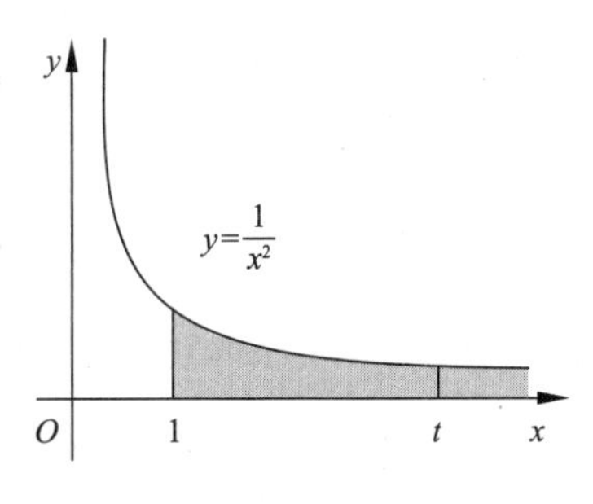

图 5-5-1

这种变上限积分求极限的算式,称为无穷限的广义积分(也称为反常积分).下面给出三种无限区间上的广义积分及其敛散性的定义.

定义 1 设函数 $f(x)$ 在区间 $[a,+\infty)$ 内连续,任取 $t>a$,算式

$$\lim_{t\to+\infty}\int_a^t f(x)\mathrm{d}x \tag{5.5.1}$$

称为**函数 $f(x)$ 在无穷区间 $[a,+\infty)$ 内的广义积分**,记作 $\int_a^{+\infty}f(x)\mathrm{d}x$,即

$$\int_a^{+\infty}f(x)\mathrm{d}x=\lim_{t\to+\infty}\int_a^t f(x)\mathrm{d}x.$$

根据式(5.5.1)的极限是否存在,引入广义积分 $\int_a^{+\infty}f(x)\mathrm{d}x$ 敛散性的定义.

定义 2 设函数 $f(x)$ 在区间 $[a,+\infty)$ 内连续,若式(5.5.1)的极限存在,则称**广义积分 $\int_a^{+\infty}f(x)\mathrm{d}x$ 收敛**,极限值称为**该广义积分的值**;若式(5.5.1)的极限不存在,则称**广义积分 $\int_a^{+\infty}f(x)\mathrm{d}x$ 发散.**

类似地,设函数 $f(x)$ 在区间 $(-\infty,b]$ 上连续,任取 $t<b$,算式

$$\lim_{t\to-\infty}\int_t^b f(x)\mathrm{d}x \tag{5.5.2}$$

称为**函数 $f(x)$ 在无穷区间 $(-\infty,b]$ 上的广义积分**,记作 $\int_{-\infty}^b f(x)\mathrm{d}x$,即

$$\int_{-\infty}^b f(x)\mathrm{d}x=\lim_{t\to-\infty}\int_t^b f(x)\mathrm{d}x.$$

根据式(5.5.2)的极限是否存在,定义广义积分 $\int_{-\infty}^b f(x)\mathrm{d}x$ 的敛散性,读者可以仿照定义 2 给出.

定义 3 设函数 $f(x)$ 在区间 $(-\infty,+\infty)$ 内连续,广义积分 $\int_{-\infty}^0 f(x)\mathrm{d}x$ 与 $\int_0^{+\infty}f(x)\mathrm{d}x$ 之和,称为函数 $f(x)$ 在无穷区间 $(-\infty,+\infty)$ 内的广义积分,记作 $\int_{-\infty}^{+\infty}f(x)\mathrm{d}x$,即

$$\int_{-\infty}^{+\infty} f(x)\mathrm{d}x = \int_{-\infty}^{0} f(x)\mathrm{d}x + \int_{0}^{+\infty} f(x)\mathrm{d}x.$$

定义 4 设函数 $f(x)$ 在区间 $(-\infty,+\infty)$ 内连续,广义积分 $\int_{-\infty}^{0} f(x)\mathrm{d}x$ 与 $\int_{0}^{+\infty} f(x)\mathrm{d}x$ 均收敛,称**广义积分** $\int_{-\infty}^{+\infty} f(x)\mathrm{d}x$ **收敛**,称这两个广义积分的值之和为广义积分 $\int_{-\infty}^{+\infty} f(x)\mathrm{d}x$ 的值;否则,称**广义积分** $\int_{-\infty}^{+\infty} f(x)\mathrm{d}x$ **发散**.

上述广义积分统称为**无穷限的广义积分**.

由广义积分的定义知,广义积分的几何意义是:若 $f(x)$ 在积分区间 $[a,+\infty)$ 内非负,则 $\int_{a}^{+\infty} f(x)\mathrm{d}x$ 表示由 $x=a$,x 轴,曲线 $y=f(x)$ 围成的开口的曲边梯形的面积(图 5-5-2).

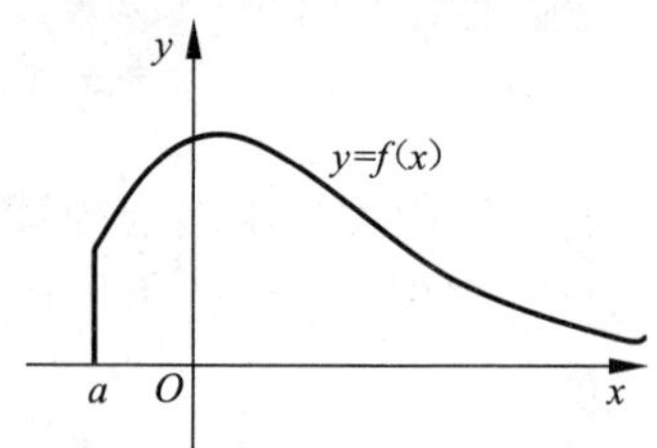

图 5-5-2

同样,也可以得到广义积分 $\int_{-\infty}^{b} f(x)\mathrm{d}x$,$\int_{-\infty}^{+\infty} f(x)\mathrm{d}x$ 的几何意义.

关于无穷限广义积分的计算,由上述定义及**牛顿—莱布尼茨公式**,可得下面结果.

情形 1 在 $[a,+\infty)$ 内,若 $F'(x)=f(x)$,则 $\int_{a}^{+\infty} f(x)\mathrm{d}x = [F(x)]_{a}^{+\infty}$.

① 若 $\lim\limits_{x\to+\infty} F(x)$ 存在,则 $\int_{a}^{+\infty} f(x)\mathrm{d}x = [F(x)]_{a}^{+\infty} = \lim\limits_{x\to+\infty} F(x) - F(a)$;

记 $F(+\infty)=\lim\limits_{x\to+\infty} F(x)$,则上式可写为

$$\int_{a}^{+\infty} f(x)\mathrm{d}x = [F(x)]_{a}^{+\infty} = F(+\infty) - F(a);$$

②若 $\lim\limits_{x\to+\infty} F(x)$(或 $F(+\infty)$)不存在,则广义积分 $\int_{a}^{+\infty} f(x)\mathrm{d}x$ 发散.

类似地,可得其他两种无穷区间上广义积分的牛顿—莱布尼茨公式.

情形 2 在 $(-\infty,b]$ 上,若 $F'(x)=f(x)$,则 $\int_{-\infty}^{b} f(x)\mathrm{d}x = [F(x)]_{-\infty}^{b}$.

① 若 $F(-\infty)$ 存在,则 $\int_{-\infty}^{b} f(x)\mathrm{d}x = [F(x)]_{-\infty}^{b} = F(b) - F(-\infty)$;

② 若 $F(-\infty)$ 不存在,则广义积分 $\int_{-\infty}^{b} f(x)\mathrm{d}x$ 发散.

情形 3 若在 $(-\infty,+\infty]$ 上 $F'(x)=f(x)$,则 $\int_{-\infty}^{+\infty} f(x)\mathrm{d}x = [F(x)]_{-\infty}^{+\infty}$.

① 若 $F(-\infty)$ 与 $F(+\infty)$ 都存在,则 $\int_{-\infty}^{+\infty} f(x)\mathrm{d}x = [F(x)]_{-\infty}^{+\infty} = F(+\infty) - F(-\infty)$;

② 若 $F(-\infty)$ 与 $F(+\infty)$ 有一个不存在,则广义积分 $\int_{-\infty}^{+\infty} f(x)\mathrm{d}x$ 发散.

例 1 计算广义积分 $\int_{-\infty}^{+\infty} \frac{1}{1+x^2}\mathrm{d}x$.

解 $\int_{-\infty}^{+\infty} \frac{1}{1+x^2}\mathrm{d}x = \arctan x \Big|_{-\infty}^{+\infty} = \lim\limits_{x\to+\infty} \arctan x - \lim\limits_{x\to-\infty} \arctan x = \frac{\pi}{2} - \left(-\frac{\pi}{2}\right) = \pi.$

例 2 计算广义积分$\int_{-\infty}^{+\infty}\frac{x\mathrm{d}x}{1+x^2}$.

解 $$\int_{-\infty}^{+\infty}\frac{x\mathrm{d}x}{1+x^2}=\frac{1}{2}\int_{-\infty}^{+\infty}\frac{1}{1+x^2}\mathrm{d}(1+x^2)=\frac{1}{2}\ln(1+x^2)\Big|_{-\infty}^{+\infty},$$

因为$\lim\limits_{x\to+\infty}\frac{1}{2}\ln(1+x^2)$不存在,所以广义积分$\int_{-\infty}^{+\infty}\frac{x\mathrm{d}x}{1+x^2}$发散.

注:本题如果利用定积分中"奇函数在对称区间上积分为 0"的结论,则得$\int_{-\infty}^{+\infty}\frac{x\mathrm{d}x}{1+x^2}=0$,显然不对,可见只有在收敛条件下才能使用这个结论,否则会出现错误.

例 3 计算广义积分$\int_{0}^{+\infty}x\mathrm{e}^{-2x}\mathrm{d}x$.

解 $$\begin{aligned}\int_{0}^{+\infty}x\mathrm{e}^{-2x}\mathrm{d}x&=\left[\int x\mathrm{e}^{-2x}\mathrm{d}x\right]_0^{+\infty}=\left[-\frac{1}{2}\int x\mathrm{d}\mathrm{e}^{-2x}\right]_0^{+\infty}=\left[-\frac{1}{2}x\mathrm{e}^{-2x}+\frac{1}{2}\int\mathrm{e}^{-2x}\mathrm{d}x\right]_0^{+\infty}\\&=\left[-\frac{1}{2}x\mathrm{e}^{-2x}\right]_0^{+\infty}-\left[\frac{1}{4}\mathrm{e}^{-2x}\right]_0^{+\infty}=\lim_{x\to+\infty}-\frac{1}{2}x\mathrm{e}^{-2x}-0-\lim_{x\to+\infty}\frac{1}{4}\mathrm{e}^{-2x}+\frac{1}{4}\\&=\lim_{x\to+\infty}-\frac{1}{2}\frac{x}{\mathrm{e}^{2x}}+\frac{1}{4}=\frac{1}{4}.\end{aligned}$$

二、无界函数的广义积分

$\int_0^1\frac{1}{\sqrt{x}}\mathrm{d}x$中的被积函数$\frac{1}{\sqrt{x}}$在区间$(0,1]$上连续,在下限$x=0$的右邻域内无界,像这样的积分称为无界函数的广义积分,点$x=0$称为函数$\frac{1}{\sqrt{x}}$的瑕点(或无界间断点).

若函数$f(x)$在点a的任一邻域内都无界,则称点a为函数$f(x)$的**瑕点**(**或无界间断点**).

定义 5 设函数$f(x)$在区间$(a,b]$上连续,点a为$f(x)$的瑕点,任取$t>a$,算式
$$\lim_{t\to a^+}\int_t^b f(x)\mathrm{d}x \tag{5.5.3}$$
称为**函数$f(x)$在区间$(a,b]$上的广义积分**,记作$\int_a^b f(x)\mathrm{d}x$,即
$$\int_a^b f(x)\mathrm{d}x=\lim_{t\to a^+}\int_t^b f(x)\mathrm{d}x.$$

根据式(5.5.3)的极限是否存在,定义广义积分$\int_a^b f(x)\mathrm{d}x$的敛散性,读者可以仿照定义 2 给出.

类似地,下面给处其他两种瑕点情形下的广义积分.

(1) 若点b为函数$f(x)$的瑕点,任取$t<b$,则$f(x)$在区间$[a,b)$内的广义积分
$$\int_a^b f(x)\mathrm{d}x=\lim_{t\to b^-}\int_a^t f(x)\mathrm{d}x,$$
其敛散性,读者可以仿照定义 2 给出.

(2) 若点c为函数$f(x)$的瑕点,且$a<c<b$,则$f(x)$在区间$[a,b]$上的广义积分
$$\int_a^b f(x)\mathrm{d}x=\int_a^c f(x)\mathrm{d}x+\int_c^b f(x)\mathrm{d}x,$$
其中,$\int_a^c f(x)\mathrm{d}x$和$\int_c^b f(x)\mathrm{d}x$均为广义积分,其敛散性,读者可以仿照定义 4 给出.

若函数 $f(x)$ 在 $(a,b]$ 上非负，广义积分 $\int_a^b f(x)\mathrm{d}x = \lim\limits_{t\to a^+}\int_t^b f(x)\mathrm{d}x$ 表示由 $x=a$，$x=b$，x 轴及曲线 $y=f(x)$ 围成的开口的曲边梯形的面积(图 5-5-3).

假设无界函数的广义积分收敛，计算广义积分也可依据牛顿—莱布尼茨公式.

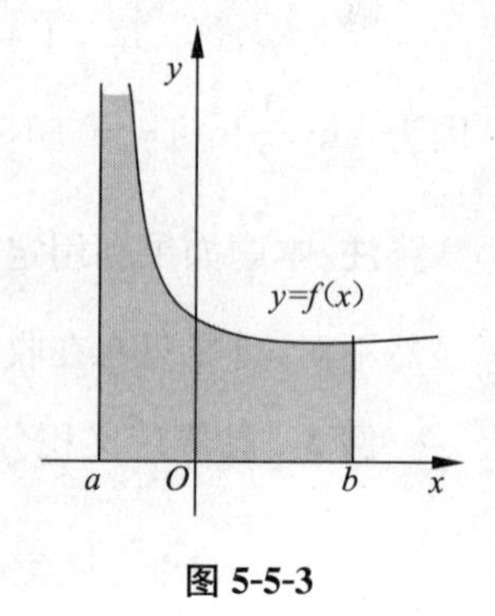

图 5-5-3

在 $(a,b]$ 上，若 $F'(x)=f(x)$，点 a 为 $f(x)$ 的瑕点，则

$$\int_a^b f(x)\mathrm{d}x = [F(x)]_a^b = F(b)-F(a^+),$$

其中，$F(a^+)=\lim\limits_{x\to a^+}F(x)$；

在 $[a,b)$ 内，若 $F'(x)=f(x)$，点 b 为 $f(x)$ 的瑕点，则

$$\int_a^b f(x)\mathrm{d}x = [F(x)]_a^b = F(b^-)-F(a),$$

其中，$F(b^-)=\lim\limits_{x\to b^-}F(x)$.

注：若被积函数在积分区间上仅存在有限个第一类间断点，则积分是常义积分，而不是广义积分.

例如 $\int_{-1}^1 \frac{x^2-1}{x-1}\mathrm{d}x = \int_{-1}^1 (x+1)\mathrm{d}x$ 是常义积分，而不是广义积分.

例 4 计算广义积分 $\int_0^1 \frac{1}{\sqrt{x}}\mathrm{d}x$.

解 因为被积函数 $f(x)=\frac{1}{\sqrt{x}}$ 在积分区间 $[0,1]$ 上，除 $x=0$ 外连续，且 $\lim\limits_{x\to 0^+}\frac{1}{\sqrt{x}}=+\infty$，所以 $x=0$ 为瑕点，则 $\int_0^1 \frac{1}{\sqrt{x}}\mathrm{d}x = [2\sqrt{x}]_0^1 = 2-\lim\limits_{x\to 0^+}2\sqrt{x} = 2$.

例 5 计算广义积分 $\int_{-1}^1 \frac{1}{x^2}\mathrm{d}x$.

解 因为 $f(x)=\frac{1}{x^2}$ 在 $[-1,1]$ 上除 $x=0$ 点外连续，且 $\lim\limits_{x\to 0}\frac{1}{x^2}=+\infty$，所以 $x=0$ 是瑕点. 于是

$$\begin{aligned}\int_{-1}^1 \frac{1}{x^2}\mathrm{d}x &= \int_{-1}^0 \frac{1}{x^2}\mathrm{d}x + \int_0^1 \frac{1}{x^2}\mathrm{d}x = \left[-\frac{1}{x}\right]_{-1}^0 + \left[-\frac{1}{x}\right]_0^1 \\ &= \lim_{x\to 0^-}\left(-\frac{1}{x}\right)-1+(-1)-\lim_{x\to 0^+}\left(-\frac{1}{x}\right).\end{aligned}$$

由于 $\lim\limits_{x\to 0^-}\left(-\frac{1}{x}\right)$ 不存在，因此广义积分 $\int_{-1}^1 \frac{1}{x^2}\mathrm{d}x$ 发散.

若没注意到这是瑕积分，而按定积分计算

$$\int_{-1}^1 \frac{1}{x^2}\mathrm{d}x = \left[-\frac{1}{x}\right]_{-1}^1 = -1+(-1) = -2.$$

显然不对. 在计算时，必须特别注意是否为瑕积分，否则容易算错.

注：有时通过换元，广义积分和常义积分可以互相转化.

例 6 计算广义积分 $\int_1^5 \frac{x}{\sqrt{x-1}}\mathrm{d}x$.

解 $x=1$ 为瑕点，令 $t=\sqrt{x-1}$，则 $x=t^2+1$，$\mathrm{d}x=2t\mathrm{d}t$，当 $x=1$ 时，$t=0$；当 $x=5$ 时，$t=2$. 于是

$$\int_1^5 \frac{x}{\sqrt{x-1}}\mathrm{d}x = \int_0^2 \frac{t^2+1}{t}\cdot 2t\mathrm{d}t = 2\int_0^2 (t^2+1)\mathrm{d}t = 2\left[\frac{t^3}{3}+t\right]_0^2 = \frac{28}{3}.$$

习题 5-5

1. 选择题.

(1) 下列积分中不属于广义积分的是(　　).

A. $\int_0^{+\infty}\ln(1+x)\mathrm{d}x$　　B. $\int_2^4 \frac{\mathrm{d}x}{x^2-1}$　　C. $\int_{-1}^1 \frac{1}{x^2}\mathrm{d}x$;　　D. $\int_{-3}^0 \frac{1}{1+x}\mathrm{d}x$

(2) $I=\int_0^{+\infty} \mathrm{e}^{-ax}\mathrm{d}x(a>0)$，则 $I=$(　　).

A. 0　　B. $\frac{1}{a}$　　C. 发散　　D. $-\frac{1}{a}$

(3) 下列广义积分中发散的是(　　).

A. $\int_1^{+\infty}\frac{1}{x^2}\mathrm{d}x$　　B. $\int_{-\infty}^0 \mathrm{e}^x\mathrm{d}x$　　C. $\int_{-\infty}^{+\infty}\sin x\mathrm{d}x$　　D. $\int_{\mathrm{e}}^{+\infty}\frac{1}{x\ln^2 x}\mathrm{d}x$

2. 判断下列广义积分的敛散性，如果收敛，计算广义积分的值：

(1) $\int_1^{+\infty}\frac{1}{x^3}\mathrm{d}x$;　　(2) $\int_1^{+\infty}\frac{1}{\sqrt{x}}\mathrm{d}x$;　　(3) $\int_{-\infty}^0 \mathrm{e}^{2x}\mathrm{d}x$;

(4) $\int_0^{+\infty}\mathrm{e}^{-x}\mathrm{d}x$;　　(5) $\int_0^{+\infty}x\mathrm{e}^{-x^2}\mathrm{d}x$;　　(6) $\int_{\mathrm{e}}^{+\infty}\frac{1}{x\ln x}\mathrm{d}x$;

(7) $\int_0^{+\infty}\frac{\mathrm{e}^x}{1+\mathrm{e}^{2x}}\mathrm{d}x$;　　(8) $\int_{-\infty}^{+\infty}\sin x\mathrm{d}x$;　　(9) $\int_{-1}^3 \frac{x}{\sqrt{1+x}}\mathrm{d}x$;

(10) $\int_0^2 \frac{1}{(2-x)^2}\mathrm{d}x$;　　(11) $\int_{-1}^1 \frac{1}{\sqrt{1-x^2}}\mathrm{d}x$;　　(12) $\int_0^1 \frac{1}{\sqrt{1-x}}\mathrm{d}x$.

第六节　定积分的几何应用

【课前导读】

定积分是求某种总量的数学模型，它在几何学、物理学、经济学、社会学等方面都有着广泛的应用. 在学习过程中，不仅要掌握计算某些实际问题的公式，更重要的还在于深刻领会用定积分解决实际问题的基本思路和方法——微元法.

一、定积分的微元法

定积分解决实际问题的基本思想和方法是**微元法**，即将所求量U(总量)表示为定积分的方法. 这个方法的主要步骤如下：

(1) **由分割写出微元.** 根据具体问题，选择一个积分变量，例如 x 为积分变量，并确定其变化区间$[a,b]$，任取$[a,b]$的一个区间微元$[x,x+\mathrm{d}x]$，求出对应这个区间微元的分量 ΔU 的近似值，即得所求总量 U 的**微元** $\mathrm{d}U=f(x)\mathrm{d}x$(图 5-6-1).

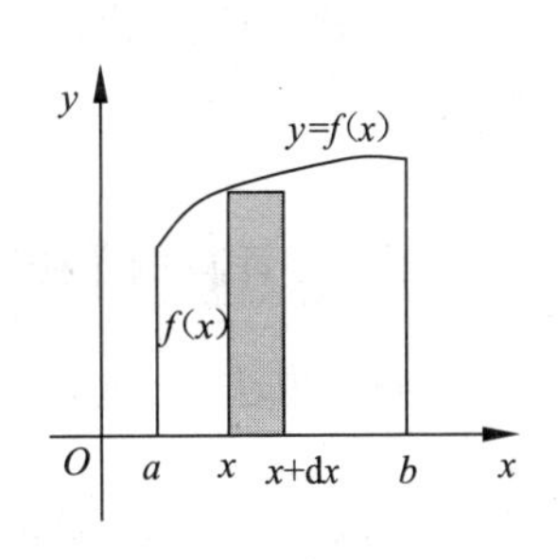

图 5-6-1

(2) **由微元写出积分.** 根据 $\mathrm{d}U=f(x)\mathrm{d}x$，写出表示总量 U 的定积分 $U=\int_a^b f(x)\mathrm{d}x$.

下面运用微元法解决一些几何问题，如求平面图形的面积，某些立体的体积，曲线的弧长等.

二、求平面图形的面积

1. 直角坐标情形

根据定积分的几何意义，如图 5-6-2 所示，在区间$[a,b]$上 $f(x)$是非负的，阴影部分的面积 A 可用定积分表示为

$$A=\int_a^b f(x)\mathrm{d}x. \tag{5.6.1}$$

如图 5-6-3 所示，在区间$[a,b]$上 $f(x)$不是非负的，阴影部分的面积 A 可用定积分表示为

$$A=-\int_a^b f(x)\mathrm{d}x=\int_a^b[-f(x)]\mathrm{d}x=\int_a^b|f(x)|\mathrm{d}x. \tag{5.6.2}$$

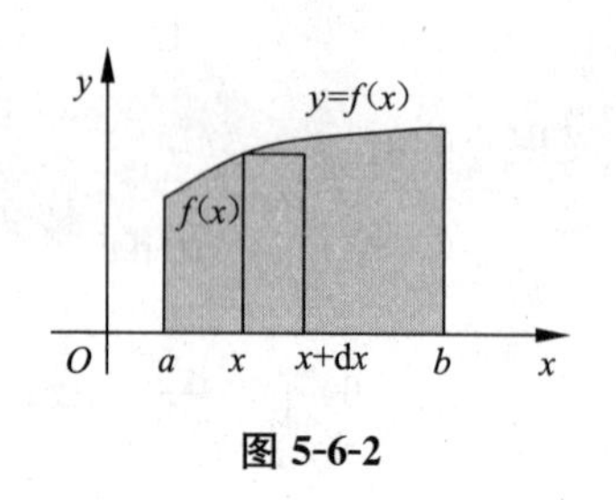

图 5-6-2

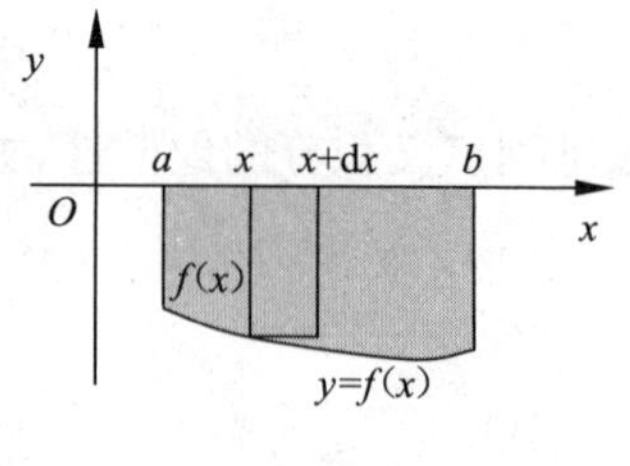

图 5-6-3

应用定积分微元法，不但可以计算曲边梯形的面积，还可以计算一些复杂图形的面积. 一般的，图 5-6-4(a)、图 5-6-4(b)所示，由两条曲线 $y=f(x)$，$y=g(x)$与直线 $x=a$，$x=b$ 围成的图形的面积为

$$A=\int_a^b|f(x)-g(x)|\mathrm{d}x. \tag{5.6.3}$$

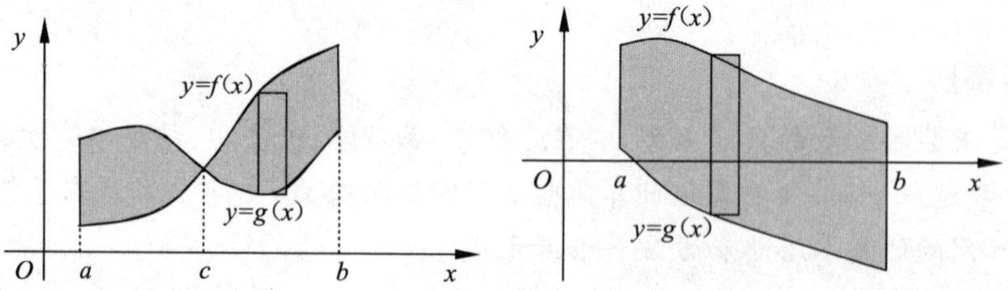

(a)　　(b)

图 5-6-4

例 1　计算两条抛物线 $y^2=8x$，$y=x^2$ 所围成的图形的面积.

解　方法一　选 x 为积分变量. 先求两曲线交点，为此解方程$\begin{cases}y^2=8x,\\y=x^2,\end{cases}$可得两个交点$(0,0)$，$(2,4)$，故 $x\in[0,2]$. 任取区间$[x,x+\mathrm{d}x]$，则相应的长条的面积可以用宽为 $\mathrm{d}x$，高为 $\sqrt{8x}-x^2$ 的矩形的面积(图 5-6-5(a))来近似代替，即面积元素 $\mathrm{d}A=(\sqrt{8x}-x^2)\mathrm{d}x$，所求面积为

$$A=\int_0^2(\sqrt{8x}-x^2)\mathrm{d}x=\left[\sqrt{8}\cdot\frac{2}{3}x^{\frac{3}{2}}-\frac{1}{3}x^3\right]_0^2=\frac{8}{3}.$$

方法二　若选 y 为积分变量，$y\in[0,4]$. 任取区间 $[y, y+\mathrm{d}y]$，则面积元素为 $\mathrm{d}A=\left(\sqrt{y}-\frac{1}{8}y^2\right)\mathrm{d}y$(图 5-6-5(b))，因此

$$A=\int_0^4\left(\sqrt{y}-\frac{1}{8}y^2\right)\mathrm{d}y=\left[\frac{2}{3}y^{\frac{3}{2}}-\frac{1}{8}\times\frac{1}{3}y^3\right]_0^4=\frac{8}{3}.$$

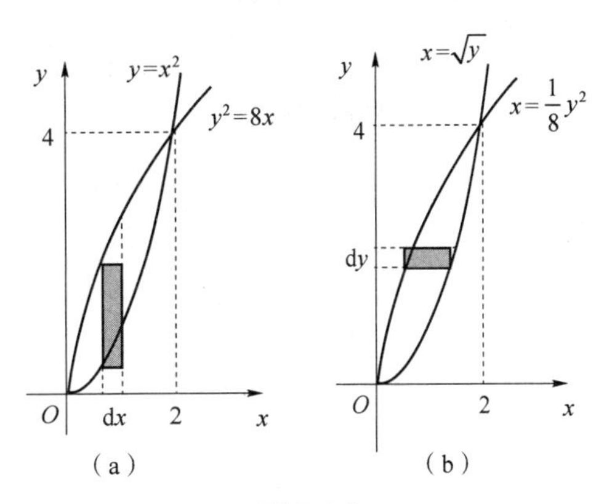

图 5-6-5

例 2　计算抛物线 $y^2=x$ 与直线 $y=x-2$ 所围图形的面积.

解　方法 1　画出图形(图 5-6-6(a))，求出抛物线 $y^2=x$ 与直线 $y=x-2$ 的交点，得到 $(1,-1)$，$(4,2)$. 若以 x 为积分变量，则 $x\in[0,4]$. 任取区间 $[x,x+\mathrm{d}x]$(图 5-6-6(b))，则当 $x\in[0,1]$时，面积元素为 $\mathrm{d}A=[\sqrt{x}-(-\sqrt{x})]\mathrm{d}x=2\sqrt{x}\,\mathrm{d}x$，当 $x\in[1,4]$时，面积元素为 $\mathrm{d}A=[\sqrt{x}-(x-2)]\mathrm{d}x$，因此，所求图形面积为

$$A=\int_0^1 2\sqrt{x}\,\mathrm{d}x+\int_1^4(\sqrt{x}-x+2)\mathrm{d}x=\left[\frac{4}{3}x^{\frac{3}{2}}\right]_0^1+\left[\frac{2}{3}x^{\frac{3}{2}}-\frac{1}{2}x^2+2x\right]_1^4=\frac{9}{2}.$$

方法 2　若以 y 为积分变量，则 $y\in[-1,2]$. 任取区间 $[y,y+\mathrm{d}y]$(图 5-6-6(c))，则面积元素为 $\mathrm{d}A=[(y+2)-y^2]\mathrm{d}y$，因此，所求图形面积为

$$A=\int_{-1}^2[(y+2)-y^2]\mathrm{d}y=\left[\frac{1}{2}y^2+2y-\frac{1}{3}y^3\right]_{-1}^2=\frac{9}{2}.$$

比较以上两种方法可以看出，选择不同的积分变量会影响计算的复杂程度.

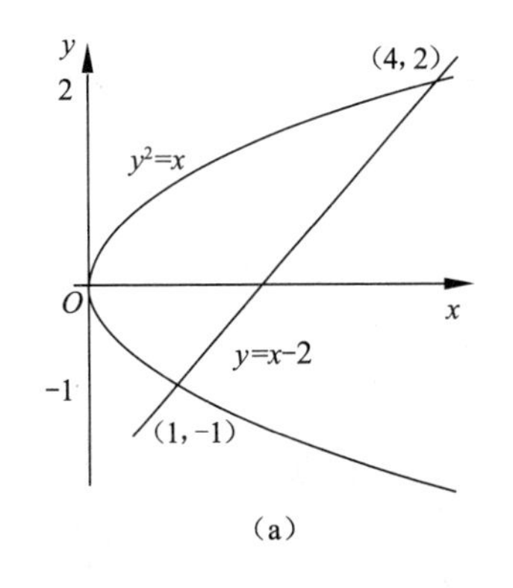

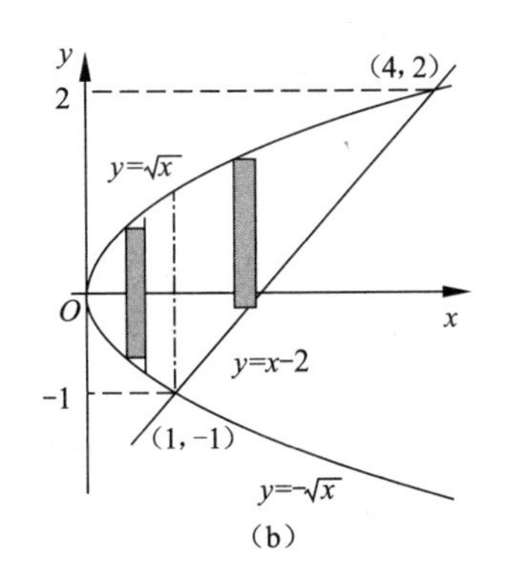

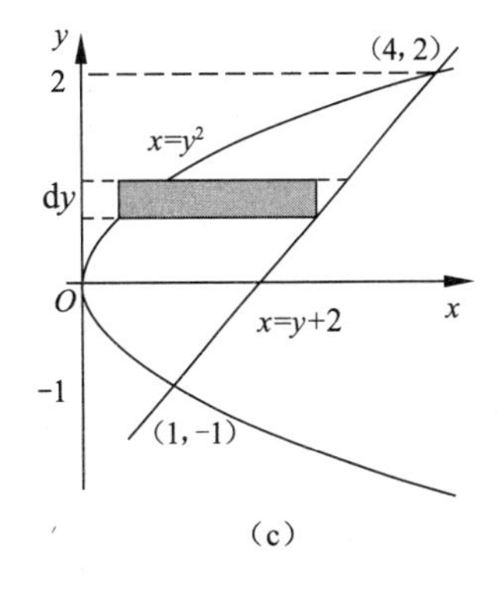

图 5-6-6

例 3　求椭圆 $\frac{x^2}{a^2}+\frac{y^2}{b^2}=1$ 所围图形的面积.

解　由于椭圆关于两个坐标轴对称(图 5-6-7)，因而椭圆的面积为

$$A=4A_1,$$

其中，A_1 是椭圆在第一象限部分与两坐标轴所围图形面积.

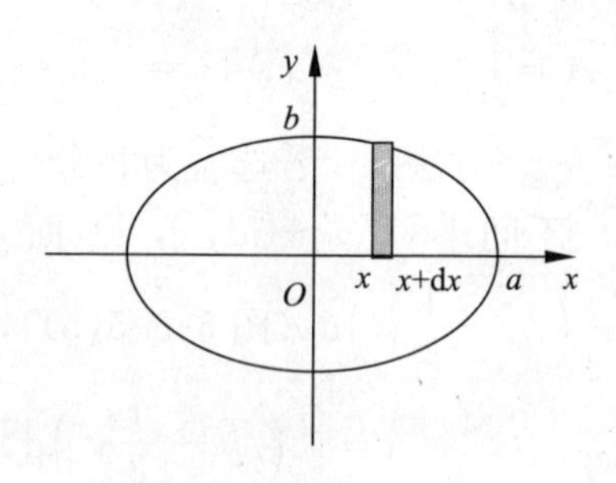

图 5-6-7

选 x 为积分变量，当 $x\in[0,a]$时，第一卦限面积微元为 $\mathrm{d}A=y\mathrm{d}x$，所以椭圆面积为

$$A=4A_1=4\int_0^a y\mathrm{d}x.$$

椭圆在第一象限部分的参数方程为

$$\begin{cases}x=a\cos t,\\ y=b\sin t.\end{cases}\quad\left(0\leqslant t\leqslant\frac{\pi}{2}\right)$$

当 $x=0$ 时 $t=\frac{\pi}{2}$，当 $x=a$ 时 $t=0$，则椭圆面积为

$$A=4\int_{\frac{\pi}{2}}^{0}b\sin t(-a\sin t)\mathrm{d}t=4ab\int_0^{\frac{\pi}{2}}\sin^2 t\,\mathrm{d}t,$$

故由 Wallis 公式得

$$A=4ab\times\frac{1}{2}\times\frac{\pi}{2}=\pi ab.$$

2. 极坐标系的情形

设 $M(x,y)$为平面内一点. 点 M 也可用有序数组 r,θ 来表示，其中，r 为原点 O 到点 M 的距离，称为**极径**，θ 为 x 轴正半轴按逆时针方向转到线段 OM 的转角，称为**极角**(图 5-6-8). (r,θ)叫作**点 M 的极坐标**，在图 5-6-8 中，点 M 的**直角坐标与极坐标的关系**如下：

$$\begin{cases}x=r\cos\theta,\\ y=r\sin\theta;\end{cases}\quad\begin{cases}r=\sqrt{x^2+y^2},\\ \theta=\arctan\dfrac{y}{x}.\end{cases}$$

有些曲线方程用极坐标表示比较简单，例如圆 $x^2+y^2=a^2$ 的极坐标方程为 $r=a$. 圆$(x-a)^2+y^2=a^2$ 可写成 $x^2+y^2=2ax$，极坐标方程为 $r=2a\cos\theta$.

对于某些平面图形，用极坐标来计算它们的面积比较方便.

设 $\varphi(\theta)$在$[\alpha,\beta]$上连续，且 $\varphi(\theta)\geqslant0$，由曲线 $r=\varphi(\theta)$及射线 $\theta=\alpha,\theta=\beta$ 围成一图形(称为曲边扇形)，计算它的面积(图 5-6-9).

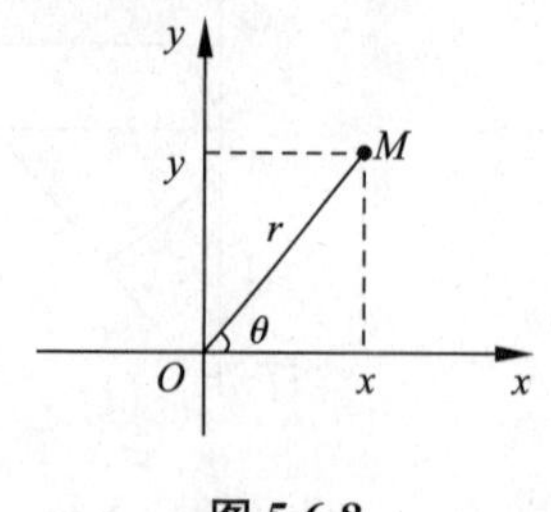

图 5-6-8

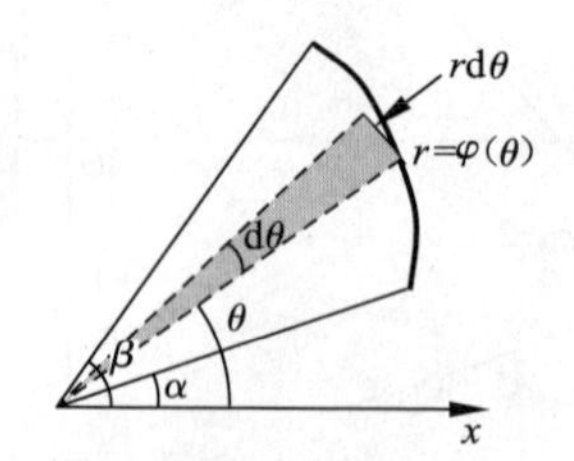

图 5-6-9

选极角 θ 为积分变量，它的变化区间为$[\alpha,\beta]$. 在$[\alpha,\beta]$上任取一小区间$[\theta,\theta+\mathrm{d}\theta]$，对应于该小区间的小曲边扇形面积可用半径为 $r=\varphi(\theta)$，中心角为 $\mathrm{d}\theta$ 的圆扇形面积近似代替，即得**极坐标系下的面积微元**

$$\Delta A\approx\mathrm{d}A=\frac{1}{2}r\mathrm{d}\theta\cdot r=\frac{1}{2}[\varphi(\theta)]^2\mathrm{d}\theta.$$

在区间$[\alpha,\beta]$上作定积分，便得所求曲边扇形面积为

$$A=\int_{\alpha}^{\beta}\frac{1}{2}[\varphi(\theta)]^2\mathrm{d}\theta. \tag{5.6.4}$$

例 4 计算阿基米德螺线

$$r=a\theta(a>0)$$

上 θ 从 0 变到 2π 的一段弧与极轴所围成的图形(图 5-6-10)的面积.

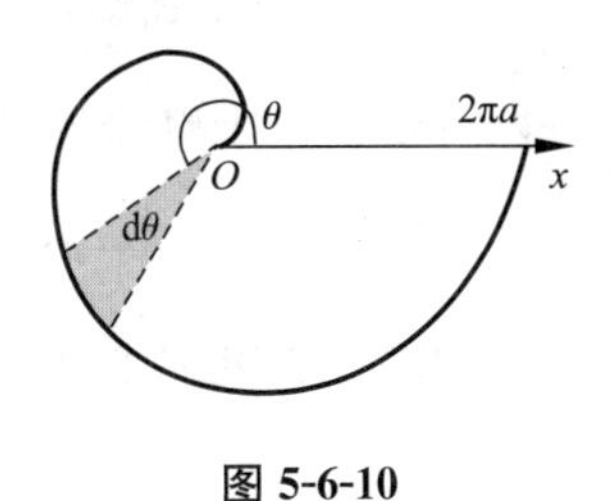

图 5-6-10

解 在这段曲线上,θ 的变化区间为$[0,2\pi]$. 该平面图形是由 $r=a\theta$,$\theta=0$,$\theta=2\pi$ 围成的曲边扇形. 在$[0,2\pi]$上任取一个小区间$[\theta,\theta+\mathrm{d}\theta]$,对应的小曲边扇形面积的近似值,即面积微元为

$$\mathrm{d}A=\frac{1}{2}(a\theta)^2\mathrm{d}\theta,$$

于是所求面积为

$$A=\int_0^{2\pi}\frac{1}{2}a^2\theta^2\mathrm{d}\theta=\frac{a^2}{2}\left[\frac{\theta^3}{3}\right]_0^{2\pi}=\frac{4}{3}a^2\pi^3.$$

三、求体积

1. 旋转体的体积

(1) 设 $y=f(x)$在区间$[a,b]$上连续,求由曲线 $y=f(x)$,$x=a$,$x=b$ 及 x 轴所围成的曲边梯形(图 5-6-11)绕 x 轴旋转一周所得的旋转体体积.

选 x 为积分变量,在$[a,b]$上任取一小区间$[x,x+\mathrm{d}x]$,该小区间的旋转体是$[x,x+\mathrm{d}x]$上的小曲边梯形绕 x 轴旋转一周所得的旋转体,该体积近似于以$[x,x+\mathrm{d}x]$为底,$f(x)$为高的矩形绕 x 轴旋转一周所得到的薄圆柱体的体积,故**体积微元**为 $\mathrm{d}V=\pi f^2(x)\mathrm{d}x$,因而,旋转体体积为

$$V=\int_a^b\pi f^2(x)\mathrm{d}x. \tag{5.6.5}$$

(2) 设 $x=g(y)$在区间$[c,d]$上连续,求由曲线 $x=g(y)$,$y=c$,$y=d$ 及 y 轴所围成的平面图形绕 y 轴旋转一周所得旋转体(图 5-6-12)体积.

选 y 为积分变量,类似于(1)的做法,可得**体积微元** $\mathrm{d}V=\pi g^2(y)\mathrm{d}y$,故

$$V=\int_c^d\pi g^2(y)\mathrm{d}y. \tag{5.6.6}$$

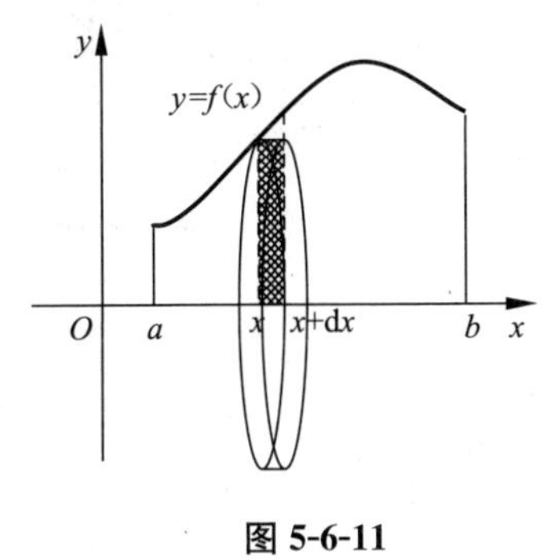

图 5-6-11

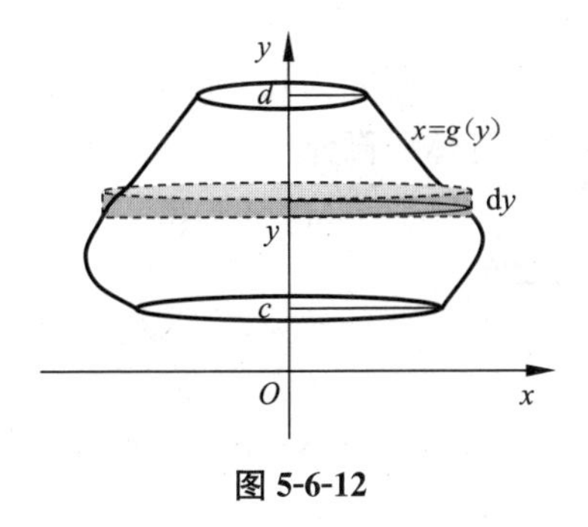

图 5-6-12

例 5 计算由椭圆$\frac{x^2}{a^2}+\frac{y^2}{b^2}=1(a,b>0)$围成的平面图形绕 x 轴旋转一周所得旋转体的体积.

解 由椭圆的对称性,旋转体可视为由上半椭圆 $y=\frac{b}{a}\sqrt{a^2-x^2}$ 绕 x 轴旋转一周所得的旋转体. 选 x 为积分变量, $x\in[-a,a]$. 体积微元(图 5-6-13)为

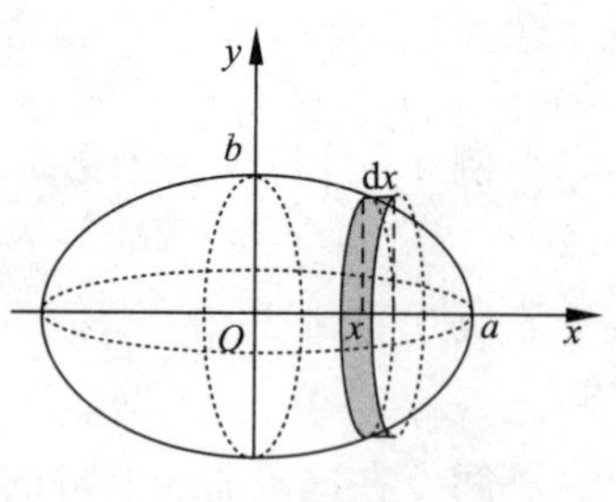

图 5-6-13

$$dV=\pi y^2\,dx=\pi\frac{b^2}{a^2}(a^2-x^2)\,dx,$$

故所求旋转体的体积为

$$V=\int_{-a}^{a}dV=\int_{-a}^{a}\pi\frac{b^2}{a^2}(a^2-x^2)\,dx$$

$$=2\pi\frac{b^2}{a^2}\int_0^a(a^2-x^2)\,dx=2\pi\frac{b^2}{a^2}\left(a^2x-\frac{x^3}{3}\right)\Big|_0^a=\frac{4}{3}\pi ab^2.$$

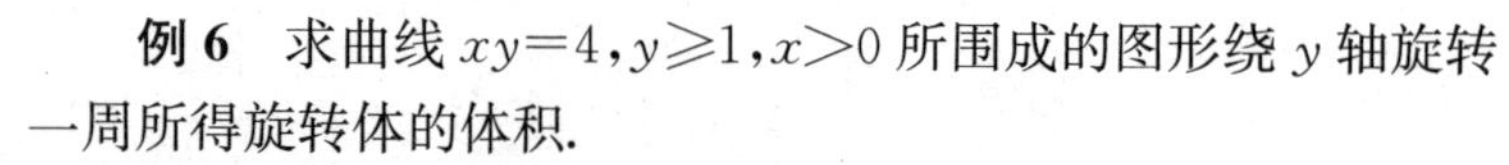

例 6 求曲线 $xy=4,y\geqslant1,x>0$ 所围成的图形绕 y 轴旋转一周所得旋转体的体积.

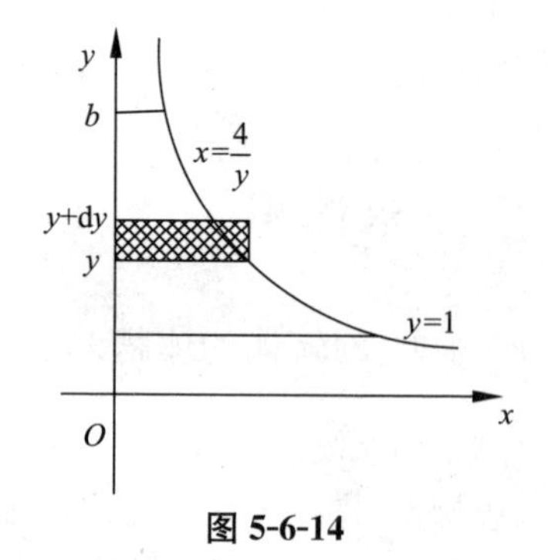

图 5-6-14

解 体积微元(图 5-6-14)为

$$dV=\pi x^2\,dy=\pi\frac{16}{y^2}\,dy,$$

故所求旋转体的体积

$$V=\int_1^{+\infty}dV=\lim_{b\to+\infty}\int_1^b\pi\frac{16}{y^2}\,dy$$

$$=16\pi\lim_{b\to+\infty}\int_1^b\frac{1}{y^2}\,dy$$

$$=16\pi\lim_{b\to+\infty}\left[-\frac{1}{y}\right]_1^b=16\pi.$$

(3) 设 $y=f(x)$ 在区间 $[a,b]$ 上连续,求由曲线 $y=f(x)$, $x=a$, $x=b$ 及 x 轴围成的曲边梯形绕 y 轴旋转一周所得的旋转体体积.

选 x 为积分变量,在 $[a,b]$ 上任取一小区间 $[x,x+dx]$,对应于该小区间的旋转体是 $[x,x+dx]$ 上的小曲边梯形绕 y 轴旋转一周所得的旋转体,该体积近似于以 $[x,x+dx]$ 为底, $f(x)$ 为高的小矩形绕 y 轴旋转一周所得到的圆桶(图 5-6-15)的体积,由于 dx 很小,因而该桶很薄,可看成厚度为 dx,长为 $2\pi x$,高为 $f(x)$ 的立方体卷成的,即**体积微元**

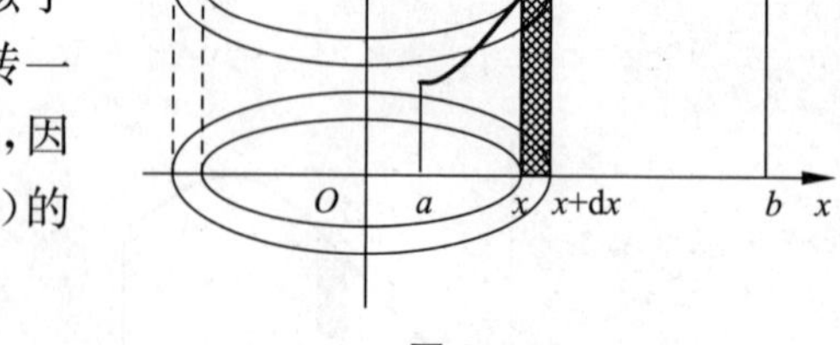

图 5-6-15

$$dV=2\pi xf(x)\,dx,$$

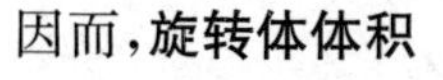

因而,**旋转体体积**

$$V=\int_a^b 2\pi xf(x)\,dx. \tag{5.6.7}$$

例 7 计算 $y=\sin x,y=0,0\leqslant x\leqslant\pi$ 围成的图形(图 5-6-16)绕下列轴线旋转一周所得立体的体积.

(1)绕 x 轴;(2)绕 y 轴.

解 (1) 设旋转一周所得旋转体的体积分别为 V_1 和 V_2. 由式(5.6.5)得

$$V_1=\int_0^{\pi}\pi\sin^2 x\mathrm{d}x=2\pi\int_0^{\frac{\pi}{2}}\sin^2 x\mathrm{d}x,$$

由 Wallis 公式得

$$V_1=2\pi\cdot\frac{1}{2}\cdot\frac{\pi}{2}=\frac{\pi^2}{2}.$$

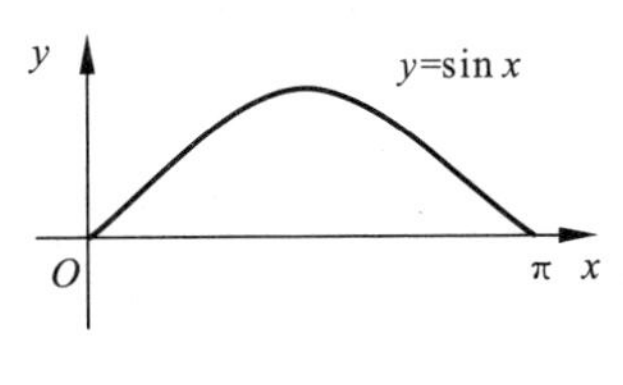

图 5-6-16

(2) 由式(5.6.7)得

$$V_2=\int_0^{\pi}2\pi x\sin x\mathrm{d}x=2\pi\int_0^{\pi}-x\mathrm{d}(\cos x)=-2\pi\left(x\cos x\Big|_0^{\pi}-\int_0^{\pi}\cos x\mathrm{d}x\right)=2\pi^2.$$

2. 平行截面面积已知的立体的体积

从计算旋转体体积的过程中可以看出,如果立体不是旋转体,但若知道该立体垂直于一定轴(例如 x 轴)的各个截面的面积,那么这个立体的体积也可以用定积分来计算.

设该立体在过 $x=a$,$x=b$ 且垂直于 x 轴的两平面之间,过$[a,b]$上任一点 x 且垂直于 x 轴的截面面积 $A(x)$是已知的连续函数(图 5-6-17).

选 x 为积分变量,在$[a,b]$上任取一个小区间$[x,x+\mathrm{d}x]$,立体中该小区间薄片的体积近似于底面积为 $A(x)$,高为 $\mathrm{d}x$ 的柱体的体积,即**体积微元**为

$$\mathrm{d}V=A(x)\mathrm{d}x,$$

故该**立体的体积**为

$$V=\int_a^b A(x)\mathrm{d}x.$$

例 8 一平面经过半径为 R 的圆柱体的底圆中心,并与底面交成 α 角,计算该平面截圆柱体所得立体的体积.

解 取底圆所在的平面为 xOy 面,建立坐标系如图 5-6-18 所示,则底圆的方程为 $x^2+y^2=R^2$. 立体中过 x 轴上一点 x 且垂直于 x 轴的截面是一个直角三角形,它的两条直角边的长分别为 $\sqrt{R^2-x^2}$ 及 $\sqrt{R^2-x^2}\tan\alpha$,因而截面面积为

$$A(x)=\frac{1}{2}(R^2-x^2)\tan\alpha,$$

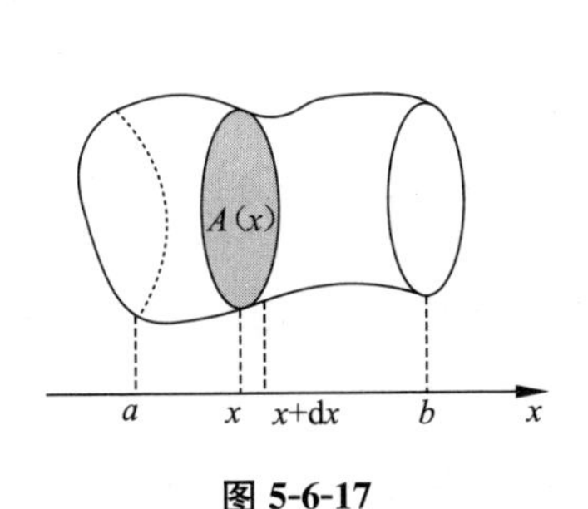

图 5-6-17

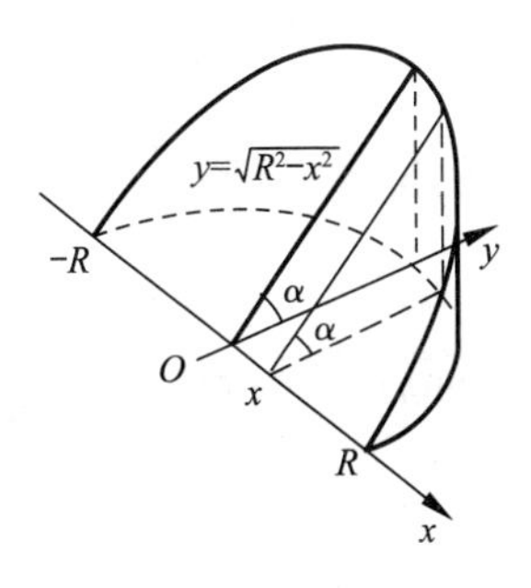

图 5-6-18

于是所求立体体积为

$$V=\int_{-R}^{R}\frac{1}{2}(R^2-x^2)\tan\alpha\mathrm{d}x.$$

再由对称性可得

$$V=2\int_0^R \frac{1}{2}(R^2-x^2)\tan\alpha\,dx=\tan\alpha\left[R^2x-\frac{1}{3}x^3\right]_0^R=\frac{2}{3}R^3\tan\alpha.$$

习题 5-6

1. 求下列曲线所围成的图形的面积：

(1) $y=x^2, y=0, x=2$；　　(2) $y=-x^2+x+2, y=0$；

(3) $y=e^x, y=e, x=0$；　　(4) $y=2x+3, y=x^2$；

(5) $y=x^2-6, y=x$；　　(6) $y=\sqrt{x}, y=x$；

(7) $y=\frac{1}{x}, y=x, y=2$；　　(8) $y^2=x, x+y=2$；

(9) $y^2=2x, y=4-x$.

2. 求由曲线 $y=e^x$ 与它的一条通过原点的切线以及 x 轴负半轴所围的图形的面积.

3. 求心形线 $r=a(1+\cos\theta)(a>0)$所围平面图形的面积.

4. 求曲线 $r=2a\cos\theta$ 所围图形的面积.

5. 求由下列各组曲线所围成的图形分别绕 x 轴及 y 轴旋转,所得两个旋转体的体积：

(1) $y=x^3, x=2, y=0$；

(2) $xy=1, x=1, x=2$；

(3) $y=2x^2, y=2\sqrt{x}$；

(4) $y=\sqrt{x}, x=1, x=4$.

6. 一容器内壁形状为由抛物线 $y=x^2$ 绕 y 轴旋转而成的曲面,此容器原装有水 $8\pi\ \mathrm{cm}^3$，再注入 $64\pi\ \mathrm{cm}^3$ 的水,问:容器的水面升高多少?

第七节　定积分在经济学中的应用

若函数 $F(x)$是连续函数 $f(x)$在区间$[a,x]$上的一个原函数,根据牛顿—莱布尼茨公式,可得 $\int_a^x f(x)\,dx=F(x)-F(a)$. 特别地,当 $F(a)=0$ 时,可得 $\int_a^x f(x)\,dx=F(x)$.

一、由边际函数求总函数

在经济学中,若已知某经济量的边际函数,可利用定积分计算经济量在某区间的总量.

(1) 已知某产品总产量 Q 随生产时间的变化率为$\frac{dQ}{dt}=f(t)$,则该产品在时间$[a,b]$上的总产量为 $Q=\int_a^b f(t)\,dt$.

(2) 已知某产品的固定成本为 C_0,边际成本函数为 $C'(Q)$,则该产品产量从 a 到 b 需要的总成本为 $C(Q)=\int_a^b C'(Q)\,dQ+C_0$.

(3) 已知某商品边际收益函数为 $R'(Q)$,则销售 Q 个产品的总收益函数为 $R(Q)=\int_0^Q R'(Q)\,dQ$.

(4) 总利润函数为 $L(Q)=R(Q)-C(Q)$，平均收益函数为 $\bar{R}(Q)=\dfrac{R(Q)}{Q}$.

例 1 已知某产品生产 Q 单位时的边际收益函数为 $R'(Q)=100-\dfrac{Q}{10}$(元/单位)，问：生产 1 000单位这种产品时的总收入及单位平均收入各是多少？

解 生产 Q 单位时的总收入为 $R(Q)=\int_0^Q\left(100-\dfrac{t}{10}\right)\mathrm{d}t=100Q-\dfrac{Q^2}{20}$，生产 1 000 单位这种产品时的总收入

$$R(1\,000)=100\times 1\,000-\frac{1\,000^2}{20}=50\,000(\text{元}),$$

平均单位收入 $\bar{R}(1\,000)=\dfrac{R(1\,000)}{1\,000}=50(\text{元})$.

例 2 设某产品的边际成本为 $C'(Q)=2$ 元/件，固定成本 $C_0=1\,500$ 元，边际收益 $R'(Q)=20-0.02Q$(元/件)，求：

(1) 总成本函数 $C(Q)$，总收益函数 $R(Q)$，总利润函数 $L(Q)$；

(2) 产量为多少时，总利润最大？并求最大利润；

(3) 在最大利润基础上再生产 40 件，利润会发生怎样的变化？

解 (1) $C(Q)=\int_0^Q C'(x)\mathrm{d}x+C_0=\int_0^Q 2\mathrm{d}x+1\,500=2Q+1\,500$；

$$R(Q)=\int_0^Q R'(x)\mathrm{d}x=\int_0^Q(20-0.02x)\mathrm{d}x=20Q-0.01Q^2;$$

$$L(Q)=R(Q)-C(Q)=-0.01Q^2+18Q-1\,500.$$

(2) 边际利润为 $L'(Q)=-0.02Q+18$，令 $L'(Q)=0$，得 $Q=900$；又 $L''(Q)=-0.02<0$，所以 $Q=900$ 为 $L(Q)$ 唯一的极大值点，即最大值点. 最大利润为

$$L(900)=-0.01\cdot(900)^2+18\cdot 900-1\,500=6\,600.$$

(3) 当产量从 900 件增加到 940 件时，总利润的改变量为

$$\Delta L(Q)=L(940)-L(900)=-16,$$

说明再生产 40 件，总利润反而减少 16 元.

二、投资问题

对大型企业，其收入和支出是频繁进行的，在实际分析过程中，将它近似地看作连续发生，并称之为**资金流**.

根据连续计息结算方式可知，向银行存入 A 元，T 年之后的存款额为 $A\mathrm{e}^{rT}$. 现对货币流采用微元法计算其 T 年之后的期末价值和贴现价值(也称为现值).

设在时间区间 $[0,T]$ 上 t 时刻的**单位时间收入**为 $f(t)$，称此为**收入率**.

(1) **资金流的期末价值.**

在时间区间 $[t,t+\mathrm{d}t]$ 上的收入为 $f(t)\mathrm{d}t$，若按年利率为 r 计算. T 年后这些存款的存期是 $T-t$，相应的存款额变为

$$f(t)\mathrm{d}t\,\mathrm{e}^{r(T-t)}=f(t)\mathrm{e}^{r(T-t)}\mathrm{d}t,$$

因此，T 年后均匀货币流的总存款额，即**货币流的期末价值**为

$$F=\int_0^T f(t)\mathrm{e}^{r(T-t)}\mathrm{d}t.$$

(2) **资金流的现值.**

在时间区间$[t,t+\mathrm{d}t]$上的收入为 $f(t)\mathrm{d}t$,若按年利率为 r 计算,相应收入的现值为 $f(t)\mathrm{e}^{-rt}\mathrm{d}t$,则在时间区间$[0,T]$的**总收入的现值**为

$$y=\int_0^T f(t)\mathrm{e}^{-rt}\mathrm{d}t.$$

(3) **均匀货币流的期末价值和现值.**

均匀货币流是指若年流量固定为 a 元,即收入率 $f(t)=a$(a 为常数),年利率 r 也为常数(连续计息结算)的资金流.

T 年后,均匀货币流的总存款额为

$$F=\int_0^T a\mathrm{e}^{r(T-t)}\mathrm{d}t=\frac{a}{r}\left[-\mathrm{e}^{r(T-t)}\right]_0^T=\frac{a}{r}(\mathrm{e}^{rT}-1), \tag{5.7.1}$$

其总收入的现值为

$$y=\int_0^T a\mathrm{e}^{-rt}\mathrm{d}t=a\cdot\left(-\frac{1}{r}\right)\cdot \mathrm{e}^{-rt}\Big|_0^T=\frac{a}{r}(1-\mathrm{e}^{-rT}). \tag{5.7.2}$$

例 3 先给予某企业一笔投资 A,经测算,该企业在 T 年中可以按每年 a 元的均匀收入率获得收入,若年利率为 r,试求:

(1)该投资纯收入的贴现值;(2)收回该笔投资的时间为多久?

解 (1) 投资纯收入的现值.

因收入率为 a,若年利率为 r,故投资后的 T 年中获得总收入的现值为

$$y=\int_0^T a\mathrm{e}^{-rt}\mathrm{d}t=a\cdot\left(-\frac{1}{r}\right)\cdot \mathrm{e}^{-rt}\Big|_0^T=\frac{a}{r}(1-\mathrm{e}^{-rT}),$$

从而,投资所获得的纯收入的现值为

$$R=y-A=\frac{a}{r}(1-\mathrm{e}^{-rT})-A.$$

(2) 收回该笔投资的时间.

收回投资,即为总收入的现值等于投资,故有

$$\frac{a}{r}(1-\mathrm{e}^{-rT})=A,$$

解之可得收回该笔投资的时间为

$$T=\frac{1}{r}\ln\frac{a}{a-Ar}.$$

例 4 航通公司一次投资 100 万元建造一条生产流水线,并于一年后建成投产,开始取得经济效益.设流水线的收益是均匀货币流,年流量为 30 万元.已知银行年利率为 10%,问:多少年后该公司可以收回投资成本?

解 设 $x+1$ 年后可以收回投资,此时流水线共运行了 x 年,依式(5.7.1)可计算出 x 年中流水线的总效益为

$$A(x)=\frac{a}{r}(\mathrm{e}^{rx}-1)=\frac{30}{0.1}(\mathrm{e}^{0.1x}-1)(\text{万元}),$$

这 $A(x)$万元在 $x+1$ 年之前(即开始投资时)的价值为

$$B(x)=A(x)\mathrm{e}^{-r(x+1)}=\frac{30}{0.1}(\mathrm{e}^{-0.1x}-1)\mathrm{e}^{-0.1x}\cdot\mathrm{e}^{-0.1}$$

$$=300\mathrm{e}^{-0.1}(1-\mathrm{e}^{-0.1x})(\text{万元}),$$

因此，当 $B(x)=100$ 万元时恰好收回投资. 即

$$300\mathrm{e}^{-0.1}(1-\mathrm{e}^{-0.1x})=100.$$

解方程，得 $x=10\ln\frac{3}{3-\mathrm{e}^{0.1}}\approx4.6$(年).

所以，4.6 年后该公司可以收回全部投资成本.

例 5 有一大型投资项目，投资成本为 $A=10\,000$ 万元，投资年利率为 5%，每年的均匀收入率 $f(t)=2\,000$ 万元，求该投资为无限期时的纯收入的现值.

解 无限期时的投资的总收入的现值为

$$y=\int_0^{+\infty}f(t)\mathrm{e}^{-rt}\mathrm{d}t=\int_0^{+\infty}2\,000\mathrm{e}^{-0.05t}\mathrm{d}t$$

$$=\lim_{b\to+\infty}\int_0^b 2\,000\mathrm{e}^{-0.05t}\mathrm{d}t=\lim_{b\to+\infty}\frac{2\,000}{-0.05}\mathrm{e}^{-0.05t}\Big|_0^b=40\,000(\text{万元}),$$

投资为无限期时的纯收入的现值为

$$R=y-A=40\,000-10\,000=30\,000(\text{万元}).$$

三、国民收入分配

下面讨论国民收入分配不平等的问题. 观察图 5-7-1 中的**洛伦兹(M. O. Lorenz)曲线**. 横轴 OH 表示人口(按收入由低到高分组)的累计百分数，纵轴 OM 表示收入的累计百分数.

当收入完全平等时，人口累计百分数等于收入累计百分数，洛伦兹曲线为通过原点、倾角为 45°的直线.

当收入完全不平等时，极少部分人(例如 1%)的人口却占有几乎全部(100%)的收入，洛伦兹曲线为折线 OHL.

实际上，一般国家的收入分配，既不会完全平等，也不会完全不平等，而是在两者之间，即洛伦兹曲线是图中的凹曲线 ODL.

由图 5-7-1 易见，洛伦兹曲线与完全平等线的偏离程度的大小(即图中阴影面积)，决定了该国国民收入分配的不平等程度.

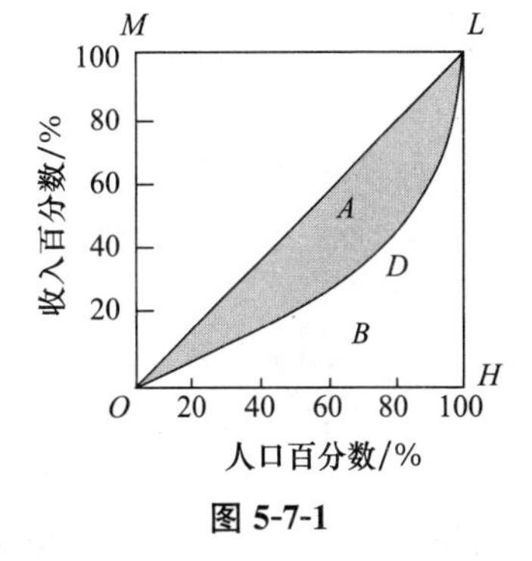

图 5-7-1

设横轴 OH 为 x 轴，纵轴 OM 为 y 轴，该国某时期的国民收入分配的洛伦兹曲线可近似表示为 $y=f(x)$，则**收入不平等面积**为

$$A=\int_0^1[x-f(x)]\mathrm{d}x=\frac{1}{2}x^2\Big|_0^1-\int_0^1 f(x)\mathrm{d}x$$

$$=\frac{1}{2}-\int_0^1 f(x)\mathrm{d}x.$$

若设 $B=\int_0^1 f(x)\mathrm{d}x$，则 $A+B=\frac{1}{2}$.

经济学上，称系数 $\frac{A}{A+B}$ 为**基尼系数**，表示一个国家国民收入在国民之间分配的不平等程

度，记作 G，即 $G=\dfrac{A}{A+B}=1-2\int_0^1 f(x)\mathrm{d}x$.

显然，$G=0$，完全平等，$G=1$ 完全不平等.

例 6 若某年国家国民收入在国民之间分配的洛伦兹曲线可近似地由 $y=x^2(x\in[0,1])$ 表示(图 5-7-2)，试求该国的基尼系数.

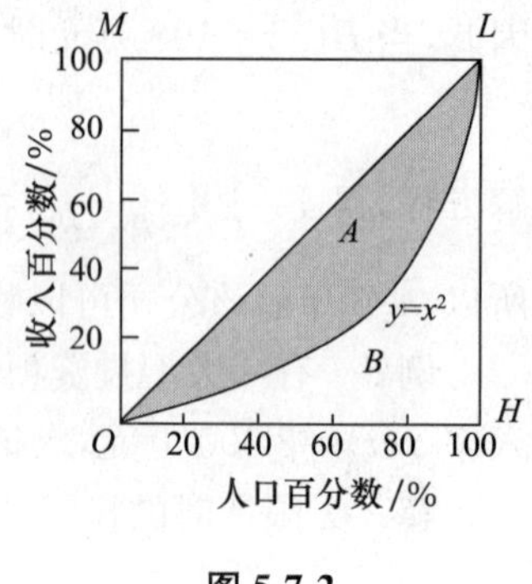

图 5-7-2

解 $A=\int_0^1[x-f(x)]\mathrm{d}x=\dfrac{1}{2}-\int_0^1 x^2\mathrm{d}x=\dfrac{1}{2}-\dfrac{1}{3}x^3\Big|_0^1=\dfrac{1}{6}$，

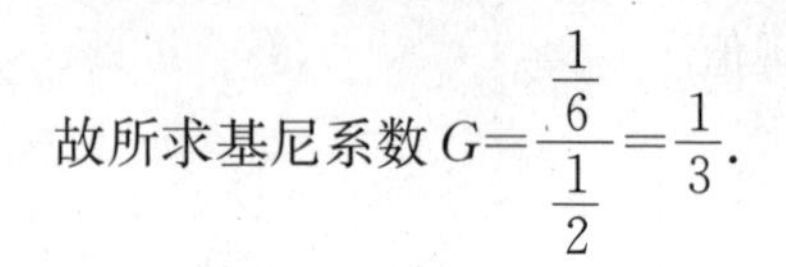

故所求基尼系数 $G=\dfrac{\frac{1}{6}}{\frac{1}{2}}=\dfrac{1}{3}$.

习题 5-7

1. 设某产品产量随时间 t 的变化率为 $f(t)=at-b$，其中，a,b 为常数，试求在时间区间 $[2,4]$ 上该产品的产量.

2. 设某产品的边际成本为 $C'(Q)=4+\dfrac{Q}{4}$(万元/百台)，固定成本 $C_0=1$ 万元，边际收益 $R'(Q)=8-Q$(万元/百台)，求：

(1) 产量从 1 百台增加到 5 百台的成本增量；

(2) 总成本函数 $C(Q)$，总收益函数 $R(Q)$，平均收益函数 $\overline{R}(Q)$；

(3) 产量为多少时，总利润最大？并求最大利润.

3. 某项投资项目的投资成本为 100 万元，在 10 年中每年可收益 25 万元，投资年利率为 5%，试求这 10 年中该投资的纯收入的现值.

4. 某企业将投资 800 万元生产一种产品，假设投资的前 20 年该企业以 200 万元/年的速度均匀地收回资金，且按年利率为 5%的连续复利计算，求该投资总收入的现值以及投资回收期的时间为多久.

5. 现购买一栋价值 300 万元的别墅，若首付 50 万元，以后分期付款，每年付款数目相同，10 年付清，年利率为 6%，按连续复利计算，问：每年应付多少？($\mathrm{e}^{-0.6}\approx 0.544\,8$)

第八节 定积分的物理应用

一、变力沿直线所做的功

由物理学知道，如果物体在恒力 F 作用下沿直线运动了路程 s，假定力的方向与运动的方向一致，那么力 F 对物体所做的功为

$$W=F\cdot s.$$

如果物体沿直线运动过程中所受到的力 F 是变化的，那么变力 F 对物体所做的功可以用

定积分计算. 下面通过具体例子说明如何计算变力所做的功.

例 1 求把质量为 m 的物体从地球表面提高 h 所做的功.

解 设地球质量为 M,地球半径为 R. 物体受到地球对它的万有引力的作用,万有引力大小为

$$F=k\frac{m\cdot M}{r^2},$$

其中,k 是引力常数;r 是物体与地球的距离.

将物体从地球表面提高 h,需要克服引力做功,距离从 R 变到 $R+h$,因此属于变力做功问题.

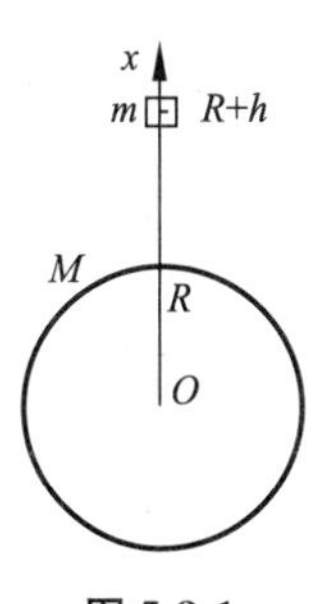

图 5-8-1

建立坐标系(图 5-8-1). 在区间$[R,R+h]$上任取一小区间$[x,x+\mathrm{d}x]$,将物体从 x 处提高到 $x+\mathrm{d}x$ 处所做的功近似看作恒力 $F=k\frac{m\cdot M}{x^2}$所做的功. 因此功微元为

$$\mathrm{d}W=k\frac{m\cdot M}{x^2}\mathrm{d}x,$$

于是所做的功为

$$\begin{aligned}W&=\int_R^{R+h}k\frac{mM}{x^2}\mathrm{d}x=kmM\left[-\frac{1}{x}\right]_R^{R+h}\\&=kmM\left(\frac{1}{R}-\frac{1}{R+h}\right)=k\frac{mMh}{R(R+h)}.\end{aligned}$$

例 2 有一半径为 3 m,高为 5 m 的圆柱形蓄水桶,桶内装满了水,求把桶内水全部抽出所做的功.

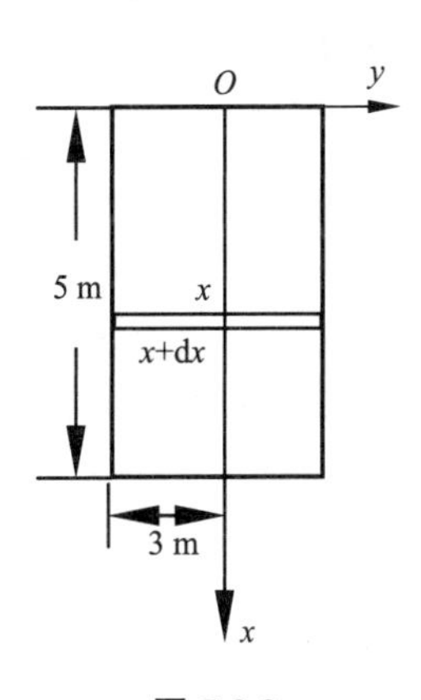

图 5-8-2

解 建立坐标系(图 5-8-2),y 轴在水面上. 选 x 为积分变量,则 $x\in[0,5]$,在$[0,5]$上任取一小区间$[x,x+\mathrm{d}x]$,该小区间上对应的一薄层水的重力为

$$\pi\cdot 3^2\mathrm{d}x\cdot\mu\cdot g,$$

其中,μ 是水的密度. 将这薄层水抽出所做的功,即功微元为

$$\mathrm{d}W=\pi\cdot 3^2\mathrm{d}x\cdot\mu\cdot gx=9\pi\mu gx\,\mathrm{d}x,$$

于是所做的功为

$$W=\int_0^5 9\pi\mu gx\,\mathrm{d}x\approx 3\,461.85.$$

二、水压力

由物理学知道,在水深 h 处的压强为 $p=\mu gh$,这里 μ 是水的密度. 如果有一面积为 A 的平板水平地放置在水深 h 处,那么平板一侧所受的水压力为

$$P=p\cdot A=\mu ghA.$$

当平板垂直放置在水中与水面垂直时(图 5-8-3),由于水深不同的点处压强 p 不相等,因此平板一侧不同深度处所受的水压力是不同的. 采用微元法求解,图 5-8-3 中**微元所受压力**近似为:$\mathrm{d}P=p\cdot\mathrm{d}A=\mu gx\cdot\mathrm{d}A$.

而微元面积 $\mathrm{d}A=f(x)\mathrm{d}x$,则所求**平板一侧所受压力**为

$$P=\int_a^b \mathrm{d}P=\int_a^b \mu gxf(x)\mathrm{d}x.$$

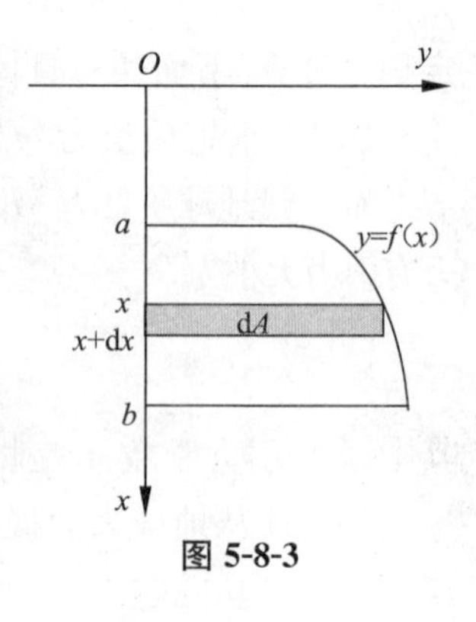

图 5-8-3

例 3 计算上例中桶的侧面所受到的水的压力.

解 由图 5-8-3 可知,小区间$[x,x+\mathrm{d}x]$上对应的微元是高为$\mathrm{d}x$的圆筒,该小圆筒侧面积为$\mathrm{d}A=2\pi\cdot 3\cdot \mathrm{d}x$,所受水压力微元为

$$\mathrm{d}P=pA=\mu gx\cdot 6\pi\mathrm{d}x,$$

于是水桶所受水压力为

$$P=\int_0^b 6\pi\mu gx\mathrm{d}x\approx 6\times 3.14\times 9.8\times\frac{25}{2}=2\ 307.9.$$

习题 5-8

1. 弹簧在拉伸过程中,需要的力 F(单位:N)与伸长量 s(单位:cm)成正比,即 $F=ks$(k 是比例常数),如果把弹簧由原长拉伸 6 cm,计算所做的功.

2. 设一锥形蓄水池,深 15 m,口径 20 m,盛满水,今以唧筒将水吸尽,问:要做多少功? 若上底面、下底面的直径分别为 20 m,10 m,深 5 m,池内盛满了水,将池内的水全部抽出需要做多少功?

3. 用铁锤将一铁钉击入木板,设木板对铁钉的阻力与铁钉击入木板的深度成正比,在锤击第一次时,将铁钉击入木板 1 cm. 如果铁锤每次打击铁钉所做的功相等,问:锤击第二次时,铁钉又击入多少?

4. 一底为 8 cm,高为 6 cm 的等腰三角形薄片,铅直地沉没在水中,顶在上,底在下且与水面平行,而顶离水面 3 cm,求它一面所受水的压力.

阅读与拓展

牛顿和莱布尼茨对微积分学科的功绩

微积分学科的建立,归功于两位伟大的科学先驱:牛顿和莱布尼茨. 该科学之所以能建立起来,关键在于他们认识到,过去一直分别研究的微分和积分这两个运算,是彼此互逆的两个过程,它们可以由某种运算联系起来,这就诞生了牛顿—莱布尼茨公式.

1669 年,英国大数学家牛顿(1643—1727 年)提出微积分学说存在正反两个方面的运算,例如面积计算和切线斜率计算就是互逆的两种运算,即微分和积分互为逆运算,从而完成了微积分运算的决定性步骤. 但由于种种原因,他决定不向外界公开他的数学成果,他的成果只是以手稿的形式在少数几个同事中传阅,而这一决定在以后给他带来了大麻烦. 直到 1687 年,牛顿才出版了他的著作《自然哲学的数学原理》,在这个划时代的著作中,他陈述了他的伟大创造——微积分,并应用微积分理论,从开普勒关于行星的三大定律导出了万有引力定律. 牛顿还将微积分广泛应用于声学、光学、流体运动等学科,充分显示了微积分理论的巨大作用.

牛顿是人类历史上最伟大的数学家之一. 英国著名诗人波普(Pope)是这样描述牛顿的:自然和自然的规律沉浸在一片混沌之中,上帝说,生出牛顿,一切都变得明朗. 牛顿本人却很谦虚:"我不知道世间把我看成什么人,但是对我自己来说,就像一个海边玩耍的小孩,有时因找

两位独立确立微积分体系的数学家：
艾萨克·牛顿爵士(左)与戈特弗里德·莱布尼茨(右)

到一块比较平滑的卵石或格外漂亮的贝壳，而感到高兴，但在我面前的是未被发现的真理的大海.”

德国数学家莱布尼茨(1646—1716年)也致力于研究切线问题和面积问题，并探索两类问题之间的关系.他把有限量的运算与无穷小量的运算进行类比，创立了无穷小量求商法和求积法，即微分和积分运算. 1684年，他发表了论文《求极大值和极小值以及切线的新方法，对有理量和无理量都适用的，一种值得注意的演算》，两年后他又发表了他在积分学上的早期成果.

牛顿和莱布尼茨对微积分的研究都达到了同一目标，但两人的方法不同.牛顿发现最终结果比莱布尼茨早一些，但莱布尼茨发表自己的结论比牛顿早一些.关于谁是微积分的创始者，英国数学家与欧洲大陆其他国家的数学家经历了一场旷日持久的论战，这场论战持续了100多年.正是牛顿和莱布尼茨的功绩，使得微积分成为一门独立的学科，求微分与求积分的问题，不再孤立地进行处理了，而是有了统一的处理方法.

关于微积分的地位，恩格斯这样评论：“在一切理论成就中，未必再有什么像17世纪下半叶微积分的发现那样被看作人类精神的最高胜利了.”微积分诞生后，数学进入了一个空前繁荣的时期. 18世纪被称为数学史上的英雄世纪.数学家们把微积分应用于天文学、力学、光学、热学等各个领域，获得了丰硕的成果.对数学本身，他们把微积分作为工具，又发展出微分方程、微分几何、无穷级数等理论分支，大大扩展了数学研究的范围.

总复习题五

1. 填空题.

(1) 设 $f(x)$ 为连续函数，则 $\int_2^3 f(x)\mathrm{d}x+\int_3^1 f(u)\mathrm{d}u+\int_1^2 f(t)\mathrm{d}t=$________.

(2) $\lim\limits_{x\to 0}\dfrac{\int_0^x \sin^2 t\,\mathrm{d}t}{x^3}=$________.

(3) 已知$\int_0^1 f(x)\mathrm{d}x=1, f(1)=0$，则$\int_0^1 xf'(x)\mathrm{d}x=$________.

(4) 设$f(x)$连续，$f(0)=1$，则曲线$y=\int_0^x f(t)\mathrm{d}t$在点$(0,0)$处的切线方程是________.

(5) $\int_{-1}^1 \sqrt{1-x^2}\,\mathrm{d}x=$________.

2. 选择题.

(1) 设$f(x)$连续，$F(x)=\int_0^{x^2} f(t^2)\mathrm{d}t$，则$F'(x)$等于(　　).

A. $f(x^4)$　　B. $x^2 f(x^4)$　　C. $2xf(x^4)$　　D. $2xf(x^2)$

(2) 在下列积分中，其值为0的是(　　).

A. $\int_{-1}^1 |\sin 2x|\mathrm{d}x$　　B. $\int_{-1}^1 \cos 2x\mathrm{d}x$　　C. $\int_{-1}^1 x\sin x\mathrm{d}x$　　D. $\int_{-1}^1 \sin 2x\mathrm{d}x$

(3) 设$f(x)$在$[a,b]$上可导，且$f'(x)>0$. 若$\Phi(x)=\int_a^x f(t)\mathrm{d}t$，则下列说法正确的是(　　).

A. $\Phi(x)$在$[a,b]$上单调减少　　B. $\Phi(x)$在$[a,b]$上单调增加

C. $\Phi(x)$在$[a,b]$上为凹函数　　D. $\Phi(x)$在$[a,b]$上为凸函数

3. 计算下列积分：

(1) $\int_1^e \frac{1+\ln x}{x}\mathrm{d}x$；　(2) $\int_0^\pi (1-\sin^3\theta)\mathrm{d}\theta$；　(3) $\int_0^2 |1-x|\mathrm{d}x$；

(4) $\int_{\frac{1}{\sqrt{2}}}^1 \frac{\sqrt{1-x^2}}{x^2}\mathrm{d}x$；　(5) $\int_0^1 \frac{\sqrt{x}}{2-\sqrt{x}}\mathrm{d}x$；　(6) $\int_{-3}^2 \min(2,x^2)\mathrm{d}x$.

4. 求函数$f(x)=\int_0^x t(t-4)\mathrm{d}t$在$[-1,5]$上的最大值与最小值.

5. 设$f(t)$在$0\leqslant t\leqslant+\infty$上连续，若$\int_0^{x^2} f(t)\mathrm{d}t=x^2(1+x)$，求$f(2)$.

6. 设$f(x)=\begin{cases}x^2, & 0\leqslant x\leqslant 1,\\ 2-x, & 1<x\leqslant 2,\end{cases}$求$\int_0^2 f(x)\mathrm{d}x$.

7. 曲线$y=1-x^2(0\leqslant x\leqslant 1)$与$x,y$轴所围成的区域，被曲线$y=ax^2(a>0)$分为面积相等的两部分，求$a$的值.

8. 计算$y=e^{-x}$与直线$y=0$所围成的位于第一象限内的平面图形绕x轴旋转产生的旋转体的体积.

9. 某产品的总成本(万元)的变化率$C'(q)=1$万元/百台，总收入(万元)的变化率为产量q(百台)的函数$R'(q)=5-q$(万元/百台). 求：

(1) 产量q为多少时，利润最大？

(2) 在上述产量(使利润最大)的基础上再生产100台，利润将减少多少？

第六章 空间解析几何与向量代数

空间解析几何的产生是数学史上一个划时代的成就. 17 世纪上半叶，法国数学家笛卡儿和费马对此作出了开创性的工作. 我们知道，代数学的优越性在于其推理方法的程序化，鉴于这种优越性，人们产生了用代数方法研究几何问题的思想，这就是**解析几何的基本思想**.

本章中我们先介绍向量的概念及向量的某些运算，然后介绍空间解析几何，其主要内容包括平面和直线方程、一些常用的空间曲线和曲面的方程以及关于它们的某些基本问题. 这些方程的建立和问题的解决是以向量作为工具的. 本章的内容对以后学习多元函数的微分学和积分学将起到重要作用.

第一节　向量及其线性运算

一、向量概念

在物理学、力学等学科中，经常会遇到既有大小又有方向的一类量，如力、速度、力矩等，这类量称为**向量**或**矢量**.

在几何上，通常用有向线段来表示向量.

有向线段的方向表示**向量的方向**. 以 A 为起点、B 为终点的有向线段所表示的向量记作 $\overrightarrow{AB}$. 向量可用粗体字母表示，也可用上加箭头表示，例如，$\boldsymbol{a}$、$\boldsymbol{r}$、$\boldsymbol{v}$、$\boldsymbol{F}$ 或 $\vec{a}$、$\vec{r}$、$\vec{v}$、$\vec{F}$.

有向线段的长度表示向量的大小，叫作**向量的模**. 例如：向量 $\boldsymbol{a}$、$\vec{a}$、$\overrightarrow{AB}$ 的模分别记为 $|\boldsymbol{a}|$、$|\vec{a}|$、$|\overrightarrow{AB}|$. 模等于 1 的向量叫作**单位向量**；模等于 0 的向量叫作**零向量**，记作 $\mathbf{0}$ 或 $\vec{0}$. 它的方向可以看作是任意的.

与起点无关的向量，称为**自由向量**，简称**向量**.

我们主要研究自由向量，即只考虑向量的大小和方向，不论它的起点在什么地方.

设有两个非零向量 $\boldsymbol{a}$，$\boldsymbol{b}$(图 6-1-1)，规定不超过 π 的角称为向量 $\boldsymbol{a}$ 与 $\boldsymbol{b}$ 的夹角，记作 $(\widehat{\boldsymbol{a},\boldsymbol{b}})$，即 $(\widehat{\boldsymbol{a},\boldsymbol{b}})=\theta$.

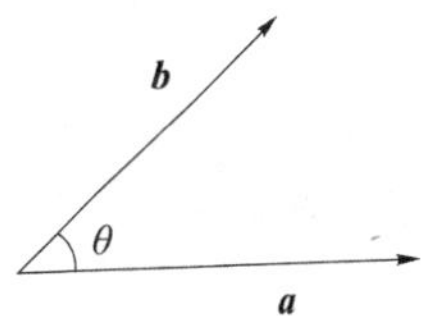

如果 $(\widehat{\boldsymbol{a},\boldsymbol{b}})=0$ 或 π，则称向量 $\boldsymbol{a}$ 与 $\boldsymbol{b}$ 平行，记作 $\boldsymbol{a}/\!/\boldsymbol{b}$. 如果 $(\widehat{\boldsymbol{a},\boldsymbol{b}})=\frac{\pi}{2}$，则称向量 $\boldsymbol{a}$ 与 $\boldsymbol{b}$ 垂直，记作 $\boldsymbol{a}\perp\boldsymbol{b}$.

图 6-1-1

如果两个向量 $\boldsymbol{a}$ 和 $\boldsymbol{b}$ 的大小相等且方向相同，则称向量 $\boldsymbol{a}$ 和 $\boldsymbol{b}$ 相等，记作 $\boldsymbol{a}=\boldsymbol{b}$.

认为零向量与任何向量都平行.

设有 $k(k\geqslant 3)$ 个向量，当把它们的起点放在同一点时，如果 k 个终点和公共起点在一个平面上，就称这 k 个向量共面.

二、向量的线性运算

1. 向量的加减法

定义1 设有两个向量 $\boldsymbol{a}$ 与 $\boldsymbol{b}$,平移向量使 $\boldsymbol{b}$ 的起点与 $\boldsymbol{a}$ 的终点重合,此时从 $\boldsymbol{a}$ 的起点到 $\boldsymbol{b}$ 的终点的向量 $\boldsymbol{c}$ 称为向量 $\boldsymbol{a}$ 与 $\boldsymbol{b}$ 的和(图 6-1-2(a)),记作 $\boldsymbol{a}+\boldsymbol{b}$,即 $\boldsymbol{c}=\boldsymbol{a}+\boldsymbol{b}$.

上述作出两向量之和的方法叫作向量加法的**三角形法则**.此外,还有如下**平行四边形法则**.

当向量 $\boldsymbol{a}$ 与 $\boldsymbol{b}$ 不平行时,平移向量使 $\boldsymbol{a}$ 与 $\boldsymbol{b}$ 的起点重合,以 $\boldsymbol{a}$、$\boldsymbol{b}$ 为邻边作一平行四边形,从公共起点到对角的向量等于向量 $\boldsymbol{a}$ 与 $\boldsymbol{b}$ 的和 $\boldsymbol{a}+\boldsymbol{b}$(图 6-1-2(b)).

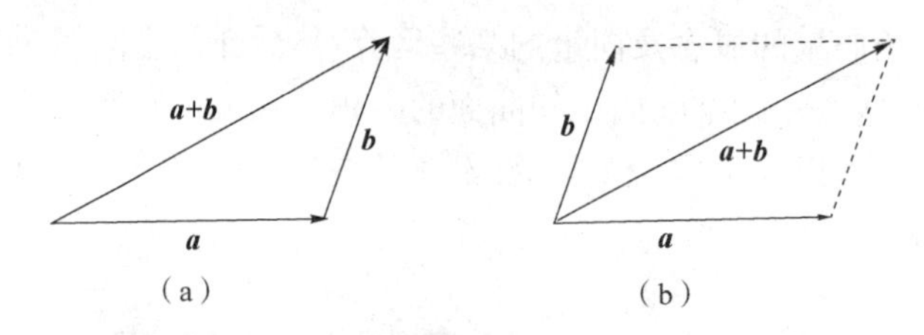

图 6-1-2

向量加法的运算规律:

(1) 交换律 $\boldsymbol{a}+\boldsymbol{b}=\boldsymbol{b}+\boldsymbol{a}$;

(2) 结合律 $(\boldsymbol{a}+\boldsymbol{b})+\boldsymbol{c}=\boldsymbol{a}+(\boldsymbol{b}+\boldsymbol{c})$.

n 个向量相加的法则:使前一向量的终点作为次一向量的起点,相继作向量 $\boldsymbol{a}_1,\boldsymbol{a}_2,\cdots,\boldsymbol{a}_n$,再以第一向量的起点为起点,最后以向量的终点为终点作一向量,这个向量即为所求的和.

设 $\boldsymbol{a}$ 为一向量,与 $\boldsymbol{a}$ 的模相同而方向相反的向量叫作 **$\boldsymbol{a}$ 的负向量**,记为 $-\boldsymbol{a}$.

向量的减法:$\boldsymbol{b}-\boldsymbol{a}=\boldsymbol{b}+(-\boldsymbol{a})$.

即把向量 $-\boldsymbol{a}$ 加到向量 $\boldsymbol{b}$ 上,便得 $\boldsymbol{b}$ 与 $\boldsymbol{a}$ 的差 $\boldsymbol{b}-\boldsymbol{a}$(图 6-1-3).

对任意向量 $\overrightarrow{AB}$ 及点 O,有 $\overrightarrow{AB}=\overrightarrow{AO}+\overrightarrow{OB}=\overrightarrow{OB}-\overrightarrow{OA}$,

三角不等式:$|\boldsymbol{a}+\boldsymbol{b}|\leqslant|\boldsymbol{a}|+|\boldsymbol{b}|$ 及 $|\boldsymbol{a}-\boldsymbol{b}|\leqslant|\boldsymbol{a}|+|\boldsymbol{b}|$,其中,等号在 $\boldsymbol{b}$ 与 $\boldsymbol{a}$ 同向或反向时成立.

2. 向量与数的乘法

定义2 向量 $\boldsymbol{a}$ 与实数 λ 的乘积记作 $\lambda\boldsymbol{a}$,规定 $\lambda\boldsymbol{a}$ 是一个向量,它的模 $|\lambda\boldsymbol{a}|=|\lambda||\boldsymbol{a}|$,它的方向,当 $\lambda>0$ 时与 $\boldsymbol{a}$ 相同,当 $\lambda<0$ 时与 $\boldsymbol{a}$ 相反.

运算规律:

(1) 结合律 $\lambda(\mu\boldsymbol{a})=\mu(\lambda\boldsymbol{a})=(\lambda\mu)\boldsymbol{a}$;

(2) 分配律 $(\lambda+\mu)\boldsymbol{a}=\lambda\boldsymbol{a}+\mu\boldsymbol{a}$;

$$\lambda(\boldsymbol{a}+\boldsymbol{b})=\lambda\boldsymbol{a}+\lambda\boldsymbol{b}.$$

例1 在平行四边形 $ABCD$ 中,设 $\overrightarrow{AB}=\boldsymbol{a}$,$\overrightarrow{AD}=\boldsymbol{b}$.试用 $\boldsymbol{a}$ 和 $\boldsymbol{b}$ 表示向量 $\overrightarrow{MA}$、$\overrightarrow{MB}$、$\overrightarrow{MC}$、$\overrightarrow{MD}$,其中,M 是平行四边形对角线的交点(图 6-1-4).

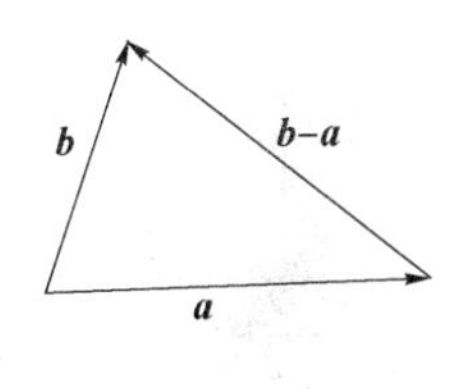

图 6-1-3

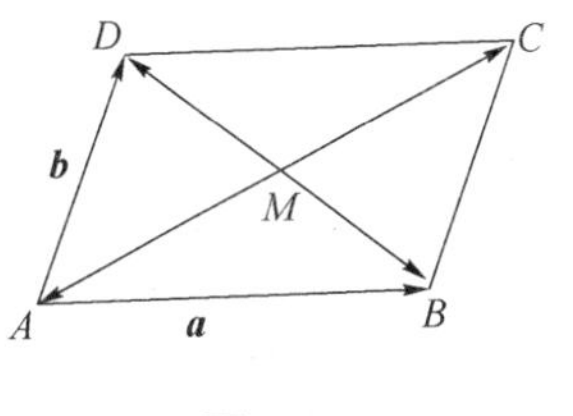

图 6-1-4

解 由于平行四边形的对角线互相平分,因此

$$\boldsymbol{a}+\boldsymbol{b}=\overrightarrow{AC}=2\overrightarrow{AM}=-2\overrightarrow{MA},$$

于是$\overrightarrow{MA}=-\frac{1}{2}(\boldsymbol{a}+\boldsymbol{b})$,$\overrightarrow{MC}=-\overrightarrow{MA}=\frac{1}{2}(\boldsymbol{a}+\boldsymbol{b})$.

因为$-\boldsymbol{a}+\boldsymbol{b}=\overrightarrow{BD}=2\overrightarrow{MD}$,

所以$\overrightarrow{MD}=\frac{1}{2}(\boldsymbol{b}-\boldsymbol{a})$,$\overrightarrow{MB}=-\overrightarrow{MD}=\frac{1}{2}(\boldsymbol{a}-\boldsymbol{b})$.

3. 向量的单位化

设向量 $\boldsymbol{a}\neq\boldsymbol{0}$,则向量$\frac{\boldsymbol{a}}{|\boldsymbol{a}|}$是与 $\boldsymbol{a}$ 同方向的单位向量,记为 $\boldsymbol{e}_a$. 于是 $\boldsymbol{a}=|\boldsymbol{a}|\boldsymbol{e}_a$.

定理 1 设向量 $\boldsymbol{a}\neq\boldsymbol{0}$,那么向量 $\boldsymbol{b}$ 平行于向量 $\boldsymbol{a}$ 的充分必要条件是存在唯一的实数 λ,使 $\boldsymbol{b}=\lambda\boldsymbol{a}$.

习题 6-1

1. 求解下列问题:

(1) 要使 $|\boldsymbol{a}+\boldsymbol{b}|=|\boldsymbol{a}-\boldsymbol{b}|$ 成立,向量 $\boldsymbol{a}$,$\boldsymbol{b}$ 应满足什么条件?

(2) 要使 $|\boldsymbol{a}+\boldsymbol{b}|=|\boldsymbol{a}|+|\boldsymbol{b}|$ 成立,向量 $\boldsymbol{a}$,$\boldsymbol{b}$ 应满足什么条件?

2. 设 $\boldsymbol{u}=\boldsymbol{a}-\boldsymbol{b}+2\boldsymbol{c}$,$\boldsymbol{v}=-\boldsymbol{a}+3\boldsymbol{b}-\boldsymbol{c}$,试用 $\boldsymbol{a}$,$\boldsymbol{b}$,$\boldsymbol{c}$ 表示向量 $2\boldsymbol{u}-3\boldsymbol{v}$.

3. 已知菱形 $ABCD$ 的对角线$\overrightarrow{AC}=\boldsymbol{a}$,$\overrightarrow{BD}=\boldsymbol{b}$,试用向量 $\boldsymbol{a}$,$\boldsymbol{b}$ 表示$\overrightarrow{AB}$,$\overrightarrow{BC}$.

第二节 空间直角坐标系及向量的坐标表示

一、空间直角坐标系

在空间取定一点 O 和三个两两垂直的单位向量 $\boldsymbol{i}$,$\boldsymbol{j}$,$\boldsymbol{k}$,就确定了三条都以 O 为原点的两两垂直的数轴,依次记为 x 轴(横轴)、y 轴(纵轴)、z 轴(竖轴),统称为**坐标轴**. 它们构成一个空间直角坐标系,称为 $Oxyz$ **坐标系**(图 6-2-1). 坐标轴的正向通常符合**右手规则**.

(1) **坐标面**. 在空间直角坐标系中,任意两个坐标轴可以确定一个平面,这种平面称为坐标面. 其确定的三个坐标面为:xOy 面,yOz 面和 zOx 面(图 6-2-2).

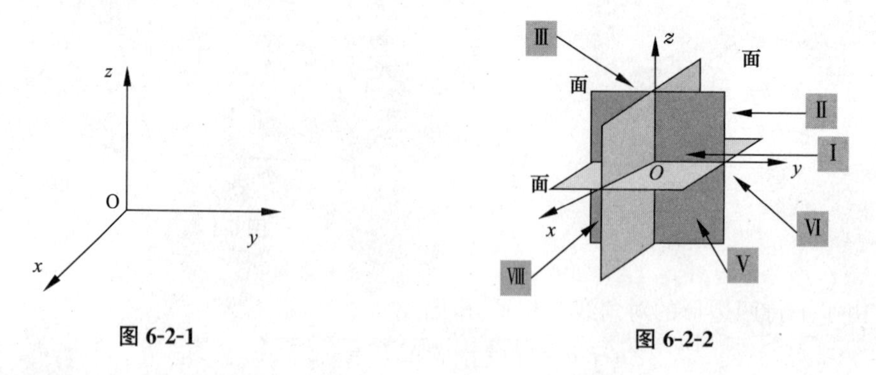

图 6-2-1　　　　图 6-2-2

(2) **卦限**. 三个坐标面把空间分成八个部分,每一部分叫作卦限,含有三个正半轴的卦限叫作第一卦限,它位于 xOy 面的上方. 在 xOy 面的上方,按逆时针方向排列着第二卦限、第三卦限和第四卦限. 在 xOy 面的下方,与第一卦限对应的是第五卦限,按逆时针方向还排列着第六卦限、第七卦限和第八卦限. 八个卦限分别用Ⅰ、Ⅱ、Ⅲ、Ⅳ、Ⅴ、Ⅵ、Ⅶ、Ⅷ表示(图 6-2-2).

二、空间两点间的距离

我们知道,在平面直角坐标系中,任意两点 $M_1(x_1,y_1)$,$M_2(x_2,y_2)$之间的距离公式为 $|M_1M_2|=\sqrt{(x_1-x_2)^2+(y_1-y_2)^2}$,现在我们来给出空间直角坐标系中任意两点间的距离公式.

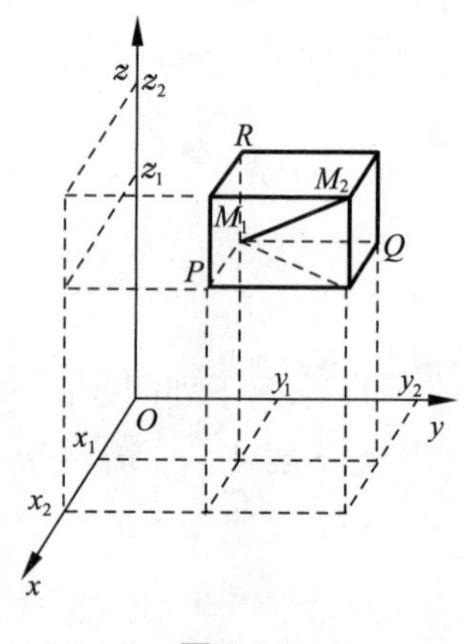

图 6-2-3

设 $M_1(x_1,y_1,z_1)$,$M_2(x_2,y_2,z_2)$为空间两点,过 M_1、M_2 分别作平行于各坐标面的平面,组成一个长方体,它的棱与坐标轴平行(图 6-2-3).

因为 $|M_1P|=|x_2-x_1|$,$|M_1Q|=|y_2-y_1|$,

$|M_1R|=|z_2-z_1|$,

所以 $|M_1M_2|^2=|M_1P|^2+|M_1Q|^2+|M_1R|^2$

$=(x_2-x_1)^2+(y_2-y_1)^2+(z_2-z_1)^2$,

即 $|M_1,M_2|=\sqrt{(x_2-x_1)^2+(y_2-y_1)^2+(z_2-z_1)^2}$.　　(6.2.1)

特别地,点 $M(x,y,z)$到原点的距离 $d=\sqrt{x^2+y^2+z^2}$.

例 1 试在 Ox 轴上求出一点 P,使它与点 $M(4,1,2)$的距离为 $\sqrt{30}$.

解 设点 P 的坐标为$(x,0,0)$,则有 $|PM|=\sqrt{30}$,即

$$\sqrt{(x-4)^2+(-1)^2+(-2)^2}=\sqrt{30},$$

可化为$(x-4)^2=25$,解之得 $x=9$ 或 $x=-1$,所求点 P 的坐标为$(9,0,0)$或$(-1,0,0)$.

例 2 求点 $M(4,-3,5)$到原点及各坐标轴的距离.

解 过点 M 分别作 Ox 轴,Oy 轴,Oz 轴的垂线,垂足分别为 A,B,C,则它们的坐标分别为 $A(4,0,0)$,$B(0,-3,0)$,$C(0,0,5)$.

$$|MO|=\sqrt{4^2+(-3)^2+5^2}=5\sqrt{2},\quad |MA|=\sqrt{(-3)^2+5^2}=\sqrt{34},$$

$$|MB|=\sqrt{4^2+5^2}=\sqrt{41},\quad |MC|=\sqrt{4^2+(-3)^2}=5.$$

三、向量的坐标表示

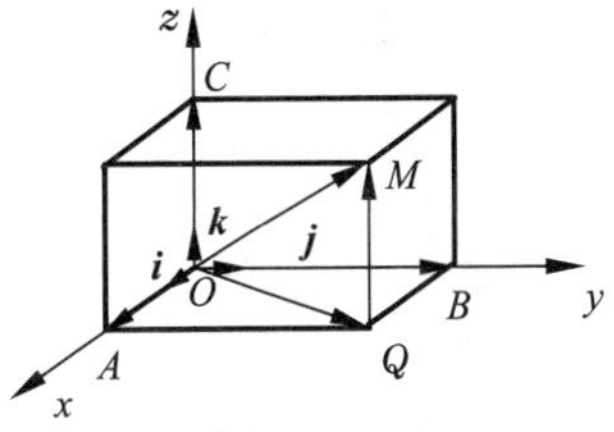

在空间直角坐标系中，与 x 轴、y 轴、z 轴的正向同向的单位向量分别记为 $\boldsymbol{i},\boldsymbol{j},\boldsymbol{k}$，称为**基向量**.

设 $M(x,y,z)$ 为空间一点，作向量 $\overrightarrow{OM}$，A,B,C 分别为点 M 在 x 轴上，y 轴上，z 轴上的**投影点**，则点 A 的坐标为 $(x,0,0)$，点 B 的坐标为 $(0,y,0)$，点 C 的坐标为 $(0,0,z)$（图 6-2-4），则有

$$\overrightarrow{OA}=x\boldsymbol{i},\quad \overrightarrow{OB}=y\boldsymbol{j},\quad \overrightarrow{OC}=z\boldsymbol{k}.$$

图 6-2-4

称它们为向量 $\overrightarrow{OM}$ 在坐标轴上的分量，其中数 x,y,z 称为向量 $\overrightarrow{OM}$ 在坐标轴上的投影，记作 $\mathrm{Prj}_x\,\overrightarrow{OM},\mathrm{Prj}_y\,\overrightarrow{OM},\mathrm{Prj}_z\,\overrightarrow{OM}$.

由向量的加法得

$$\overrightarrow{OM}=\overrightarrow{OQ}+\overrightarrow{QM}=\overrightarrow{OA}+\overrightarrow{OB}+\overrightarrow{OC}=x\boldsymbol{i}+y\boldsymbol{j}+z\boldsymbol{k}.$$

称 $x\boldsymbol{i}+y\boldsymbol{j}+z\boldsymbol{k}$ 为向量 $\overrightarrow{OM}$ 的**坐标表示式**，记作 $\overrightarrow{OM}=\{x,y,z\}$，其中，$(x,y,z)$ 称为向量 $\overrightarrow{OM}$ 的坐标. 因此，向量 $\overrightarrow{OM}$ 的坐标也是向量 $\overrightarrow{OM}$ 在坐标轴上的投影.

点 $M\Leftrightarrow\overrightarrow{OM}=x\boldsymbol{i}+y\boldsymbol{j}+z\boldsymbol{k}\Leftrightarrow$ 三元有序数组 (x,y,z).

向量的线性运算包括向量加法、减法及向量与数的乘法，利用向量的坐标表示向量的线性运算如下：

设向量 $\boldsymbol{a}=a_x\boldsymbol{i}+a_y\boldsymbol{j}+a_z\boldsymbol{k}$，$\boldsymbol{b}=b_x\boldsymbol{i}+b_y\boldsymbol{j}+b_z\boldsymbol{k}$，即

$$\boldsymbol{a}=(a_x,a_y,a_z),\boldsymbol{b}=(b_x,b_y,b_z),$$

则 (1) 向量加法：$\boldsymbol{a}+\boldsymbol{b}=(a_x+b_x,a_y+b_y,a_z+b_z)$，

(2) 向量减法：$\boldsymbol{a}-\boldsymbol{b}=(a_x-b_x,a_y-b_y,a_z-b_z)$，

(3) 数乘：$\lambda\boldsymbol{a}=(\lambda a_x,\lambda a_y,\lambda a_z)$（$\lambda$ 为实数）.

根据定理 1，当向量 $\boldsymbol{a}\neq\boldsymbol{0}$，向量 $\boldsymbol{b}/\!/\boldsymbol{a}$ 等价于 $\boldsymbol{b}=\lambda\boldsymbol{a}$，可用坐标表示为

$$(b_x,b_y,b_z)=\lambda(a_x,a_y,a_z),$$

即向量 $\boldsymbol{a}$ 与 $\boldsymbol{b}$ 的坐标对应成比例：$\dfrac{b_x}{a_x}=\dfrac{b_y}{a_y}=\dfrac{b_z}{a_z}=\lambda$.

例 3 已知两点 $A(1,3,7)$ 和 $B(2,5,3)$ 以及实数 $\lambda=0.2$，在直线 AB 上求点 M，使得 $\overrightarrow{AM}=\lambda\,\overrightarrow{MB}$.

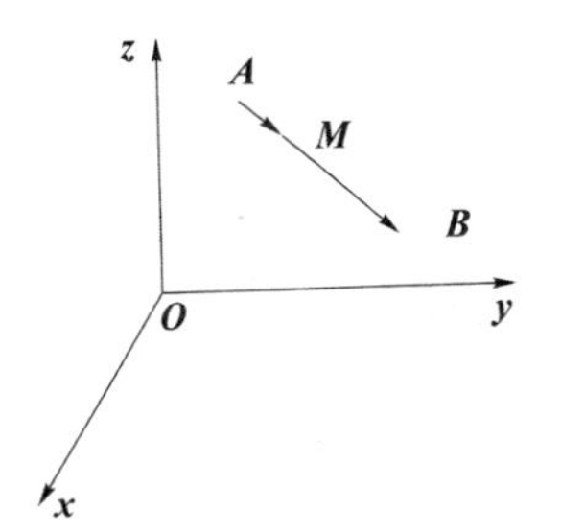

图 6-2-5

解 因为 $\overrightarrow{MB}=\overrightarrow{AB}-\overrightarrow{AM}$，所以 $\overrightarrow{AM}=\lambda\,\overrightarrow{BM}$ 等价于 $\overrightarrow{AM}=\lambda(\overrightarrow{AB}-\overrightarrow{AM})$，

整理得 $\overrightarrow{AM}=\dfrac{\lambda}{1+\lambda}\overrightarrow{AB}$，将 $\lambda=0.2$ 代入得：

$$\overrightarrow{AM}=\frac{1}{6}\,\overrightarrow{AB},\text{又}\overrightarrow{AB}=(2,5,3)-(1,3,7)=(1,2,-4),$$

设点 M 的坐标为 (x,y,z)，则 $\overrightarrow{AM}=(x,y,z)-(1,3,7)=(x-1,y-3,z-7)$，可得 $(x-1,y-3,z-7)=\dfrac{1}{6}(1,2,-4)$，从而得点 M 的坐标为 $\left(\dfrac{7}{6},\dfrac{10}{3},\dfrac{19}{3}\right)$.

四、向量的模和方向余弦

设非零向量 $\boldsymbol{a}$ 的起点为坐标原点，终点为 $M(a_x,a_y,a_z)$，则 $\boldsymbol{a}=\{a_x,a_y,a_z\}$，

$$|\boldsymbol{a}|=|\overrightarrow{OM}|=\sqrt{a_x^2+a_y^2+a_z^2}.$$

$\boldsymbol{a}$ 的方向可由该向量与三坐标轴正向的夹角 α,β,γ（其中 $0\leqslant\alpha\leqslant\pi,0\leqslant\beta\leqslant\pi,0\leqslant\gamma\leqslant\pi$）表示，或这三个角的余弦 $\cos\alpha,\cos\beta,\cos\gamma$ 来表示（图 6-2-6）.

夹角 α、β、γ 称为向量 $\boldsymbol{a}$ 的**方向角**；$\cos\alpha$、$\cos\beta$、$\cos\gamma$ 称为向量 $\boldsymbol{a}$ 的**方向余弦**.

方向余弦用向量坐标表示如下：

$$\cos\alpha=\frac{a_x}{|\boldsymbol{a}|}=\frac{a_x}{\sqrt{a_x^2+a_y^2+a_z^2}},$$

$$\cos\beta=\frac{a_y}{|\boldsymbol{a}|}=\frac{a_y}{\sqrt{a_x^2+a_y{}^2+a_z^2}},$$

$$\cos\gamma=\frac{a_z}{|\boldsymbol{a}|}=\frac{a_z}{\sqrt{a_x^2+a_y^2+a_z^2}},$$

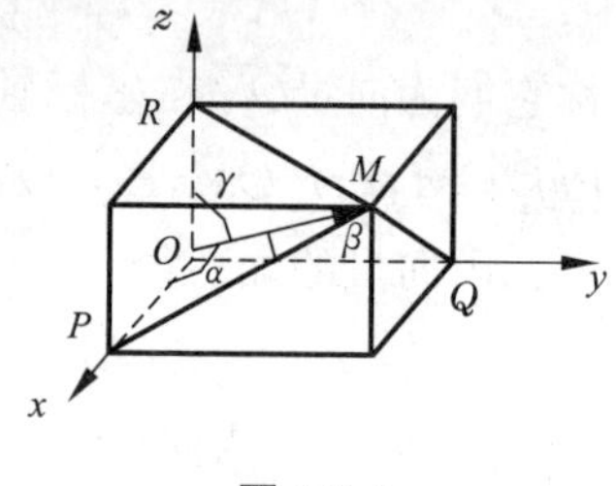

图 6-2-6

可知 $\cos^2\alpha+\cos^2\beta+\cos^2\gamma=1$. 即向量 $\{\cos\alpha,\cos\beta,\cos\gamma\}$ 的模等于 1.

方向余弦所组成的向量是与向量 $\boldsymbol{a}$ 同方向的单位向量，即

$$\boldsymbol{e}_a=\{\cos\alpha,\cos\beta,\cos\gamma\}.$$

例 4 (1) 已知 $\boldsymbol{a}=\{2,3,-1\}$，求其方向余弦和 $\boldsymbol{a}$ 同向的单位向量 $\boldsymbol{e}_a$.

(2) 已知 $M_1(1,-2,3)$、$M_2(4,2,-1)$，求 $\overrightarrow{M_1M_2}$ 的模及方向余弦.

解 (1) $|\boldsymbol{a}|=\sqrt{2^2+3^2+(-1)^2}=\sqrt{14}$，方向余弦为

$$\cos\alpha=\frac{2}{\sqrt{14}},\quad \cos\beta=\frac{3}{\sqrt{14}},\quad \cos\gamma=\frac{-1}{\sqrt{14}},$$

与 $\boldsymbol{a}$ 同方向的单位向量 $\boldsymbol{e}_a=\left\{\frac{2}{\sqrt{14}},\frac{3}{\sqrt{14}},\frac{-1}{\sqrt{14}}\right\}$.

(2) $\overrightarrow{M_1M_2}=\{4-1,2-(-2),-1-3\}=\{3,4,-4\}$，则模为

$$|\overrightarrow{M_1M_2}|=\sqrt{3^2+4^2+(-4)^2}=\sqrt{41},$$

方向余弦为 $\cos\alpha=\frac{3}{\sqrt{41}},\quad \cos\beta=\frac{4}{\sqrt{41}},\quad \cos\gamma=\frac{-4}{\sqrt{41}}.$

例 5 设向量 $\boldsymbol{a}$ 的两个方向余弦为 $\cos\alpha=\frac{1}{3}$，$\cos\beta=\frac{2}{3}$，又 $|\boldsymbol{a}|=6$，求向量 $\boldsymbol{a}$ 的坐标.

解 因为 $\cos^2\alpha+\cos^2\beta+\cos^2\gamma=1$，$\cos\alpha=\frac{1}{3}$，$\cos\beta=\frac{2}{3}$，

$$\text{所以}\cos\gamma=\pm\sqrt{1-\cos^2\alpha-\cos^2\beta}=\pm\sqrt{1-\left(\frac{1}{3}\right)^2-\left(\frac{2}{3}\right)^2}=\pm\frac{2}{3},$$

$$a_x=|\boldsymbol{a}|\cdot\cos\alpha=6\times\frac{1}{3}=2,$$

$$a_y=|\boldsymbol{a}|\cdot\cos\beta=6\times\frac{2}{3}=4,$$

$$a_z = |\boldsymbol{a}| \cdot \cos\gamma = 6 \times \left(\pm \frac{2}{3}\right) = \pm 4,$$

所以 $\boldsymbol{a}=\{2,4,4\}$ 或 $\boldsymbol{a}=\{2,4,-4\}$.

习题 6-2

1. 在空间直角坐标系中,指出下列各点在哪个卦限:

(1)$A(2,-2,3)$;　(2)$B(3,3,-5)$;　(3)$C(3,-2,-4)$;　(4)$D(-2,-2,3)$.

2. 在坐标面上和坐标轴上的点的坐标各有什么特征?指出下列各点的位置.

(1)$A(2,3,0)$;　(2)$B(0,3,2)$;　(3)$C(2,0,0)$;　(4)$D(0,-2,0)$.

3. 求点(a,b,c)关于各坐标面、各坐标轴、坐标原点对称的点的坐标.

4. 求点 $M(5,-3,4)$到各坐标轴的距离.

5. 求平行于向量 $\boldsymbol{a}=\{6,7,-6\}$的单位向量.

6. 已知两点 $M_1(4,\sqrt{2},1)$和 $M_2(3,0,2)$,计算向量$\overrightarrow{M_1M_2}$及$-2\overrightarrow{M_1M_2}$.

7. 已知向量 $\boldsymbol{a}$ 的模为 3,且其方向角 $\alpha=\gamma=60°$,$\beta=45°$,求向量 $\boldsymbol{a}$.

第三节　数量积、向量积

一、两向量的数量积

在物理学中,设一物体在常力 $\boldsymbol{F}$ 作用下沿直线从点 M_1 移动到点 M_2. 以$\boldsymbol{s}$表示位移$\overrightarrow{M_1M_2}$. 则力 $\boldsymbol{F}$ 所做的功为

$$W = |\boldsymbol{F}||\boldsymbol{s}|\cos\theta,$$

其中,θ 为 $\boldsymbol{F}$ 与 $\boldsymbol{s}$ 的夹角(图 6-3-1).

这个问题表明,有些问题需要对两个向量作如下运算,运算结果是一个数.

定义 1　已知向量 $\boldsymbol{a}$ 和 $\boldsymbol{b}$,夹角$(\widehat{\boldsymbol{a},\boldsymbol{b}})=\theta$,称$|\boldsymbol{a}||\boldsymbol{b}|\cos\theta$ 为向量 $\boldsymbol{a}$ 与 $\boldsymbol{b}$ 的**数量积**(或称为**内积、点积**),记作 $\boldsymbol{a}\cdot\boldsymbol{b}$,即

$$\boldsymbol{a}\cdot\boldsymbol{b} = |\boldsymbol{a}||\boldsymbol{b}|\cos\theta. \tag{6.3.1}$$

数量积与投影:

由于$|\boldsymbol{b}|\cos\theta=|\boldsymbol{b}|\cos(\widehat{\boldsymbol{a},\boldsymbol{b}})$,故当 $\boldsymbol{a}\neq\boldsymbol{0}$ 时,$|\boldsymbol{b}|\cos(\widehat{\boldsymbol{a},\boldsymbol{b}})$是向量 $\boldsymbol{b}$ 在向量 $\boldsymbol{a}$ 的方向上的投影(图 6-3-2),记作 $\mathrm{Prj}_{\boldsymbol{a}}\boldsymbol{b}$,于是 $\boldsymbol{a}\cdot\boldsymbol{b}=|\boldsymbol{a}|\mathrm{Prj}_{\boldsymbol{a}}\boldsymbol{b}$.

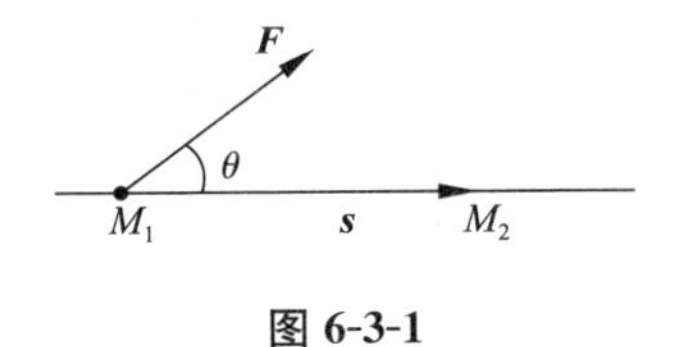

图 6-3-1

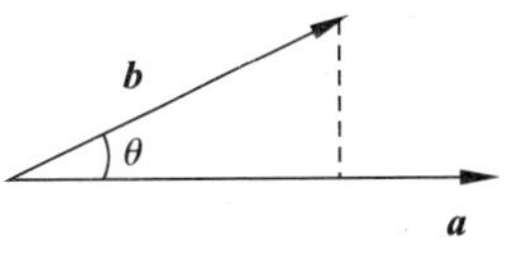

图 6-3-2

同理,当 $\boldsymbol{b}\neq\boldsymbol{0}$ 时,$\boldsymbol{a}\cdot\boldsymbol{b}=|\boldsymbol{b}|\mathrm{Prj}_{\boldsymbol{b}}\boldsymbol{a}$.

数量积的性质：

(1) $\boldsymbol{a}\cdot\boldsymbol{a}=|\boldsymbol{a}|^2$.

(2) 对于两个非零向量 $\boldsymbol{a}$、$\boldsymbol{b}$，如果 $\boldsymbol{a}\cdot\boldsymbol{b}=0$，则 $\boldsymbol{a}\perp\boldsymbol{b}$；反之，如果 $\boldsymbol{a}\perp\boldsymbol{b}$，则 $\boldsymbol{a}\cdot\boldsymbol{b}=0$.

由于零向量的方向是任意的，故认为零向量与任何向量都垂直.

数量积的运算律：

(1) 交换律 $\boldsymbol{a}\cdot\boldsymbol{b}=\boldsymbol{b}\cdot\boldsymbol{a}$

(2) 分配律 $(\boldsymbol{a}+\boldsymbol{b})\cdot\boldsymbol{c}=\boldsymbol{a}\cdot\boldsymbol{c}+\boldsymbol{b}\cdot\boldsymbol{c}$.

(3) 结合律 $(\lambda\boldsymbol{a})\cdot\boldsymbol{b}=\boldsymbol{a}\cdot(\lambda\boldsymbol{b})=\lambda(\boldsymbol{a}\cdot\boldsymbol{b})$，

$(\lambda\boldsymbol{a})\cdot(\mu\boldsymbol{b})=\lambda\mu(\boldsymbol{a}\cdot\boldsymbol{b})$，$\lambda$、$\mu$ 为实数.

下面我们利用数量积的性质和运算规律来推导**数量积的坐标表达式**.

设 $\boldsymbol{a}=(a_x,a_y,a_z)$，$\boldsymbol{b}=(b_x,b_y,b_z)$，由数量积的运算律可得

$$\begin{aligned}\boldsymbol{a}\cdot\boldsymbol{b}&=(a_x\boldsymbol{i}+a_y\boldsymbol{j}+a_z\boldsymbol{k})\cdot(b_x\boldsymbol{i}+b_y\boldsymbol{j}+b_z\boldsymbol{k})\\&=a_xb_x\boldsymbol{i}\cdot\boldsymbol{i}+a_xb_y\boldsymbol{i}\cdot\boldsymbol{j}+a_xb_z\boldsymbol{i}\cdot\boldsymbol{k}+a_yb_x\boldsymbol{j}\cdot\boldsymbol{i}+a_yb_y\boldsymbol{j}\cdot\boldsymbol{j}+a_yb_z\boldsymbol{j}\cdot\boldsymbol{k}+\\&\quad a_zb_x\boldsymbol{k}\cdot\boldsymbol{i}+a_zb_y\boldsymbol{k}\cdot\boldsymbol{j}+a_zb_z\boldsymbol{k}\cdot\boldsymbol{k}.\end{aligned}$$

由于 $\boldsymbol{i},\boldsymbol{j},\boldsymbol{k}$ 互相垂直，因此 $\boldsymbol{i}\cdot\boldsymbol{j}=\boldsymbol{i}\cdot\boldsymbol{k}=\boldsymbol{j}\cdot\boldsymbol{i}=\boldsymbol{j}\cdot\boldsymbol{k}=\boldsymbol{k}\cdot\boldsymbol{i}=\boldsymbol{k}\cdot\boldsymbol{j}=0$，由于 $\boldsymbol{i},\boldsymbol{j},\boldsymbol{k}$ 的模均为 1，因此 $\boldsymbol{i}\cdot\boldsymbol{i}=\boldsymbol{j}\cdot\boldsymbol{j}=\boldsymbol{k}\cdot\boldsymbol{k}=1$，因而得

$$\boldsymbol{a}\cdot\boldsymbol{b}=a_xb_x+a_yb_y+a_zb_z. \tag{6.3.2}$$

这就是**数量积的坐标表达式**.

两向量**夹角的余弦的坐标表示**：当 $\boldsymbol{a}\neq\boldsymbol{0}$，$\boldsymbol{b}\neq\boldsymbol{0}$ 时，设 $\theta=(\widehat{\boldsymbol{a},\boldsymbol{b}})$，因为 $\boldsymbol{a}\cdot\boldsymbol{b}=|\boldsymbol{a}||\boldsymbol{b}|\cos\theta$，所以有

$$\cos\theta=\frac{\boldsymbol{a}\cdot\boldsymbol{b}}{|\boldsymbol{a}||\boldsymbol{b}|}=\frac{a_xb_x+a_yb_y+a_zb_z}{\sqrt{a_x^2+a_y^2+a_z^2}\sqrt{b_x^2+b_y^2+b_z^2}}. \tag{6.3.3}$$

例 1 已知三点 $M(1,1,1)$、$A(2,2,1)$ 和 $B(2,1,2)$，求 $\angle AMB$.

解 作向量 $\overrightarrow{MA}$ 及 $\overrightarrow{MB}$，$\angle AMB$ 就是向量 $\overrightarrow{MA}$ 与 $\overrightarrow{MB}$ 的夹角. 这里，$\overrightarrow{MA}=(1,1,0)$，$\overrightarrow{MB}=(1,0,1)$，从而

$$\overrightarrow{MA}\cdot\overrightarrow{MB}=1\times1+1\times0+0\times1=1;$$

$$|\overrightarrow{MA}|=\sqrt{1^2+1^2+0^2}=\sqrt{2};$$

$$|\overrightarrow{MB}|=\sqrt{1^2+0^2+1^2}=\sqrt{2}.$$

代入两向量夹角余弦的表达式，得

$$\cos\angle AMB=\frac{\overrightarrow{MA}\cdot\overrightarrow{MB}}{|\overrightarrow{MA}||\overrightarrow{MB}|}=\frac{1}{\sqrt{2}\cdot\sqrt{2}}=\frac{1}{2}.$$

由此得 $\angle AMB=\frac{\pi}{3}$.

二、两向量的向量积

在研究物体转动问题时，不但要考虑这个物体所受的力，还要分析这些力所产生的力矩.

设 O 为一根杠杆 L 的支点，有一个力 $\boldsymbol{F}$ 作用于这杠杆上 P 点处，$\boldsymbol{F}$ 与 $\overrightarrow{OP}$ 的夹角为 θ. 由力

学规定，力 $\boldsymbol{F}$ 对支点 O 的力矩是一个向量 $\boldsymbol{M}$，它的模

$$|\boldsymbol{M}|=|\overrightarrow{OP}||\boldsymbol{F}|\sin\theta,$$

而 $\boldsymbol{M}$ 的方向垂直于 $\overrightarrow{OP}$ 与 $\boldsymbol{F}$ 所决定的平面，$\boldsymbol{M}$ 的指向是按右手规则从 $\overrightarrow{OP}$ 以不超过 π 的角转向 $\boldsymbol{F}$ 来确定的.

定义 2 设向量 $\boldsymbol{c}$ 是由两个向量 $\boldsymbol{a}$ 与 $\boldsymbol{b}$ 按下列方式定义的(图 6-3-3).

(1) $\boldsymbol{c}$ 的模 $|\boldsymbol{c}|=|\boldsymbol{a}||\boldsymbol{b}|\sin\theta$，其中，$\theta$ 为 $\boldsymbol{a}$ 与 $\boldsymbol{b}$ 间的夹角；

(2) $\boldsymbol{c}$ 的方向垂直于 $\boldsymbol{a}$ 与 $\boldsymbol{b}$ 所决定的平面，$\boldsymbol{c}$ 的指向按右手规则从 $\boldsymbol{a}$ 转向 $\boldsymbol{b}$ 来确定.

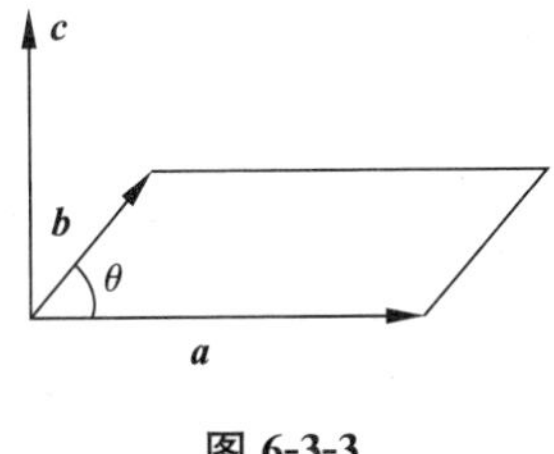

图 6-3-3

则向量 $\boldsymbol{c}$ 叫作向量 $\boldsymbol{a}$ 与 $\boldsymbol{b}$ 的**向量积**(或称**外积**、**叉积**)，记作 $\boldsymbol{a}\times\boldsymbol{b}$，即

$$\boldsymbol{c}=\boldsymbol{a}\times\boldsymbol{b}.$$

根据向量积的定义，力矩 $\boldsymbol{M}$ 等于 $\overrightarrow{OP}$ 与 $\boldsymbol{F}$ 的向量积，即 $\boldsymbol{M}=\overrightarrow{OP}\times\boldsymbol{F}$.

向量积的性质：

(1) $\boldsymbol{a}\times\boldsymbol{a}=\boldsymbol{0}$；

(2) 对于两个非零向量 $\boldsymbol{a},\boldsymbol{b}$，如果 $\boldsymbol{a}\times\boldsymbol{b}=\boldsymbol{0}$，则 $\boldsymbol{a}/\!/\boldsymbol{b}$；反之，如果 $\boldsymbol{a}/\!/\boldsymbol{b}$，则 $\boldsymbol{a}\times\boldsymbol{b}=\boldsymbol{0}$.

如果认为零向量与任何向量都平行，则 $\boldsymbol{a}/\!/\boldsymbol{b}\Leftrightarrow\boldsymbol{a}\times\boldsymbol{b}=\boldsymbol{0}$.

向量积的运算律：

(1) 交换律 $\boldsymbol{a}\times\boldsymbol{b}=-\boldsymbol{b}\times\boldsymbol{a}$；

(2) 分配律 $(\boldsymbol{a}+\boldsymbol{b})\times\boldsymbol{c}=\boldsymbol{a}\times\boldsymbol{c}+\boldsymbol{b}\times\boldsymbol{c}$；

(3) 结合律 $(\lambda\boldsymbol{a})\times\boldsymbol{b}=\boldsymbol{a}\times(\lambda\boldsymbol{b})=\lambda(\boldsymbol{a}\times\boldsymbol{b})$($\lambda$ 为数).

向量积的坐标表示：

设 $\boldsymbol{a}=a_x\boldsymbol{i}+a_y\boldsymbol{j}+a_z\boldsymbol{k}$，$\boldsymbol{b}=b_x\boldsymbol{i}+b_y\boldsymbol{j}+b_z\boldsymbol{k}$. 应用向量积的运算律可得

$$\begin{aligned}\boldsymbol{a}\times\boldsymbol{b}=&(a_x\boldsymbol{i}+a_y\boldsymbol{j}+a_z\boldsymbol{k})\times(b_x\boldsymbol{i}+b_y\boldsymbol{j}+b_z\boldsymbol{k})\\=&a_xb_x\boldsymbol{i}\times\boldsymbol{i}+a_xb_y\boldsymbol{i}\times\boldsymbol{j}+a_xb_z\boldsymbol{i}\times\boldsymbol{k}+a_yb_x\boldsymbol{j}\times\boldsymbol{i}+a_yb_y\boldsymbol{j}\times\boldsymbol{j}+\\&a_yb_z\boldsymbol{j}\times\boldsymbol{k}+a_zb_x\boldsymbol{k}\times\boldsymbol{i}+a_zb_y\boldsymbol{k}\times\boldsymbol{j}+a_zb_z\boldsymbol{k}\times\boldsymbol{k}.\end{aligned}$$

由于 $\boldsymbol{i}\times\boldsymbol{i}=\boldsymbol{j}\times\boldsymbol{j}=\boldsymbol{k}\times\boldsymbol{k}=\boldsymbol{0}$，$\boldsymbol{i}\times\boldsymbol{j}=\boldsymbol{k}$，$\boldsymbol{j}\times\boldsymbol{k}=\boldsymbol{i}$，$\boldsymbol{k}\times\boldsymbol{i}=\boldsymbol{j}$，因此

$$\boldsymbol{a}\times\boldsymbol{b}=(a_yb_z-a_zb_y)\boldsymbol{i}+(a_zb_x-a_xb_z)\boldsymbol{j}+(a_xb_y-a_yb_x)\boldsymbol{k}.$$

为了便于记忆，利用三阶行列式符号，上式可写成

$$\boldsymbol{a}\times\boldsymbol{b}=\begin{vmatrix}\boldsymbol{i}&\boldsymbol{j}&\boldsymbol{k}\\a_x&a_y&a_z\\b_x&b_y&b_z\end{vmatrix}.$$

例 2 设向量 $\boldsymbol{a}=(2,1,-1)$ 和 $\boldsymbol{b}=(1,-1,2)$，计算下列问题：

(1) $\boldsymbol{a}\times\boldsymbol{b}$；　　(2)以向量 $\boldsymbol{a}$、$\boldsymbol{b}$ 及 $\boldsymbol{a}-\boldsymbol{b}$ 为边的三角形的面积 S.

解 (1) $\boldsymbol{a}\times\boldsymbol{b}=\begin{vmatrix}\boldsymbol{i}&\boldsymbol{j}&\boldsymbol{k}\\2&1&-1\\1&-1&2\end{vmatrix}=(1,-5,-3)$；

(2) 根据向量积的定义，可知 $S=\dfrac{1}{2}|\boldsymbol{a}||\boldsymbol{b}|\sin(\widehat{\boldsymbol{a},\boldsymbol{b}})=\dfrac{1}{2}|\boldsymbol{a}\times\boldsymbol{b}|$，

由(1)的结果可知,$|\boldsymbol{a}\times\boldsymbol{b}|=\sqrt{1^2+(-5)^2+(-3)^2}=\sqrt{35}$,所以 $S=\frac{\sqrt{35}}{2}$.

习题 6-3

1. 设$|\boldsymbol{a}|=3$,$|\boldsymbol{b}|=5$,且两向量的夹角 $\theta=\frac{\pi}{3}$,试求$(\boldsymbol{a}-2\boldsymbol{b})\cdot(3\boldsymbol{a}+2\boldsymbol{b})$.

2. 已知 $M_1(1,-1,2)$,$M_2(3,3,1)$和 $M_3(3,1,3)$,求与$\overrightarrow{M_1M_2}$,$\overrightarrow{M_2M_3}$都垂直的单位向量.

3. 求向量 $\boldsymbol{a}=(4,-3,4)$在向量 $\boldsymbol{b}=(2,2,1)$上的投影.

4. 设 $\boldsymbol{a}=(3,5,-2)$,$\boldsymbol{b}=(2,1,4)$,问:λ 与 μ 有怎样的关系能使 $\lambda\boldsymbol{a}+\mu\boldsymbol{b}$ 与 z 轴垂直?

5. 设 $\boldsymbol{a}=2\boldsymbol{i}-3\boldsymbol{j}+\boldsymbol{k}$,$\boldsymbol{b}=\boldsymbol{i}-\boldsymbol{j}+3\boldsymbol{k}$ 和 $\boldsymbol{c}=\boldsymbol{i}-2\boldsymbol{j}$,求:

(1) $(\boldsymbol{a}\cdot\boldsymbol{b})\boldsymbol{c}-(\boldsymbol{a}\cdot\boldsymbol{c})\boldsymbol{b}$; (2) $(\boldsymbol{a}+\boldsymbol{b})\times(\boldsymbol{b}+\boldsymbol{c})$; (3) $(\boldsymbol{a}\times\boldsymbol{b})\cdot\boldsymbol{c}$.

第四节　平面及其方程

平面是空间中最简单但却最重要的曲面.本节我们将以向量为工具,在空间直角坐标系中建立其方程,并进一步讨论有关平面的一些基本性质.

一、平面的点法式方程

平面在空间中的位置是由一定的几何条件所决定的.例如,通过某定点的平面有无穷多个,但若再限定平面与一已知非零向量垂直,则这个平面就可以被完全确定,下面我们就从这个角度来建立平面的点法式方程.

一般情况,如果一个非零向量垂直于一个平面,则称此向量为该平面的**法线向量**,简称**法向量**.容易知道,平面上的任一向量均与该平面的法线向量垂直.

设平面 Π 过点 $M_0(x_0,y_0,z_0)$且以 $\boldsymbol{n}=(A,B,C)$为法向量,设$M(x,y,z)$是平面 Π 上的任一点.那么向量$\overrightarrow{M_0M}$必与平面 Π 的法线向量 $\boldsymbol{n}$ 垂直,即 $\boldsymbol{n}\cdot\overrightarrow{M_0M}=0$(图 6-4-1).由于

$$\boldsymbol{n}=(A,B,C),\quad \overrightarrow{M_0M}=(x-x_0,y-y_0,z-z_0),$$

因此

$$A(x-x_0)+B(y-y_0)+C(z-z_0)=0. \tag{6.4.1}$$

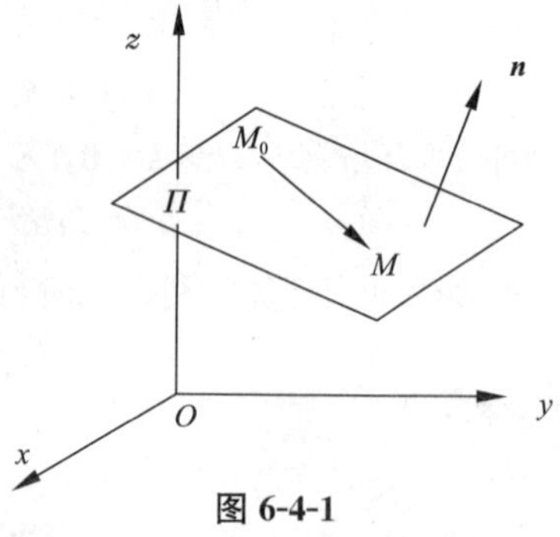

图 6-4-1

这就是平面 Π 上任一点 M 的坐标 x,y,z 所满足的方程.此方程叫作平面的**点法式方程**.

例 1　求过点$(2,-3,0)$且以 $\boldsymbol{n}=(1,-2,3)$为法线向量的平面的方程.

解　根据平面的点法式方程(6.4.1),得所求平面的方程为

$$(x-2)-2(y+3)+3z=0,$$

即

$$x-2y+3z-8=0.$$

例 2　求过三点 $M_1(2,-1,4)$、$M_2(-1,3,-2)$和 $M_3(0,2,3)$的平面的方程.

解　我们可以用$\overrightarrow{M_1M_2}\times\overrightarrow{M_1M_3}$作为平面的法线向量 $\boldsymbol{n}$.因为

$$\overrightarrow{M_1M_2}=(-3,4,-6),\quad \overrightarrow{M_1M_3}=(-2,3,-1),$$

所以

$$\boldsymbol{n}=\overrightarrow{M_1M_2}\cdot\overrightarrow{M_1M_3}=\begin{vmatrix}\boldsymbol{i} & \boldsymbol{j} & \boldsymbol{k}\\ -3 & 4 & -6\\ -2 & 3 & -1\end{vmatrix}=14\boldsymbol{i}+9\boldsymbol{j}-\boldsymbol{k}.$$

根据平面的点法式方程，得所求平面的方程为

$$14(x-2)+9(y+1)-(z-4)=0,$$

即

$$14x+9y-z-15=0.$$

二、平面的一般方程

平面的点法式方程是关于 x,y,z 的一次方程，且任意一个三元一次方程的图形都是一个平面. 因此三元一次方程

$$Ax+By+Cz+D=0, \tag{6.4.2}$$

称为**平面的一般方程**.

讨论：对于一些特殊的三元一次方程，其图形的特点如下：

(1) 当 $D=0$ 时，该平面通过坐标原点；

(2) 当 $\boldsymbol{n}=(0,B,C)$ 时，法线向量垂直于 x 轴，平面平行于 x 轴；

(3) 当 $\boldsymbol{n}=(A,0,C)$ 时，法线向量垂直于 y 轴，平面平行于 y 轴；

(4) 当 $\boldsymbol{n}=(A,B,0)$ 时，法线向量垂直于 z 轴，平面平行于 z 轴；

(5) 当 $\boldsymbol{n}=(0,0,C)$ 时，法线向量垂直于 x 轴和 y 轴，平面平行于 xOy 平面；

(6) 当 $\boldsymbol{n}=(A,0,0)$ 时，法线向量垂直于 y 轴和 z 轴，平面平行于 yOz 平面；

(7) 当 $\boldsymbol{n}=(0,B,0)$ 时，法线向量垂直于 x 轴和 z 轴，平面平行于 zOx 平面.

例 3 求通过 x 轴和点 $(4,-3,-1)$ 的平面的方程.

解 平面通过 x 轴，一方面表明其法线向量垂直于 x 轴，即 $A=0$；另一方面表明，它必通过原点，即 $D=0$. 因此可设这个平面的方程为

$$By+Cz=0,$$

又因为该平面通过点 $(4,-3,-1)$，所以

$$-3B-C=0,$$

即 $C=-3B$，将其代入所设方程并除以 $B(B\neq0)$，便得所求的平面方程为

$$y-3z=0.$$

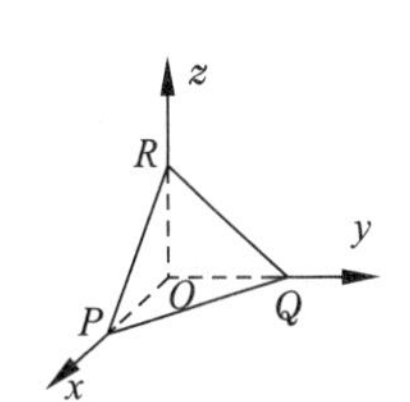

图 6-4-2

例 4 设一平面与 x、y、z 轴的交点依次为 $P(a,0,0)$，$Q(0,b,0)$，$R(0,0,c)$ 三点(图 6-4-2)，求该平面的方程(其中 $a\neq0,b\neq0,c\neq0$).

解 设所求平面的方程为

$$Ax+By+Cz+D=0.$$

因为点 $P(a,0,0)$，$Q(0,b,0)$，$R(0,0,c)$ 都在平面上，所以点 P,Q,R 的坐标都满足所设方程，即

$$\begin{cases}aA+D=0,\\ bB+D=0,\\ cC+D=0,\end{cases}$$

由此得$A=-\frac{D}{a}$,$B=-\frac{D}{b}$,$C=-\frac{D}{c}$.将其代入所设方程,得

$$-\frac{D}{a}x-\frac{D}{b}y-\frac{D}{c}z+D=0.$$

两边除以$D(D\neq 0)$,得

$$\frac{x}{a}+\frac{y}{b}+\frac{z}{c}=1. \tag{6.4.3}$$

上述方程(6.4.3)叫作**平面的截距式方程**,而a,b,c依次叫作**平面在x,y,z轴上的截距**.

三、两平面的夹角

两平面的法线向量的夹角(通常指锐角)称为**两平面的夹角**.

设平面Π_1和Π_2的法线向量分别为$\boldsymbol{n}_1=(A_1,B_1,C_1)$和$\boldsymbol{n}_2=(A_2,B_2,C_2)$,那么平面$\Pi_1$和$\Pi_2$的夹角$\theta$应是$(\widehat{\boldsymbol{n}_1,\boldsymbol{n}_2})$和$\pi-(\widehat{\boldsymbol{n}_1,\boldsymbol{n}_2})$两者中的锐角(图6-4-3),因此,

$$\cos\theta=|\cos(\widehat{\boldsymbol{n}_1,\boldsymbol{n}_2})|.$$

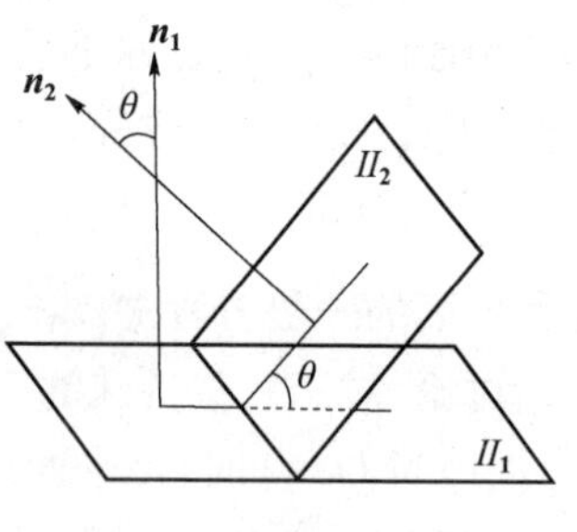

图 6-4-3

按两向量夹角余弦的坐标表示式,平面Π_1和Π_2的夹角θ可由

$$\cos\theta=\frac{|A_1A_2+B_1B_2+C_1C_2|}{\sqrt{A_1^2+B_1^2+C_1^2}\cdot\sqrt{A_2^2+B_2^2+C_2^2}}.$$

来确定.

从两向量垂直、平行的充分必要条件容易推得下列结论:

(1)平面Π_1和Π_2**垂直**等价于$A_1A_2+B_1B_2+C_1C_2=0$;

(2)平面Π_1和Π_2**平行或重合**等价于$\frac{A_1}{A_2}=\frac{B_1}{B_2}=\frac{C_1}{C_2}$.

例5 求两平面$x-y+2z-6=0$和$2x+y+z-5=0$的夹角.

解 $\boldsymbol{n}_1=(A_1,B_1,C_1)=(1,-1,2)$, $\boldsymbol{n}_2=(A_2,B_2,C_2)=(2,1,1)$,

$$\cos\theta=\frac{|A_1A_2+B_1B_2+C_1C_2|}{\sqrt{A_1^2+B_1^2+C_1^2}\cdot\sqrt{A_2^2+B_2^2+C_2^2}}=\frac{|1\times2+(-1)\times1+2\times1|}{\sqrt{1^2+(-1)^2+2^2}\cdot\sqrt{2^2+1^2+1^2}}=\frac{1}{2},$$

所以,所求夹角为$\theta=\frac{\pi}{3}$.

例6 一平面通过两点$M_1(1,1,1)$和$M_2(0,1,-1)$且垂直于平面$x+y+z=0$,求平面方程.

解 从点M_1到点M_2的向量为$\boldsymbol{n}_1=(-1,0,-2)$,平面$x+y+z=0$的法线向量为$\boldsymbol{n}_2=(1,1,1)$,所求平面的法线向量$\boldsymbol{n}$可取为$\boldsymbol{n}_1\times\boldsymbol{n}_2$,因为

$$\boldsymbol{n}=\boldsymbol{n}_1\times\boldsymbol{n}_2=\begin{vmatrix}\boldsymbol{i}&\boldsymbol{j}&\boldsymbol{k}\\-1&0&-2\\1&1&1\end{vmatrix}=2\boldsymbol{i}-\boldsymbol{j}-\boldsymbol{k},$$

所以所求平面方程为$2(x-1)-(y-1)-(z-1)=0$,即$2x-y-z=0$.

四、点到平面的距离

设点$P_1(x,y,z)$是平面内的任意一点,$P_0(x_0,y_0,z_0)$是平面外的一点,向量$\boldsymbol{n}$是平面的法

向量,如图 6-4-4 所示,设点 P_0 到平面的距离为 d,则

$$d=|\overrightarrow{P_1P_0}||\cos\theta|=\frac{|\overrightarrow{P_1P_0}\cdot\boldsymbol{n}|}{|\boldsymbol{n}|},$$

可得点 $P_0(x_0,y_0,z_0)$到平面 $Ax+By+Cz+D=0$ 的**距离公式**为

$$d=\frac{|Ax_0+By_0+Cz_0+D|}{\sqrt{A^2+B^2+C^2}}.$$

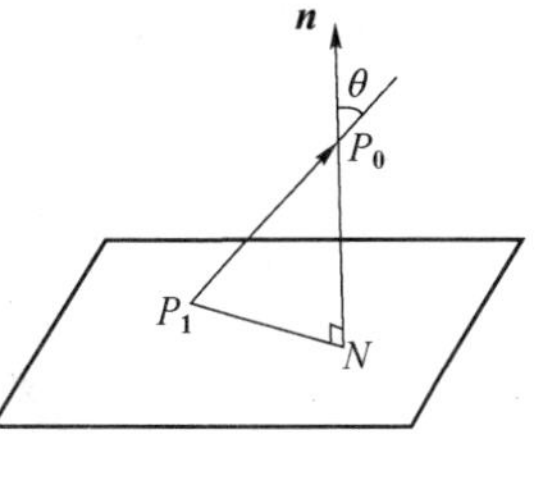

图 6-4-4

例 7 求点(2,1,1)到平面 $x+y-z+1=0$ 的距离.

解

$$d=\frac{|Ax_0+By_0+Cz_0+D|}{\sqrt{A^2+B^2+C^2}}=\frac{|1\times2+1\times1-1\times1+1|}{\sqrt{1^2+1^2+(-1)^2}}$$

$$=\frac{3}{\sqrt{3}}=\sqrt{3}.$$

习题 6-4

1. 求通过点(2,4,−3)且与平面 $2x+3y-5z=5$ 平行的平面方程.
2. 求过点 $M(2,9,-6)$且与过原点的线段 OM 垂直的平面方程.
3. 求过三点 $M_1(1,1,2)$,$M_2(3,2,3)$,$M_3(2,0,3)$的平面方程.
4. 平面过原点 O,且垂直于平面 $\Pi_1:x+2y+3z-2=0$ 和 $\Pi_2:6x-y+5z+2=0$,求此平面方程.
5. 求平面 $2x-2y+z+5=0$ 与各坐标面的夹角的余弦.
6. 求点 $M(1,2,1)$到平面 $x+2y+2z-10=0$ 的距离.

第五节　空间直线及其方程

一、空间直线的一般方程

空间直线 L 可以看作两个平面 Π_1 和 Π_2 的交线. 如果两个相交平面 Π_1 和 Π_2 的方程分别为

$$\Pi_1:A_1x+B_1y+C_1z+D_1=0,$$
$$\Pi_2:A_2x+B_2y+C_2z+D_2=0.$$

记两者的交线为 L(图 6-5-1),则直线 L 上的任一点的坐标应同时满足这两个平面的方程,即应满足方程组

$$\begin{cases}A_1x+B_1y+C_1z+D_1=0,\\A_2x+B_2y+C_2z+D_2=0.\end{cases}\tag{6.5.1}$$

反过来,如果点 M 不在直线 L 上,那么它不可能同时在平面 Π_1 和 Π_2 上,所以它的坐标不满足方程组(6.5.1). 因此,直线 L 可以用方程组(6.5.1)来表示. 方程组(6.5.1)叫作**空间直线的一般方程**.

二、空间直线的对称式方程与参数方程

空间直线的位置可由其上一点及其方向完全确定. 设直线 L 通过点 $M_0(x_0,y_0,z_0)$且与一

非零向量$\boldsymbol{s}=(m,n,p)$平行,如图 6-5-2 所示.

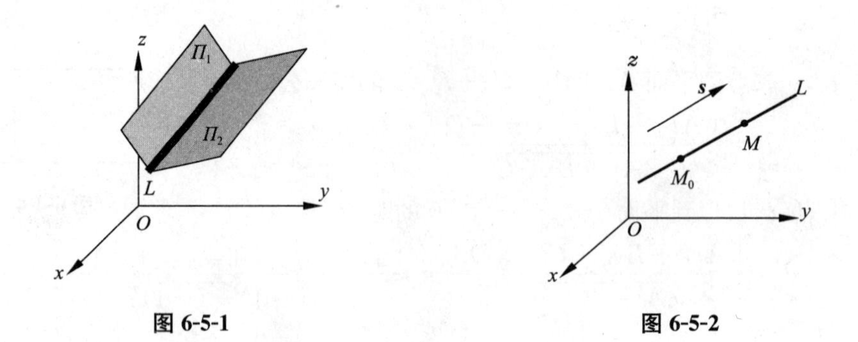

图 6-5-1　　　　图 6-5-2

设$M(x,y,z)$为直线L上的任一点,那么向量$\overrightarrow{M_0M}$与L的方向向量$\boldsymbol{s}$平行,所以两向量的对应坐标成比例,由于$\overrightarrow{M_0M}=(x-x_0,y-y_0,z-z_0)$,$\boldsymbol{s}=(m,n,p)$,从而有

$$\frac{x-x_0}{m}=\frac{y-y_0}{n}=\frac{z-z_0}{p},$$

这就是直线L的方程,叫作直线的**对称式方程**或**点向式方程**.向量$\boldsymbol{s}=(m,n,p)$称为直线L的**方向向量**.

注:当m,n,p中有一个为零,例如$m=0$,而$n,p\neq 0$时,此方程组应理解为

$$\begin{cases} x=x_0, \\ \dfrac{y-y_0}{n}=\dfrac{z-z_0}{p}. \end{cases}$$

当m,n,p中有两个为零,例如$m=n=0$,而$p\neq 0$时,这方程组应理解为

$$\begin{cases} x-x_0=0, \\ y-y_0=0. \end{cases}$$

由直线的对称式方程容易导出直线的**参数方程**.设

$$\frac{x-x_0}{m}=\frac{y-y_0}{n}=\frac{z-z_0}{p}=t,$$

得参数方程

$$\begin{cases} x=x_0+mt, \\ y=y_0+nt, \\ z=z_0+pt. \end{cases}$$

例 1　设一直线过点$M(2,-3,4)$,且与y轴垂直相交,求其方程.

解　因为直线和y轴垂直相交,故在y轴上的交点为$B(0,-3,0)$,取$\boldsymbol{s}=\overrightarrow{BM}=\{2,0,4\}$,则得到所求直线方程

$$\frac{x-2}{2}=\frac{y+3}{0}=\frac{z-4}{4}.$$

例 2　用对称式方程及参数方程表示直线$\begin{cases} x+y+z=1, \\ 2x-y+3z=4. \end{cases}$

解　先求直线上的一点(x,y,z).取$x=1$,有

$$\begin{cases} y+z=0, \\ -y+3z=2. \end{cases}$$

解此方程组，得 $y=-\frac{1}{2}$，$z=\frac{1}{2}$，即$\left(1,-\frac{1}{2},\frac{1}{2}\right)$就是直线上的一点.

再求这直线的方向向量 $\boldsymbol{s}$. 以平面 $x+y+z=1$ 和 $2x-y+3z=4$ 的法线向量的向量积作为直线的方向向量 $\boldsymbol{s}$，

$$\boldsymbol{s}=(\boldsymbol{i}+\boldsymbol{j}+\boldsymbol{k})\times(2\boldsymbol{i}-\boldsymbol{j}+3\boldsymbol{k})=\begin{vmatrix} \boldsymbol{i} & \boldsymbol{j} & \boldsymbol{k} \\ 1 & 1 & 1 \\ 2 & -1 & 3 \end{vmatrix}=4\boldsymbol{i}-\boldsymbol{j}-3\boldsymbol{k}.$$

因此，所给直线的对称式方程为

$$\frac{x-1}{4}=\frac{y+\frac{1}{2}}{-1}=\frac{z-\frac{1}{2}}{-3}.$$

令$\frac{x-1}{4}=\frac{y+\frac{1}{2}}{-1}=\frac{z-\frac{1}{2}}{-3}=t$，得所给直线的参数方程为

$$\begin{cases} x=1+4t, \\ y=-\frac{1}{2}-t, \\ z=-3t+\frac{1}{2}. \end{cases}$$

三、两直线的夹角

两直线的方向向量的夹角（通常指锐角）叫作**两直线的夹角**. 设直线 L_1 和 L_2 的方向向量分别为 $\boldsymbol{s}_1=(m_1,n_1,p_1)$和 $\boldsymbol{s}_2=(m_2,n_2,p_2)$，那么 L_1 和 L_2 的夹角 φ 就是$(\widehat{\boldsymbol{s}_1,\boldsymbol{s}_2})$和$(\widehat{-\boldsymbol{s}_1,\boldsymbol{s}_2})=\pi-(\widehat{\boldsymbol{s}_1,\boldsymbol{s}_2})$两者中的锐角.

因此 $\cos\varphi=|\cos(\widehat{\boldsymbol{s}_1,\boldsymbol{s}_2})|$. 根据两向量的夹角的余弦公式，直线 L_1 和 L_2 的夹角可由

$$\cos\varphi=|\cos(\widehat{\boldsymbol{s}_1,\boldsymbol{s}_2})|=\frac{|m_1m_2+n_1n_2+p_1p_2|}{\sqrt{m_1^2+n_1^2+p_1^2}\cdot\sqrt{m_2^2+n_2^2+p_2^2}}$$

确定.

从两向量垂直、平行的充分必要条件容易推得下列结论：

(1) 两直线 L_1、L_2 互相垂直$\Leftrightarrow m_1m_2+n_1n_2+p_1p_2=0$；

(2) 两直线 L_1、L_2 互相平行或重合$\Leftrightarrow\frac{m_1}{m_2}=\frac{n_1}{n_2}=\frac{p_1}{p_2}$.

例 3 求直线 L_1：$\frac{x-1}{1}=\frac{y}{-4}=\frac{z+3}{1}$和 L_2：$\frac{x}{2}=\frac{y+2}{-2}=\frac{z}{-1}$的夹角.

解 两直线的方向向量分别为 $\boldsymbol{s}_1=(1,-4,1)$和 $\boldsymbol{s}_2=(2,-2,-1)$. 设两直线的夹角为 φ，则

$$\cos\varphi=\frac{|1\times2+(-4)\times(-2)+1\times(-1)|}{\sqrt{1^2+(-4)^2+1^2}\cdot\sqrt{2^2+(-2)^2+(-1)^2}}=\frac{1}{\sqrt{2}}=\frac{\sqrt{2}}{2},$$

所以 $\varphi=\frac{\pi}{4}$.

四、直线与平面的夹角

当直线与平面不垂直时,直线和它在平面上的投影直线的夹角称为**直线与平面的夹角**;当直线与平面垂直时,规定直线与平面的夹角为$\frac{\pi}{2}$.

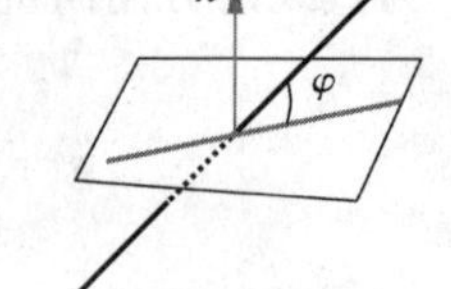

图 6-5-3

设直线的方向向量 $\boldsymbol{s}=(m,n,p)$,平面的法线向量为 $\boldsymbol{n}=(A,B,C)$,直线与平面的夹角为 φ(图 6-5-3),那么 $\varphi=\left|\frac{\pi}{2}-(\widehat{\boldsymbol{s},\boldsymbol{n}})\right|$,因此 $\sin\varphi=|\cos(\widehat{\boldsymbol{s},\boldsymbol{n}})|$. 由两向量夹角余弦的坐标表示式,有

$$\sin\varphi=\frac{|Am+Bn+Cp|}{\sqrt{A^2+B^2+C^2}\cdot\sqrt{m^2+n^2+p^2}}.$$

因为直线与平面垂直相当于直线的方向向量与平面的法线向量平行,所以

$$\textbf{直线与平面垂直}\Leftrightarrow\frac{A}{m}=\frac{B}{n}=\frac{C}{p}.$$

因为直线与平面平行或直线在平面上相当于直线的方向向量与平面的法线向量垂直,所以

$$\textbf{直线与平面平行或直线在平面上}\Leftrightarrow Am+Bn+Cp=0.$$

例 4 求过点(1,−2,4)且与平面 $2x-3y+z-4=0$ 垂直的直线的方程.

解 平面的法线向量(2,−3,1)可以作为所求直线的方向向量. 由此可得所求直线的方程为

$$\frac{x-1}{2}=\frac{y+2}{-3}=\frac{z-4}{1}.$$

五、平面束

通过空间一直线可作无穷多个平面,通过同一直线的所有平面构成一个平面束. 设直线 L 的一般方程为

$$\begin{cases}A_1x+B_1y+C_1z+D_1=0,\\A_2x+B_2y+C_2z+D_2=0,\end{cases}$$

则三元一次方程

$$A_1x+B_1y+C_1z+D_1+\lambda(A_2x+B_2y+C_2z+D_2)=0,$$

即
$$(A_1+\lambda A_2)+(B_1+\lambda B_2)y+(C_1+\lambda C_2)z+D_1+\lambda D_2=0,$$

称其为过直线 L 的**平面方程束**,其中,λ 为任意常数.

例 5 求直线$\begin{cases}x+y-z-1=0,\\x-y+z+1=0\end{cases}$在平面 $x+y+z=0$ 上的投影直线的方程.

解 过直线$\begin{cases}x+y-z-1=0,\\x-y+z+1=0\end{cases}$的平面束的方程为

$$(x+y-z-1)+\lambda(x-y+z+1)=0,$$

即$(1+\lambda)x+(1-\lambda)y+(-1+\lambda)z+(-1+\lambda)=0$,

其中,λ 为待定常数. 此平面与平面$x+y+z=0$ 垂直的条件是

$$(1+\lambda)\cdot1+(1-\lambda)\cdot1+(-1+\lambda)\cdot1=0,$$

即 $\lambda+1=0$，由此得 $\lambda=-1$，代入上式，得投影平面的方程为

$$2y-2z-2=0,$$

即 $y-z-1=0$. 所以投影直线的方程为

$$\begin{cases} y-z-1=0, \\ x+y+z=0. \end{cases}$$

习题 6-5

1. 求过点$(3,-1,2)$且平行于直线$\frac{x-3}{4}=y=\frac{z-1}{3}$的直线方程.

2. 求过两点 $M_1(2,-1,5)$和 $M_2(-1,0,6)$的直线方程.

3. 用对称式方程及参数方程表示直线$\begin{cases} 2x-y-3z+2=0, \\ x+2y-z-6=0. \end{cases}$

4. 求过点$(0,2,4)$且与两平面 $x+2z=1$ 和 $y-3z=2$ 平行的直线方程.

5. 求直线$\begin{cases} x+y+3z=0, \\ x-y-z=0 \end{cases}$与平面 $x-y-z+1=0$ 的夹角.

6. 试确定下列各组中直线和平面间的关系：

(1) $\frac{x+3}{-2}=\frac{y+4}{-7}=\frac{z}{3}$和 $4x-2y-2z-3=0$；

(2) $\frac{x}{3}=\frac{y}{-2}=\frac{z}{7}$和 $3x-2y+7z-8=0$；

(3) $\frac{x-2}{3}=\frac{y+2}{1}=\frac{z-3}{-4}$和 $x+y+z-3=0$.

第六节　曲面及其方程

一、曲面方程的概念

在日常生活中，我们常常会看到各种曲面，例如反光镜面、球面等. 与在平面解析几何中把平面曲线看作动点的轨迹类似，在空间解析几何中，曲面也可以看作具有某种性质的动点的轨迹.

定义 1　如果曲面 S 与三元方程

$$F(x,y,z)=0$$

有下述关系：

(1) 曲面 S 上任一点的坐标都满足方程 $F(x,y,z)=0$；

(2) 不在曲面 S 上的点的坐标都不满足方程 $F(x,y,z)=0$，那么，方程 $F(x,y,z)=0$ 就叫作**曲面 S 的方程**，而曲面 S 就叫作方程 $F(x,y,z)=0$ 的**图形**(见图 6-6-1).

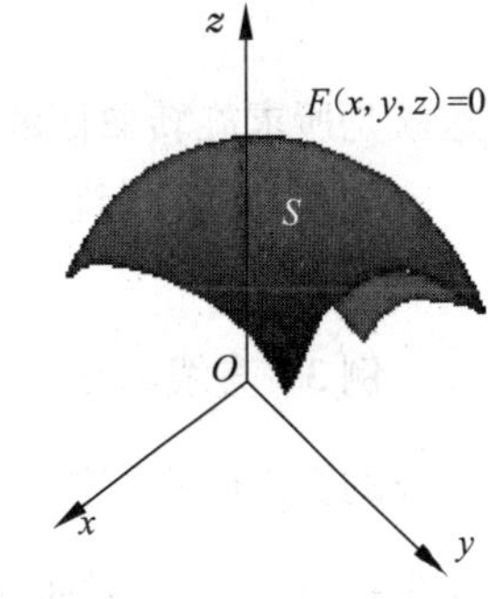

图 6-6-1

空间曲面研究的两个基本问题是：

(1) 根据空间曲面上的点所满足的几何条件,建立曲面的方程;

(2) 已知曲面方程,研究曲面的几何形状.

例1 建立球心在点 $M_0(x_0,y_0,z_0)$处,半径为 R 的球面的方程.

解 设 $M(x,y,z)$是球面上的任一点,那么$|M_0M|=R$,即

$$\sqrt{(x-x_0)^2+(y-y_0)^2+(z-z_0)^2}=R,$$

等式两边平方可得

$$(x-x_0)^2+(y-y_0)^2+(z-z_0)^2=R^2.$$

这就是球心在点 $M_0(x_0,y_0,z_0)$、半径为 R 的球面的方程.

特殊情况,球心在原点 $O(0,0,0)$、半径为 R 的球面的方程为 $x^2+y^2+z^2=R^2$.

一般情况,三元二次方程 $Ax^2+By^2+Cz^2+Dx+Ey+Fz+G=0$ 的图形是一个球面.

例2 设有点 $A(1,2,3)$和点 $B(2,-1,4)$,求线段 AB 的垂直平分面的方程.

解 由题意知,所求的平面就是与点 A 和点 B 等距离的点的几何轨迹. 设 $M(x,y,z)$为所求平面上的任一点,则有$|AM|=|BM|$,即

$$\sqrt{(x-1)^2+(y-2)^2+(z-3)^2}=\sqrt{(x-2)^2+(y+1)^2+(z-4)^2}.$$

等式两边平方,然后化简,得线段 AB 的垂直平分面的方程为

$$2x-6y+2z-7=0.$$

二、旋转曲面

定义2 一条平面曲线绕其平面上的一条直线旋转一周所成的曲面叫作**旋转曲面**,这条平面曲线和定直线分别叫作旋转曲面的**母线**和**轴**.

设在 yOz 坐标面上有一已知曲线 C,其方程为

$$f(y,z)=0,$$

将该曲线绕 z 轴旋转一周,就得到一个以 z 轴为轴的旋转曲面(图 6-6-2). 其方程可以通过以下过程求得:

设 $M(x,y,z)$为曲面上任一点,它是曲线 C 上的点 $M_1(0,y_1,z_1)$绕 z 轴旋转得到的,因此有如下关系等式:

$$f(y_1,z_1)=0,\quad z=z_1,\quad |y_1|=\sqrt{x^2+y^2},$$

从而得

$$f(\pm\sqrt{x^2+y^2},z)=0,$$

这就是所求**旋转曲面的方程**.

同理,曲线 C 绕 y 轴旋转所成的旋转曲面的方程为

$$f(y,\pm\sqrt{x^2+z^2})=0.$$

例3 直线 L 绕另一条与 L 相交的直线旋转一周,所得旋转曲面叫作圆锥面(图 6-6-3). 两直线的交点叫作圆锥面的顶点,两直线的夹角 $\alpha\left(0<\alpha<\frac{\pi}{2}\right)$ 叫作**圆锥面的半顶角**. 试建立顶点在坐标原点 O,旋转轴为 z 轴,半顶角为 α 的圆锥面的方程.

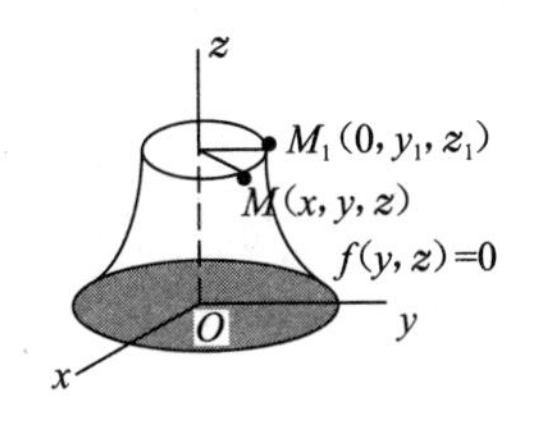

图 6-6-2

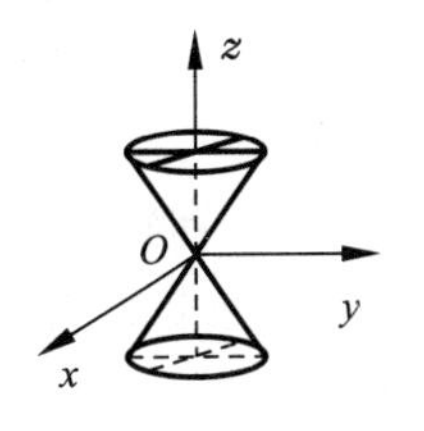

图 6-6-3

解 在 yOz 坐标面内，直线 L 的方程为

$$z = y\cot\alpha,$$

将方程 $z=y\cot\alpha$ 中的 y 改成 $\pm\sqrt{x^2+y^2}$，就得到所要求的圆锥面的方程

$$z=\pm\sqrt{x^2+y^2}\cot\alpha \quad \text{或} \quad z^2=k^2(x^2+y^2),$$

其中，$k=\cot\alpha$.

例 4 将 zOx 坐标面上的双曲线 $\frac{x^2}{a^2}-\frac{z^2}{c^2}=1$ 分别绕 x 轴和 z 轴旋转一周，求所生成的旋转曲面的方程.

解 绕 x 轴旋转的旋转曲面的方程为

$$\frac{x^2}{a^2}-\frac{y^2+z^2}{c^2}=1,$$

这个旋转曲面称为**双叶旋转双曲面**(图 6-6-4).

绕 z 轴旋转的旋转曲面的方程为

$$\frac{x^2+y^2}{a^2}-\frac{z^2}{c^2}=1.$$

这个旋转曲面称为**单叶旋转双曲面**(图 6-6-5).

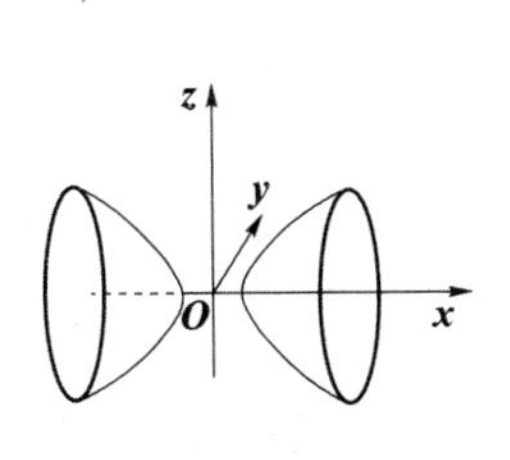

图 6-6-4

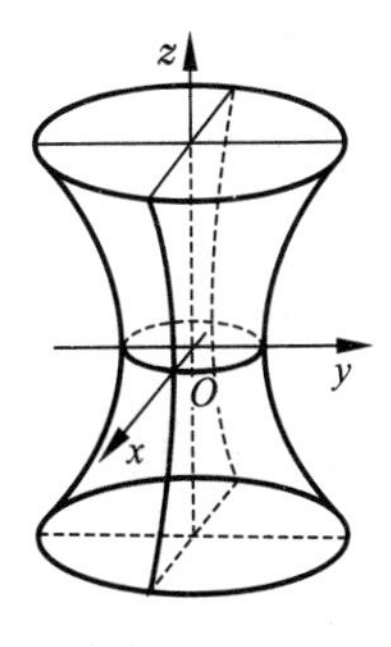

图 6-6-5

三、柱面

定义 3 平行于定直线 L 并沿定曲线 C 移动所形成的轨迹叫作**柱面**，定曲线 C 叫作柱面的**准线**，直线 L 叫作柱面的**母线**.

这里我们只讨论母线平行于坐标轴的柱面.

不含 z 的方程 $x^2+y^2=R^2$ 在空间直角坐标系中表示圆柱面，它的母线平行于 z 轴，其准线是 xOy 面上的圆 $x^2+y^2=R^2$(图 6-6-6).

类似地,方程 $y^2=2x$ 表示母线平行于 z 轴的柱面,其准线是 xOy 面上的抛物线 $y^2=2x$,该柱面叫作**抛物柱面**(图 6-6-7).

一般情况,只含 x,y 而缺 z 的方程 $F(x,y)=0$ 在空间直角坐标系中表示母线平行于 z 轴的柱面,其准线是 xOy 面上的曲线 $C:F(x,y)=0$(图 6-6-8).

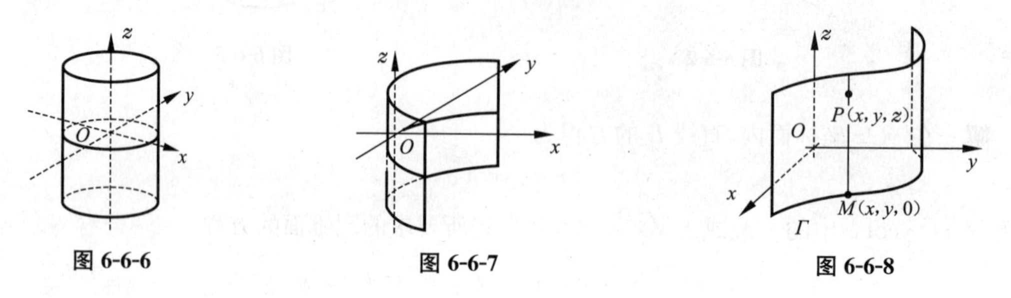

图 6-6-6　　图 6-6-7　　图 6-6-8

类似可知,只含 x,z 而缺 y 的方程 $G(x,z)=0$ 和只含 y,z 而缺 x 的方程 $H(y,z)=0$ 分别表示母线平行于 y 轴和 x 轴的柱面.

圆柱面、抛物柱面、椭圆柱面和双曲柱面的方程都是二次的,所以这些柱面统称为**二次曲面**.

习题 6-6

1. 求以点 $O(1,-2,2)$ 为球心,且通过坐标原点的球面方程.
2. 某一动点与两定点 $(2,3,1)$ 和 $(4,5,6)$ 等距离,求该动点的轨迹方程.
3. 方程 $x^2+y^2+z^2-2x+4y-4z-7=0$ 表示什么曲面?
4. 将 xOz 坐标面上的圆 $x^2+z^2=9$ 绕 z 轴旋转一周,求生成的旋转曲面的方程.
5. 将 xOz 坐标面上的圆 $z^2=5x$ 绕 x 轴旋转一周,求生成的旋转曲面的方程.
6. 指出下列方程在平面解析几何和空间解析几何中分别表示什么图形:

(1) $x=0$;(2) $y=x+1$;(3) $x^2+y^2=4$;(4) $x^2-y^2=1$.

7. 说明下列旋转曲面是怎样形成的?

(1) $\frac{x^2}{4}+\frac{y^2}{9}+\frac{z^2}{9}=1$;(2) $x^2-\frac{y^2}{4}+z^2=1$;(3) $x^2-y^2-z^2=1$.

第七节　空间曲线及其方程

一、空间曲线的一般方程

空间曲线可以看作两个曲面的交线. 设

$$F(x,y,z)=0 \text{ 和 } G(x,y,z)=0$$

是两个曲面方程,它们的交线为 C(图 6-7-1). 空间曲线 C 的**一般方程**为

$$\begin{cases} F(x,y,z)=0, \\ G(x,y,z)=0. \end{cases}$$

例 1　方程组 $\begin{cases} x^2+y^2=1, \\ 2x+3z=6 \end{cases}$ 表示怎样的曲线?

解 方程组中第一个方程表示母线平行于 z 轴的圆柱面，其准线是 xOy 面上的圆，圆心在原点 O，半径为 1. 方程组中第二个方程表示一个母线平行于 y 轴的柱面，由于它的准线是 zOx 面上的直线，因此它是一个平面. 方程组就表示上述平面与圆柱面的交线（图 6-7-2）.

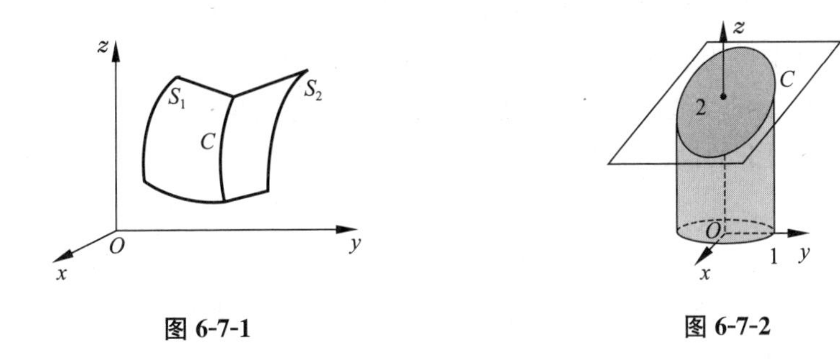

图 6-7-1　　图 6-7-2

二、空间曲线的参数方程

空间曲线也可以用参数方程来表示，即把曲线上动点的坐标 x、y、z 表示为参数 t 的函数，其一般形式是

$$\begin{cases} x = x(t), \\ y = y(t), \\ z = z(t). \end{cases} \tag{6.7.1}$$

这个方程称为空间曲线的**参数方程**. 当给定 $t=t_1$ 时，就得到 C 上的一个点 (x_1, y_1, z_1)，随着 t 的变动便得曲线 C 上的全部点.

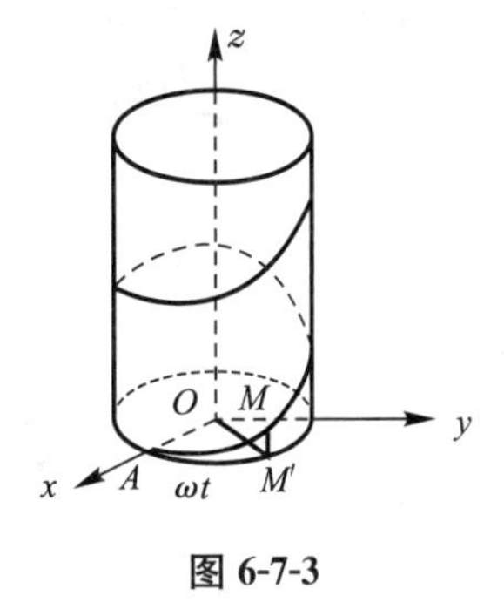

图 6-7-3

如果空间一点 M 在圆柱面 $x^2+y^2=a^2$ 上以角速度 ω 绕 z 轴旋转，同时又以线速度 v 沿平行于 z 轴的正方向上升（其中 ω、v 都是常数），那么点 M 构成的图形叫作**螺旋线**（图 6-7-3）.

螺旋线的参数方程为

$$\begin{cases} x = a\cos\omega t, \\ y = a\sin\omega t, \\ z = vt. \end{cases}$$

也可以用其他变量作参数，例如令 $\theta=\omega t$，则螺旋线的参数方程可写为

$$\begin{cases} x = a\cos\theta, \\ y = a\sin\theta, \\ z = b\theta. \end{cases}$$

这里 $b=\dfrac{v}{\omega}$，而参数为 θ.

特别是当 OM' 转过一周，即 $\theta=2\pi$ 时，点 M 就上升固定的高度 $h=2\pi b$. 这个高度 $h=2\pi b$ 在工程技术上叫作**螺距**.

三、空间曲线在坐标面上的投影

设空间曲线 C 的一般方程为

$$\begin{cases} F(x,y,z)=0, \\ G(x,y,z)=0. \end{cases} \tag{6.7.2}$$

如果我们将方程组(6.7.2)消去变量 z,则所得的方程为

$$H(x,y)=0. \tag{6.7.3}$$

式(6.7.3)表示以曲线 C 为准线、母线平行于 z 轴的柱面,称作曲线 C 关于 xOy 面的**投影柱面**,投影柱面与 xOy 面的交线叫作空间曲线 C 在 xOy 面上的**投影曲线**.

曲线 C 在 xOy 面上的投影曲线的方程为

$$\begin{cases} H(x,y)=0, \\ z=0. \end{cases} \tag{6.7.4}$$

例 2 求由上半球面 $z=\sqrt{4-x^2-y^2}$ 和锥面 $z=\sqrt{3(x^2+y^2)}$ 所围成立体在 xOy 面上的投影.

解 半球面和锥面的交线为

$$C:\begin{cases} z=\sqrt{4-x^2-y^2}, \\ z=\sqrt{3(x^2+y^2)}. \end{cases}$$

方程组消去 z,得到 $x^2+y^2=1$,因此交线 C 在 xOy 面上的投影曲线为

$$\begin{cases} x^2+y^2=1, \\ z=0. \end{cases}$$

所求立体在 xOy 面上的投影,就是该圆在 xOy 面上所围的部分,即 $x^2+y^2\leqslant1$,如图 6-7-4 所示.

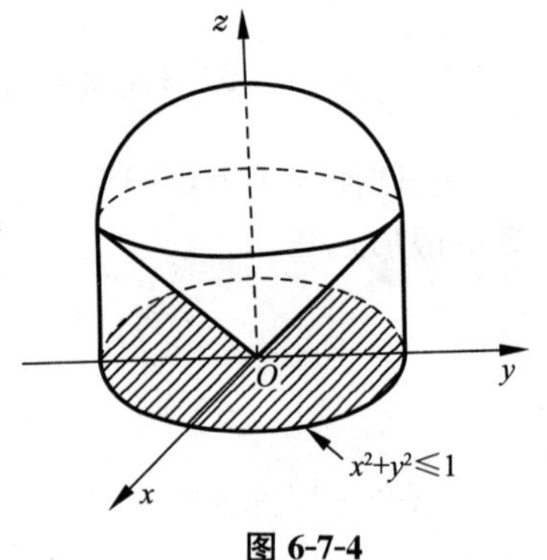

图 6-7-4

习题 6-7

1. 方程组 $\begin{cases} y=5x+2, \\ y=2x-5 \end{cases}$ 在平面解析几何与空间解析几何中各表示什么?

2. 方程组 $\begin{cases} \dfrac{x^2}{4}+\dfrac{y^2}{9}=1, \\ x=2 \end{cases}$ 在平面解析几何与空间解析几何中各表示什么?

3. 求曲面 $x^2+9y^2+z^2=9$ 与 yOz 平面的交线.

4. 分别求母线平行于 x 轴及 y 轴且通过曲线 $\begin{cases} 2x^2+y^2+z^2=16, \\ x^2-y^2+z^2=0 \end{cases}$ 的柱面方程.

5. 将曲线 $\begin{cases} x^2+y^2+z^2=9, \\ y=x \end{cases}$ 表示为参数方程.

总复习题六

1. 设 $(\boldsymbol{a}+3\boldsymbol{b})\perp(7\boldsymbol{a}-5\boldsymbol{b})$,$(\boldsymbol{a}-4\boldsymbol{b})\perp(7\boldsymbol{a}-2\boldsymbol{b})$,求 $(\widehat{\boldsymbol{a},\boldsymbol{b}})$.

2. 已知 $|\boldsymbol{a}|=2$,$|\boldsymbol{b}|=5$,$(\widehat{\boldsymbol{a},\boldsymbol{b}})=\dfrac{2\pi}{3}$,问:系数 λ 为何值时,向量 $\boldsymbol{m}=\lambda\boldsymbol{a}+17\boldsymbol{b}$ 与 $\boldsymbol{n}=3\boldsymbol{a}-\boldsymbol{b}$

垂直?

3. 求与向量 $\boldsymbol{a}=(2,-1,2)$ 共线且满足方程 $\boldsymbol{a}\cdot\boldsymbol{x}=-18$ 的向量 $\boldsymbol{x}$.

4. 设 $\boldsymbol{a}=(-1,3,2)$,$\boldsymbol{b}=(2,-3,-4)$,$\boldsymbol{c}=(-3,12,6)$,证明三向量 $\boldsymbol{a},\boldsymbol{b},\boldsymbol{c}$ 共面,并用 $\boldsymbol{a}$ 和 $\boldsymbol{b}$ 表示 $\boldsymbol{c}$.

5. 求通过点$(1,2,-1)$且与直线$\begin{cases}2x-3y+z-5=0,\\3x+y-2z-4=0\end{cases}$垂直的平面方程.

6. 在平面 $2x+y-3z+2=0$ 和平面 $5x+5y-4z+3=0$ 所确定的平面束内,求两个互相垂直的平面,其中一个平面经过点 $A(4,-3,1)$.

7. 用对称式方程及参数方程表示直线$\begin{cases}x-y+z=1,\\2x+y+z=4.\end{cases}$

8. 求与原点关于平面 $6x+2y-9z+121=0$ 对称的点.

9. 求点 $P(3,-1,2)$ 到直线$\begin{cases}x+y-z+1=0,\\2x-y+z-4=0\end{cases}$的距离.

10. 求直线$\begin{cases}x+y-z-1=0,\\x-y+2z-2=0\end{cases}$与平面 $x-2y+3z-3=0$ 夹角的正弦.

11. 将 xOy 坐标面上的双曲线 $4x^2-9y^2=36$ 分别绕 x 轴及 y 轴旋转一周,求所生成的旋转曲面的方程.

12. 求直线 $L:\dfrac{x-1}{1}=\dfrac{y}{2}=\dfrac{z-1}{1}$绕 z 轴旋转所得旋转曲面的方程.

13. 求曲线$\begin{cases}z=2-x^2-y^2,\\z=(x-1)^2+(y-1)^2\end{cases}$在三个坐标面上的投影曲线方程.

附录 MATLAB 软件使用简介

MATLAB 是 MATrix LABoratory 的缩写，它是集数值运算、符号运算及图形处理等强大功能于一体的高性能的科技计算软件.

一、MATLAB 具有的优势与特点

(1)具有友好的工作平台和编程环境，用户界面精致.

(2)具有强大的科学计算及数据处理能力.

(3)具有出色的图形处理功能.

(4)具有应用广泛的模块集和工具箱.

一般来说，MATLAB 是由特定领域专家开发的，用户可以直接使用工具箱学习、应用和评估不同的方法而不需要自己编写代码. 目前 MATLAB 已经把工具箱延伸到了科学研究和工程应用等诸多领域，如：数据采集、数据库接口、概率统计、样条拟合、优化算法、偏微分方程求解、神经网络、小波分析、信号处理、图像处理、系统辨识、控制系统设计、鲁棒控制、金融分析，等等.

(5)具有程序接口和发布平台.

MATLAB 与 FORTRAN 语言和 C 语言等高级语言有接口，可交互使用. 本书只简单介绍 MATLAB 在高等数学课程中的应用.

二、基本运算

1. 数、数组和算术表达式

MATLAB 中数的表示方法和一般的编程语言没有区别，如－99，0.000 1，1.360 1e－20，6.025 12e 23，等等. 数学运算符有＋(加)、－(减)、*(乘)、\(左除)等.

2. 数组输入的基本方法

输入一个数组最简单的方法是直接列出数组元素(包括二维数组，即矩阵). 数组用方括号括起，元素之间用空格或逗号分隔，例如：

常用的矩阵输入方法有：在方括号内逐行键入矩阵各元素，同行元素之间用逗号或空格分隔，两行之间用分号分隔. 对于大矩阵的输入，两行之间可用回车键代替分号，也可使用续行号“…”. 如：

```
≫A=[1,2,3;4,5,6;7,8,0]回车
A=
      1     2     3
      4     5     6
      7     8     0
```

3. 变量

MATLAB 的变量由字母、数字和下划线组成，最多 31 个字符，区分大小写字母，第一个

字符必须是字母. 对于变量,MATLAB 不需要任何类型的说明或维数语句,当输入一个新的变量名时,MATLAB 自动建立变量并分配内存空间.

几个特殊变量:

pi:圆周率 π;eps:最小浮点数;Inf:正无穷大,特指 1/0;NaN:不定值,特指 0/0;i,j:虚数单位.

4. 函数

MATLAB 提供了大量的函数,按照其用法分为标量函数(包括三角函数、指数函数、对数函数、平方根函数、舍入函数、剩余函数和复数函数)、向量函数、矩阵函数. 由于篇幅的关系,本书不给出具体函数的注释.

这些函数本质上是作用于标量的,当它们作用于矩阵(或数组)时,是对矩阵(或数组)的每个元素进行运算,如:

```
≫x=(0:0.2:1).*pi;y=sin(x)
y=0    0.5878    0.9511    0.9511    0.5878    0.0000
```

5. 符号表达式的输入

除了数值运算外,在数学、物理、应用工程和科学方面还有大量的符号变量和表达式的运算. MATLAB 除了提供强大的数值运算功能外,还提供了强大的符号运算功能.

创建符号函数的方法是用 syms 命令,例如:

```
≫syms x t;
≫limit((1+2*t*sin(1/x))^(3*x),x,inf)
```

执行结果为:ans=exp(6*t)

三、函数作图

1. 二维图形

二维图形的基本命令为 plot,它的基本用法是 plot(x,y). 若 x,y 是两个维数相同的向量,则这一命令实现将两个向量的对应元素作为 x—y 平面直角坐标系下的点的坐标,依次将相邻点用直线连接得到折线图,系统自动为图形添加有刻度的边框. 若 x,y 是两个行、列分别相同的矩阵,则将它们各对应列作为一对向量画出一条折线,从而得到多条折线图(附图 1). 当构成折线的直线段数增加,线段很短时,视觉中折线就成为曲线(附图 2),如:y=[0,0.58,0.7,0.95,0.83,0.25],plot(y)

```
x=0:pi/15:2*pi;y=sin(x);plot(x,y)
A=[1,2,0,4;5,8,7,8;9,0,11,12];plot(A)
```

2. 线型和颜色

MATLAB 对曲线的线形和颜色有许多选择,标注的方法是在每一对数组后加一个字符参数,说明如下:

线型方式:

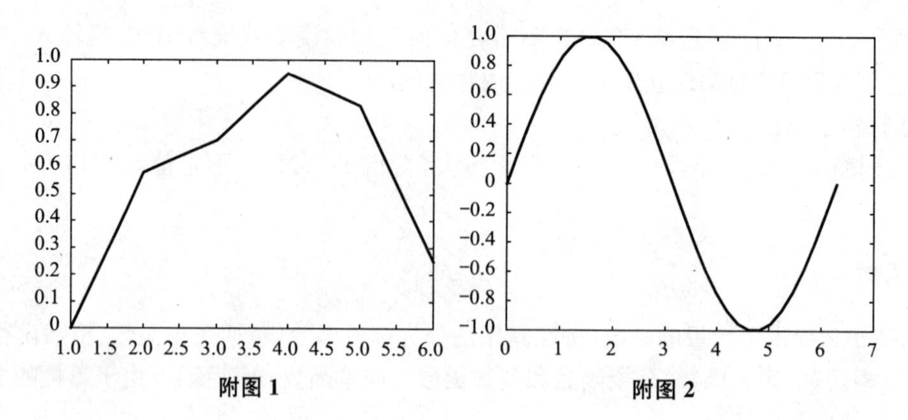

附图 1　　附图 2

“—”:实线;“:”:虚线;“—.”:点画线;“——”:波折线;“·”:圆点;“+”:加号;“×”:打叉;“*”:星号;“o”:圆.

颜色:“y”:黄色;“r”:红色;“g”:绿色;“b”:蓝色;“w”:白色;“k”:黑色;“m”:紫色;“c”:青色.

例如:x=0:pi/15:2*pi;

y1=sin(x);y2=cos(x);

y3=sin(2*x);y4=2*cos(x);

plot(x,y1,'r+—',x,y2,'y*:',x,y3,'b—o',x,y4,'k—.')

软件生成如附图3所示图像.

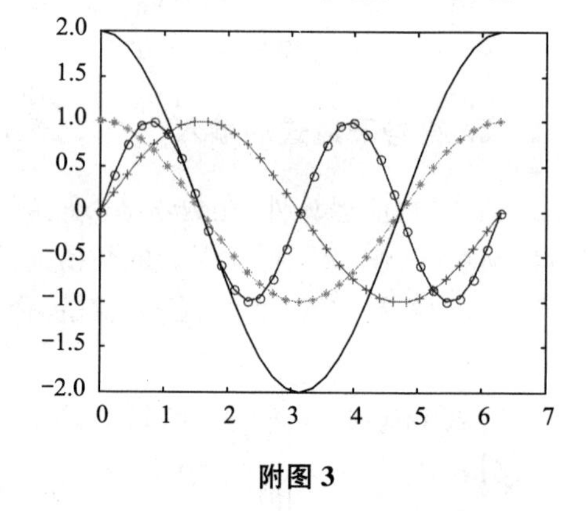

附图 3

3. 多幅图形

可以在同一画面上建立几个坐标系,用subplot(m,n,p)命令把一个平面分成 $m\times n$ 个图形区域,p 代表当前区域号,在每个区域中画一个图,例如,

x=—pi/2:pi/20:pi/2;

subplot(2,2,1);

y=sin(x);plot(x,y,'r—*');

subplot(2,2,2);

z=cos(x);plot(x,z,'b:')

subplot(2,2,3);

y1=sinh(x);plot(x,y1,'k+')

subplot(2,2,4);

z1=cosh(x);plot(x,z1,'mo')

根据以上命令生成图像,如附图4所示.

4. 图形的标注

(1) **坐标轴的标注.**

xlabel,ylabel,zlabel 分别是对 x,y,z 轴进行标注的命令,使用格式为:

xlabel('标注','属性1',属性值1,'属性2',属性值2,…),例如,

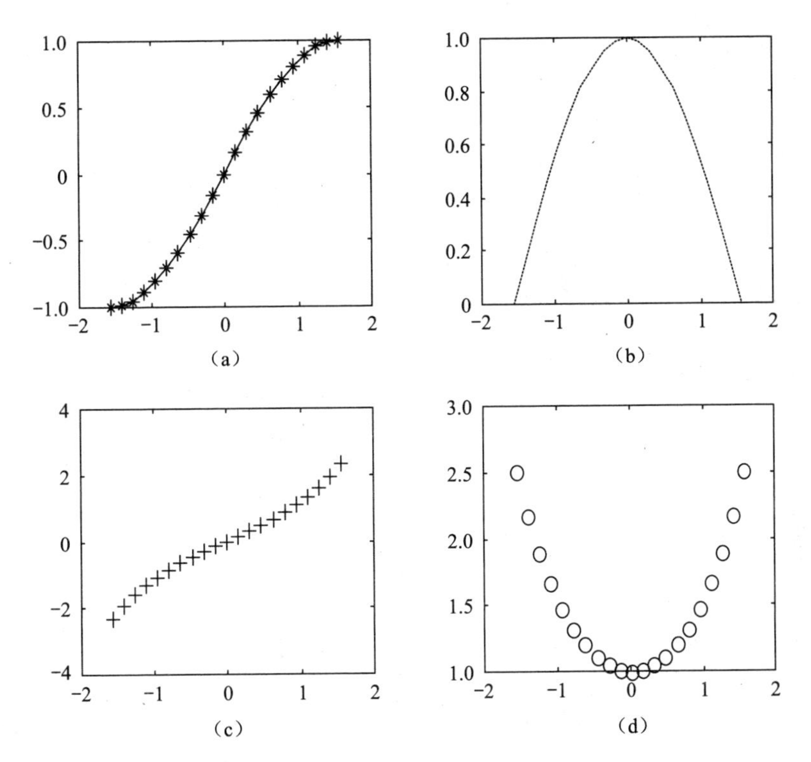

附图 4

```
x=0:0.1*pi:2*pi;
y=sin(x);
plot(x,y)
xlabel('x(0—2pi)')
ylabel('y=sin(x)')
title('正弦函数')
```

生成图像如附图 5 所示.

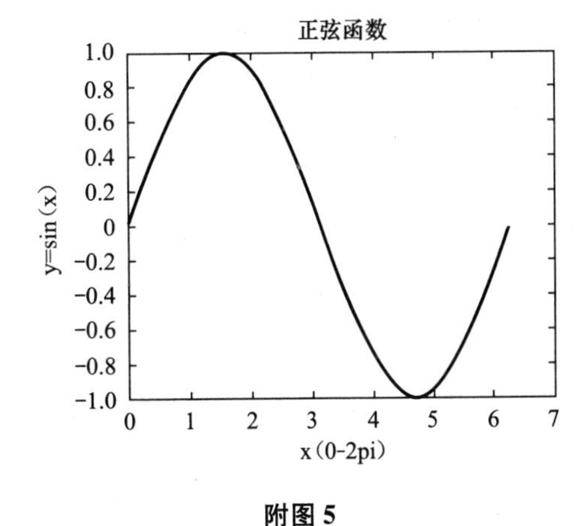

附图 5

(2) **图形标注.**

legend 能为图形中的曲线进行标注,使用格式为:

legend('标注 1','标注 2',…),标注 1,标注 2 等分别对应绘图中按绘图先后次序所生成的曲线,例如,

```
x=0:0.1:2*pi;
y=sin(x);
z=cos(x);
plot(x,y,x,z);
legend('sin(x)','cos(x)');
```

生成图像如附图 6 所示.

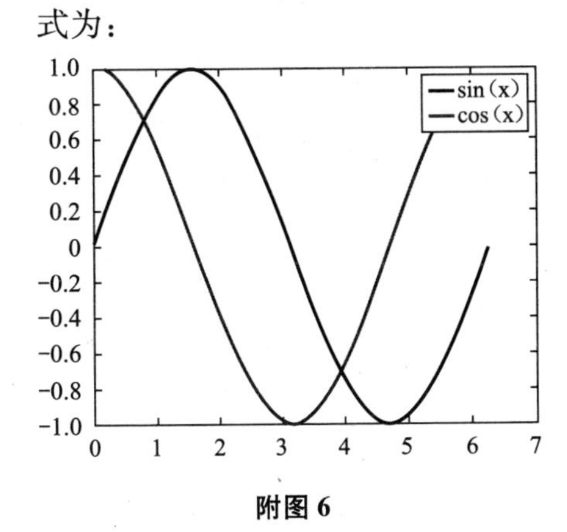

附图 6

四、符号微积分

1. 求极限

符号函数 f 的极限是由函数 limit 来实现的，其调用格式如下：
limit(f,x,a)：计算 f 在 $x\to a$ 时的极限；
limit(f)：计算 f 在 $x\to 0$ 时的极限；
limit(f,x,a,'right')：计算 f 在 $x\to a$ 右侧时的极限；
limit(f,x,a,'left')：计算 f 在 $x\to a$ 左侧时的极限.

例如，求 $\lim\limits_{n\to\infty}\frac{6n^2-n+1}{n^3+n^2+2}$；$\lim\limits_{x\to 3^+}\frac{\sqrt{1+x}-2}{x-3}$.

```
>>syms n,x
>>f=(6*n^2-n+1)/(n^3+n^2+2);g=(sqrt(1+x)-2)/(x-3);
>>lim-f=limit(f,n,inf)  %给出结果 lim-f=0;
>>lim-g=limit(g,x,3,'right')  %给出结果 lim-g=1/4.
```

2. 求函数的导数

在 MATLAB 中导数与偏导数的求解统一使用 diff. 调用格式为：
diff(S)表示对表达式 S 的微分；
diff(S,'v')表示对变量 v 求表达式 S 的微分；
diff(S,n)表示对表达式 S 微分 n 次.
diff(S,'v',n)和 diff(S,n,'v')都表示对变量 v 求表达式 S 的 n 次微分.
例如，设 $y=\sin x^2$，求 y'.

```
>>syms x;
>>diff(sin(x^2))
ans=2*cos(x^2)*x
```

又例如，设 $z=x\ln(xy)$，求 $\frac{\partial^3 z}{\partial x\partial y^2}$.

```
>>syms x y
>>z=x*log(x*y);
>>diff(diff(z,'x'),'y',2)
ans =-1/y^2
```

3. 求函数积分

积分函数 int 函数的调用格式为：
int(S,t)：计算符号表达式 S 对符号变量 t 的不定积分；
int(S,a,b)：计算符号表达式 S 对默认符号变量从 a 到 b 的不定积分.

例如，$F1=\int e^{xy+z}dx$；$F2=\int_{-\infty}^{+\infty}\frac{1}{x^2+2x+3}dx$.

```
≫syms x y z
≫f1=exp(x*y+z);f2=1/(x^2+2*x+3);
≫F1=int(f1)  %给出结果 F1=1/y*exp(x*y+z);
≫F2=int(f2,-inf,inf)  %给出结果 F2=1/2*pi*2^(1/2).
```

又例如,计算二次积分 $\int_0^1 dy\int_{\sqrt{y}}^1 (x^2+y^2)dx$.

```
≫syms x y
≫int(int((x^2+y^2),x,sqrt(y),1),y,0,1)
ans=26/105
```

4. Taylor 展开式

要将函数 $f(x)$ 表示成 x^n(n 从 0 到无穷)的和的形式,可以用 MATLAB 提供的命令 taylor 来完成展开工作,其常用的调用格式为:

taylor(f),taylor(f,n),taylor(f,v) 和 taylor(f,n,a).

其中,f 为待展开的函数表达式;n 的含义为把函数展开到 n 阶,若不包含 n,则缺省地展开到 6 阶;v 的含义为对函数 f 中的变量 v 展开,若不包含 v,则对变量 v=findsym(f)展开;a 为 Taylor 展开的扩充功能,对函数 f 在 x=a 点展开.

例如,(1) 把 $y=e^x$ 展开到 6 阶;(2) 把 $y=\ln x$ 在点 $x=1$ 展开到 6 阶.

```
≫syms x t
≫y1=taylor(exp(x))  %给出结果
y1=1+x+1/2*x^2+1/6*x^3+1/24*x^4+1/120*x^5
≫y2=taylor(log(x),6,1)  %给出结果
y2=x-1-1/2*(x-1)^2+1/3*(x-1)^3-1/4*(x-1)^4+1/5*(x-1)^5
```

5. 级数的符号求和

级数求和用函数 symsum 来实现,其调用格式为:

symsum(一般项);symsum(一般项,变量);symsum(一般项,变量,起始,终止).

例如,求级数 $\sum_{n=1}^{\infty}\frac{1}{n^2}$ 的前 10 项和及无穷和.

```
≫syms n
≫symsum(1/n^2,n,1,10)
ans=1968329/1270080
≫symsum(1/n^2,n,1,inf)
ans=1/6*pi^2
```

6. 微分方程求解

常微分方程及微分方程组的符号求解由函数 dsolve 来实现,其调用格式为:

dsolve('equ1','equ2',…).

例如,求微分方程 $y''(t^2+1)-2ty'=0$ 满足初始条件 $y|_{x=0}=1, y'|_{x=0}=3$ 的特解.

```
≫dsolve('(t^2+1)*D2y=2*t*Dy','y(0)=1,Dy(0)=3')
ans=1+t^3+3*t
```

又如,求微分方程的通解.

```
≫dsolve('D2x=Dx+t')
ans=-t-1/2*t^2+C1+C2*exp(t)
```

7. 函数极值

(1) 一元函数的极值.

函数 fminbnd 专门用于求变量函数的最小值,调用格式为:

x=fminbnd(fun,x1,x2),x=fminbnd(fun,x1,x2,options)和[x,fval,exitflag]=fminbnd(…).

其中,fun 为目标函数;x1,x2 为求值的区间 x1<x<x2;x 为函数的最小值点;fval 为返回解 x 处目标函数的值.其余命令和参数见 MATLAB help.

例如,求函数 $y=x^5-5x^4+5x^3+1$ 在区间$[-1,2]$上的最大与最小值.

```
≫y='x^5-5*x^4+5*x^3+1';y_='-x^5+5*x^4-5*x^3-1';
[p_min,y_min]=fminbnd(y,-1,2);[p_max,y_max]=fminbnd(y_,-1,2)
```

运行结果为:

p_min=-1.0000,y_min=-9.9985,p_max=1.0000,y_max=-2.0000

(2) 多元函数的最值.

函数 fminsearch 用于求多元函数的最小值点,调用格式为:

x=fminsearch(fun,x0)和[x,fval]=fminsearch(fun,x0).

其中,fminsearch 求解多变量无约束函数的最小值,该函数常用于无约束非线性最优化问题;fun 为目标函数;x0 为初值,详细参数见 MATLAB help.

例如,求函数 $f(x,y)=x^3+8y^3-6xy+5$ 的最小值.

首先要把 x,y 转化成一个向量中的两个分量:$(x,y)=[x(1),x(2)]$.

```
≫x0=[0,0];F='x(1)^3+8*x(2)^3-6*x(1)*x(2)+5';
[P_min,F_min]=fminsearch(F,x0)
```

运行结果为:P_min=1.0000,F_min=4.0000

习题参考答案

习题 1-1

1. (1) $[0.5,+\infty)$； (2) $(-2,+\infty)$； (3) $(-1,0)\cup(0,+\infty)$；
   (4) $(-\infty,2)\cup(3,+\infty)$； (5) $[0,1)\cup(1,+\infty)$； (6) $[0,1]$；
   (7) $[-0.5,0.5]$； (8) $(1,+\infty)$； (9) $(-\infty,0)\cup(0,+\infty)$.

2. (1) $y=\dfrac{1-x}{1+x}$； (2) $y=\dfrac{1}{2}\ln x$；
   (3) $y=1+e^{x-1}$； (4) $y=2\arctan x$.

3. (1) $[3,5]$； (2) $[-\sqrt{2},\sqrt{2}]$.

4. (1) 3； (2) $f(x+1)=\begin{cases}x+2, & x<0,\\ 2x+1, & 0\leqslant x\leqslant 3.\end{cases}$

5. (1) $y=u^3,u=2x+5$； (2) $y=\dfrac{1}{u},u=3x+2$； (3) $y=e^u,u=3x+1$；
   (4) $y=\ln u,u=\arctan v,v=x^2$； (5) $y=u^2,u=\cos v,v=1-2x$；
   (6) $y=\sqrt{u},u=\tan v,v=x^3$； (7) $y=\arctan u,u=\sqrt{v},v=5x$；

6. 略.

7. (1) $g(x)=\begin{cases}8e^{-6x}, & x\geqslant 0,\\ 0, & x<0;\end{cases}$ (2) $h(x)=\begin{cases}2xe^{-2x}, & x\geqslant 0,\\ 0, & x<0.\end{cases}$

8. $x-6\leqslant y\leqslant x+6$.

9. (1) $P(x)=\begin{cases}90, & 0<x\leqslant 100,\\ 190-x, & 100<x\leqslant 115,\\ 75, & 115<x;\end{cases}$ (2) $L(x)=\begin{cases}30x, & 0<x\leqslant 100,\\ x(130-x), & 100<x\leqslant 115,\\ 15x, & 115<x;\end{cases}$
   (3) 15 000(元).

习题 1-2

1. (1)0； (2) 0； (3) 2； (4) 1； (5) 不存在.

2. (1) 0； (2) $\dfrac{1}{2}$； (3) 0； (4) 0； (5) 1； (6) $\dfrac{1}{2}$； (7) 1； (8) $\dfrac{1}{3}$； (9) 0；
   (10) $\dfrac{1}{2}$.

习题 1-3

1. (1) 0； (2) -1； (3) 不存在； (4) 0； (5) 无定义； (6) -1.

2. (1) 0； (2) 不存在； (3) 2； (4) 0； (5) -1； (6) 无定义.
3. (1) 1； (2) 不存在.
4. $-2,1$,不存在.
5. 左右极限相等;存在且极限为1.

习题 1-4

1. 无穷小量:(1) (3) (5) (8) (9) (11);无穷大量:(2)(4).
2. (1)x^2-x^3 是 $2x-x^2$ 的高阶； (2) 同阶； (3) 同阶； (4) 等价.
3. (1)0.6； (2) 2； (3) 6； (4) -1； (5) 1/16； (6)4 .

习题 1-5

1. (1)0.5； (2) 9； (3) ∞； (4) 3； (5) 3； (6) 0； (7) $2x$； (8) 1/3； (9) $\sqrt{5}$； (10) $\sqrt{2}$； (11) 2； (12) 3； (13) -4； (14) 0； (15) 1； (16)0.25.
2. 不存在;存在且为2.
3. -3.
4. $a=b=1$.

习题 1-6

1. (1) 1.5； (2) 1； (3) 0； (4) 2； (5) 1.5； (6) 0.5； (7) 2； (8) 0； (9) 0； (10) 2/3； (11) 1； (12) x.
2. (1) e^3； (2) e^{-4}； (3) e； (4) e^2； (5) $e^{-\frac{1}{2}}$； (6) e^3； (7) e^{-4}； (8) e^{-5}.

习题 1-7

1. A.
2. B.
3. C.
4. (1)连续;(2)1 处连续,-1 为跳跃间断点;(3)连续. 图像略.
5. $x=1$ 为第一类可去间断点,$x=2$ 为第二类无穷间断点.
6. $a=1$.
7. (1) $\sqrt{5}$； (2) 0.5ln 3； (3) 1； (4) 0； (5) 1.5； (6) -3.
8. 略.

总复习题一

1. (1) D； (2) D； (3) B； (4) A； (5) A； (6) C； (7) A.
2. (1) x^2-2x；　　(2) $\frac{1}{x^2}-\frac{2}{x}$.
3. (1) 偶函数;(2) 奇函数;(3) 偶函数.
4. (1) $\frac{2}{3}$； (2) $\sqrt{2}$； (3) 2； (4) 0； (5) $\frac{1}{3}$； (6) 1.

5. $\frac{1}{3}$.

6. $\frac{1}{4}$.

7. $\lim\limits_{x\to 0}f(x)$不存在；$\lim\limits_{x\to 2}f(x)=0$；$\lim\limits_{x\to -\infty}f(x)=0$；$\lim\limits_{x\to +\infty}f(x)=+\infty$.

8. (1) 0($m>n$ 时)，1 ($m=n$ 时)，∞($m<n$ 时)；(2) 2.25.

9. $a=0$.

习题 2-1

1. $\bar{v}=50.5$，$v_{|t=4}=50$.

2. 2，$\frac{2}{3}$.

3. (1) $-f'(x_0)$； (2) $-f'(x_0)$； (3) $f'(x_0)$； (4) $f'(x_0)$.

4. (1)$5x^4$； (2) $\frac{1}{3\sqrt[3]{x^2}}$； (3) $1.5\sqrt{x}$； (4) $\frac{-1}{2x\sqrt{x}}$； (5) $-\frac{2}{x^3}$； (6) $\frac{1}{x\ln 3}$.

5. (1) $y=\mathrm{e}^{-1}x$； (2) (4,8).

6. (1) 连续且可导； (2)连续且可导；
   (3) 连续且可导； (4) 连续但不可导；
   (5) 连续且可导.

习题 2-2

1. (1) $5x^4+4x$； (2) $3+\frac{1}{2\sqrt{x}}$； (3) $2x\cos x-x^2\sin x$； (4) $(x+1)^2\mathrm{e}^x$；
   (5) $\frac{1-\ln x}{x^2}$； (6) $\frac{x\cos x-2\sin x}{x^3}$； (7) $\mathrm{e}x^{\mathrm{e}-1}+\mathrm{e}^x$； (8) $\frac{2}{x(1-\ln x)^2}$.

2. (1) $\sqrt{2}$； (2) 3，5； (3) $-\frac{1}{18}$； (4) -1，-1； (5) -2.

3. (1) $6(2x-5)^2$； (2) $3\cos(3x+2)$； (3) $\frac{2x}{x^2+3}$； (4) $\frac{-10}{(5x-4)^3}$； (5) $\sec x$；
   (6) $\csc x$； (7) $\frac{\arcsin\sqrt{x}}{\sqrt{x(1-x)}}$； (8) $-x^2\mathrm{e}^{-x}$； (9) $\frac{-1}{1+x^2}$.

4. 切线方程 $y-\frac{\sqrt{3}}{2}=-\frac{\sqrt{3}}{3}\left(x-\frac{1}{2}\right)$；

   法线方程 $y-\frac{\sqrt{3}}{2}=\sqrt{3}\left(x-\frac{1}{2}\right)$.

5. (1) $\frac{f'(\ln x)}{x}$； (2) $f'(5^x)5^x\ln 5$； (3) $\frac{-f'(\operatorname{arccot}\sqrt{x})}{(1+x)\sqrt{x}}$.

习题 2-3

1. (1) $\frac{1}{x}$； (2) $20x^3+12x$； (3) $4\mathrm{e}^{1-2x}$； (4) $-2\mathrm{e}^{-x}\cos x$；

(5) $\dfrac{-6x-3x^4}{(1-x^3)^2}$； (6) $\dfrac{2x^2\sec^2 x\tan x-2x\sec^2 x+2\tan x}{x^3}$.

2. $f''(0)=0, f''(1)=-\dfrac{1}{4\sqrt{2}}, f''(-1)=\dfrac{3}{4\sqrt{2}}$.

3. (1) $-2e^x(\cos x-\sin x)$； (2) $\dfrac{4}{(1+x)^3}$；

(3) $2^n\sin\left(2x+\dfrac{n\pi}{2}\right)$； (4) $n!$.

4. $-99!$

5. 96.

习题 2-4

1. (1) $\dfrac{-(y+e^{x+y})}{x+e^{x+y}}$； (2) $-\dfrac{1}{x}\left[\dfrac{1+y\sin(xy)}{\sin(xy)}\right]$； (3) $-\dfrac{2x+3y}{3x+2y}$；

(4) $\dfrac{3x^2+e^y}{1-xe^y}$； (5) $\dfrac{1-y\cos x}{\sin x+e^y}$； (6) $\dfrac{\ln y-\dfrac{y}{x}}{\ln x-\dfrac{x}{y}}$.

2. (1) $x^x(\ln x+1)$； (2) $\dfrac{\sqrt{x-1}(x-2)^3}{(1+x)^2}\left[\dfrac{1}{2(x-1)}+\dfrac{3}{x-2}-\dfrac{2}{x+1}\right]$.

3. (1) -2； (2) $\dfrac{2t}{t^2-1}$； (3) $\dfrac{3b}{2a}t$； (4) $\dfrac{\cos t-\sin t}{\sin t+\cos t}$.

4. $\sqrt{2}+1$.

5. 切线方程 $y=\dfrac{1}{2}x$;法线方程 $y=-2x$.

6. (1) $\dfrac{4}{9}e^{3t}$； (2) $-\dfrac{1+3t^2}{4t^3}$.

习题 2-5

1. $\Delta y\Big|_{\substack{x=2\\ \Delta x=0.1}}=0.31$； $dy\Big|_{\substack{x=2\\ \Delta x=0.1}}=0.3$；

$\Delta y\Big|_{\substack{x=2\\ \Delta x=0.01}}=0.030\,1$； $dy\Big|_{\substack{x=2\\ \Delta x=0.01}}=0.03$.

2. (1) $(\sin 2x+2\cos 2x)dx$； (2) $2x(1+x)e^{2x}dx$； (3) $\dfrac{1+x^2}{(1-x^2)^2}dx$；

(4) $(\ln x-2x-1)dx$； (5) $\dfrac{e^y}{1-xe^y}dx$； (6) $\dfrac{y-e^{x+y}}{e^{x+y}-x}dx$.

3. 0.

4. (1) $3x+C$； (2) x^2+C； (3) $\sin x+C$； (4) $2\sqrt{x}+C$； (5) $\dfrac{1}{x}$； (6) $2e^{2x}$.

5. (1) 2.745； (2) 1.007； (3) 5.1； (4) 1.043 4.

6. 1.16(g).

7. $\frac{8h}{3l}\Delta h$.

总复习题二

1. (1) A; (2) B; (3) B; (4) A; (5) B; (6) A; (7) A; (8) D.

2. (1) $-\frac{2\sin 2x}{|\sin 2x|}$; (2) $\frac{1}{x\ln x\ln\ln x}$; (3) $\frac{1}{\sqrt[3]{(1-x^2)^2}}$;

(4) $-\frac{3e^{3x}}{(e^{3x}+1)^2}$; (5) $2x\ln^2 x$; (6) $e^{2x}\cos e^x$.

3. (1) $f'(e^x)e^x$; (2) $e^{f(x)}f'(x)$.

4. (1) $1+\frac{2}{\ln 2}$; (2) -1.

5. (1) $\frac{3ex^2-y}{e^y+x}$; (2) $\frac{ye^y-2xy}{1-xye^y}$; (3) $\frac{y^2-y\sin x}{1-xy}$; (4) $\frac{y^2-e^x}{\cos y-2xy}$.

6. (1) $\sqrt{\frac{x-1}{x(x^2+3)}}\left[\frac{1}{2x(x-1)}-\frac{x}{x^2+3}\right]$; (2) $(\sin x)^x(\ln\sin x+x\cot x)$.

7. (1) $-2e^x\sin x$; (2) $\frac{2}{(1+x^2)^2}$.

8. (1) 13e; (2) 1.

9. (1) $\frac{\sin x-x\cos x}{\sin^2 x}dx$; (2) $\frac{3^{\ln x}\ln 3}{x}dx$; (3) $\frac{dx}{1+e^x}$; (4) $(1-2x)e^{-2x}dx$.

10. $-\frac{1+t^2}{t^3}$.

11. $\approx 1.006\ 7$.

习题 3-1

1. (1) 满足，$\xi=\frac{1}{4}$； (2) 满足，$\xi=2$； (3) 满足，$\xi=0$； (4) 满足，$\xi=\frac{\pi}{2}$.

2. (1)满足，$\xi=\sqrt[3]{\frac{15}{4}}$； (2)满足，$\xi=\pm\frac{\sqrt{3}}{3}$； (3)满足，$\xi=\sqrt{\frac{4-\pi}{\pi}}$； (4)满足，$\xi=-\frac{1}{3}$.

3. 有三个根，分别位于区间(1,2)，(2,3)，(3,4)内.

4. (1) $\xi=\left(\frac{15}{4}\right)^{\frac{2}{3}}$； (2) $\xi=\frac{\pi}{4}$.

5. 略.

习题 3-2

1. (1) 5； (2) -1； (3) 2； (4) 1； (5) $\cos a$； (6) $-\frac{1}{2}$； (7) $\frac{5}{2}$； (8) $\frac{16}{13}$；

(9) 2； (10) $\frac{1}{2}$； (11) 1； (12) 1； (13) 1； (14) 1； (15) $\frac{1}{2}$； (16) $\frac{1}{2}$；

(17) 0； (18) ∞； (19) $e^{0.5}$； (20) e^{-1}.

习题 3-3

1. (1) 单调减区间为$\left(-\frac{1}{2},+\infty\right)$,单调增区间为$\left(-\infty,-\frac{1}{2}\right)$;

   (2) 单调减区间为$(-\infty,-1)$和$(1,+\infty)$,单调增区间为$(-1,1)$;

   (3) 单调减区间为$(-1,3)$,单调增区间为$(-\infty,-1)$和$(3,+\infty)$;

   (4) 单调减区间为$(0,2)$,单调增区间为$(2,+\infty)$;

   (5) 单调减区间为$\left(0,\frac{1}{2}\right)$,单调增区间为$\left(\frac{1}{2},+\infty\right)$;

   (6) 单调增区间为$(-\infty,+\infty)$;

   (7) 单调增区间为$(-\infty,+\infty)$;

   (8) 单调减区间为$(0,1)$,单调增区间为$(-\infty,0)$和$(1,+\infty)$.

2. 略.

3. (1) 极大值为 $y(-1)=17$;极小值为 $y(3)=-47$;

   (2) 极小值为 $y\left(\frac{1}{2}\right)=-\frac{27}{16}$;

   (3) 极大值为 $y(\mathrm{e}^2)=\frac{4}{\mathrm{e}^2}$,极小值为 $y(1)=0$;

   (4) 极大值为 $y(\pm 1)=\frac{1}{\mathrm{e}}$,极小值为 $y(0)=0$.

习题 3-4

1. (1) 最大值为 11,最小值为-14;　(2) 最大值为$\sqrt{2}$,最小值为$-\sqrt{2}$;

   (3) 最大值为$\frac{5}{4}$,最小值为$-5+\sqrt{6}$;　(4) 最大值为 $\ln 5$,最小值为 0;

   (5) 最大值为 13,最小值为 4;　(6) 最大值为 5,最小值为 0;

   (7) 最大值为$\frac{1}{2}$,最小值为 0.

2. 最大值为 $f(-1)=5$,最小值为 $f(-3)=-15$.

3. 最大值为 3,最小值为 0.

4. 最大值为$\frac{\pi}{2}$,最小值为$-\frac{\pi}{2}$.

5. 65.

6. $h=2r$ 能使所用材料最省.

7. $\frac{2\sqrt{10}}{\sqrt{4+\pi}}$.

8. $x=200$ t,$\bar{c}(200)=4$ 万元/t.

9. (1) $c'(q)=4+0.1q$;　(2) $R'(q)=500$;　(3) $L'(q)=496-0.1q$;　(4) 500.

10. (1) $E(P)=\frac{P}{2(900-P)}$　$(0<P<900)$;　(2) 令 $E(P)=1$ 得 $P=600$ 元;

11. -0.1,缺乏弹性.

习题 3-5

1. (1) 没有拐点,凹区间:$(0,+\infty)$;

(2) 拐点$(0,0)$,$(-\infty,-1)$凸,$(-1,0)$凹,$(0,1)$凸,$(1,+\infty)$凹;

(3) 拐点$\left(\frac{5}{3},\frac{20}{27}\right)$,$\left(-\infty,\frac{5}{3}\right)$凸,$\left(\frac{5}{3},+\infty\right)$凹;

(4) 拐点$(-1,\ln 2)$,$(1,\ln 2)$,$(-\infty,-1)$凸,$(-1,1)$凹,$(1,+\infty)$凸.

2. (1) $y=1,x=0$; (2) 无水平渐近线,$x=-1$; (3) $x=5,x=-1,y=0$;

(4) $x=-2,y=0$; (5) $y=1$; (6) $y=0,x=1,x=-1$.

3. 略.

习题 3-6

1. $\mathrm{d}s=\frac{R}{\sqrt{R^2-x^2}}\mathrm{d}x$.

2. $\mathrm{d}s=\sqrt{2+4x+4x^2}\,\mathrm{d}x,K=\frac{\sqrt{2}}{2}$.

3. $\frac{2}{3\sqrt{3}}$.

4. $\frac{1}{13\sqrt{26}},13\sqrt{26}$.

5. $K=\frac{\sqrt{2}}{4}$.

6. $0,\frac{12}{21\,025}\sqrt{145}$.

7. $K=2$.

8. $\left(\frac{\pi}{2},1\right),1$.

总复习题三

1. (1) D; (2) A; (3) D; (4) C; (5) A; (6) C; (7) A; (8) C.

2. (1) $-\frac{3}{2}$; (2) 1; (3) 2; (4) 0; (5) $\ln 2$; (6) $(-\infty,+\infty)$.

3. (1) -0.5; (2) $\frac{1}{3}$; (3) $\frac{\mathrm{e}}{2}$; (4) 1; (5) -4; (6) 0; (7) $+\infty$; (8) $-\frac{1}{2}$.

4. 切线方程:$3x-y-1=0$,法线方程:$x+3y-7=0$.

5. (1) 极大值 $f(1)=0$; (2) 极小值 $f(2)=4-8\ln 2$; (3) 极小值 $f(0)=0$;极大值 $f(1)=1$; (4) 极小值 $f(1)=-2\mathrm{e}$,极大值 $f(-3)=6\mathrm{e}^{-3}$.

6. 略.

7. (1) 最大值 $f(0)=1$;(2) 最小值 $f(2)=\ln 2+1$.

8. (1) 最大值 $f(9)=\frac{3}{2}$,最小值 $f(1)=-\frac{1}{2}$; (2) 最大值 $f(-1)=f(1)=\mathrm{e}+\mathrm{e}^{-1}$,最

小值 $f(0)=2$.

9. (1) 凹区间$(-\infty,+\infty)$,无拐点; (2) 凸区间$(1,+\infty)$,凹区间$(0,1)$,拐点$(1,-1)$.

10. (1) 9.5 元/kg; (2) $-4\ln 2$.

11. $x=45$ kg,$L(45)=800$ 元.

习题 4-1

1. (1) C; (2) C; (3) B.

2. (1) $\frac{x^5}{5}-\frac{4}{3}x^3+4x+C$; (2) $\frac{3^x}{\ln 3}+\frac{x^3}{3}+C$;

(3) $\frac{2}{5}x^{\frac{5}{2}}+C$; (4) $\frac{6^x}{\ln 6}+C$;

(5) $2\ln x+\sin x+C$; (6) $-\frac{2}{x^2}+\frac{3}{x}+2\ln x+C$;

(7) $2\sqrt{x}-\frac{4}{3}x^{\frac{3}{2}}+\frac{2}{5}x^{\frac{5}{2}}+C$; (8) $x-\arctan x+C$;

(9) $-\frac{1}{x}-\arctan x+C$; (10) $-\frac{1}{x}+2\arctan x+C$;

(11) e^t+t+C; (12) $\frac{x+\sin x}{2}+C$;

(13) $\frac{1}{2}\tan x+C$; (14) $\sin x-\cos x+C$;

(15) $-(\cot x+\tan x)+C$.

3. (1) $\frac{2x}{1+x^2}$; (2) $\frac{2(1-x^2)}{(1+x^2)^2}$.

4. $\arctan x+C$.

5. $y=x^2+1$.

6. (1) 27; (2) 约 7.11 s.

习题 4-2

1. (1) $-\frac{1}{5}$; (2) $\frac{1}{2}$; (3) $\ln|x|+C$;

(4) e^x+C; (5) $-\frac{1}{2}$; (6) $\tan x+C$.

2. (1) $\frac{(x-3)^4}{4}+C$; (2) $-\ln|3-x|+C$;

(3) $-\frac{3}{8}(3-2x)^{\frac{4}{3}}+C$; (4) $-e^{-t}+C$;

(5) $\frac{1}{3}e^{3t+5}+C$; (6) $\frac{1}{2}\sin(2x-3)+C$;

(7) $\frac{(x^2+1)^6}{6}+C$; (8) $\frac{1}{6}\ln(1+3x^2)+C$;

(9) $\frac{1}{3}e^{x^3+5}+C$; (10) $\frac{(\ln x)^3}{3}+C$;

(11) $2\sin\sqrt{x}+C$；

(12) $-0.5\cos e^{2t}+C$；

(13) $x-\ln|1-e^x|+C$；

(14) $\arctan e^x+C$；

(15) $\arcsin x+\sqrt{1-x^2}+C$；

(16) $\ln|\tan x|+C$；

(17) $\frac{\sin^7\theta}{7}+C$；

(18) $\frac{\cos^3 x}{3}-\cos x+C$；

(19) $\frac{\cos x}{2}-\frac{\cos 5x}{10}+C$；

(20) $\frac{1}{2^4}\left(x-\frac{\sin 4x}{4}-\frac{\sin^3 2x}{3}\right)+C$；

(21) $\frac{\sec^3 x}{3}-\sec x+C$；

(22) $\frac{\tan^3 x}{3}+\frac{\tan^5 x}{5}+C$；

(23) $\arcsin\frac{x}{2}+C$；

(24) $\frac{\arctan^4 x}{4}+C$.

3. $\frac{2}{\sqrt{1-4x^2}}$.

4. $\frac{(1-x^2)^2}{2(1+x^2)^4}+C$.

5. $-\frac{1}{x}+C$.

习题 4-3

1. (1) $-\frac{1}{(x+1)^2}+C$；

(2) $\ln|x-3|-\frac{3}{x-3}+C$；

(3) $\ln|x|-\frac{1}{2}\ln(x^2+1)+C$；

(4) $\frac{1}{4}\ln\left|\frac{x-1}{x+3}\right|+C$；

(5) $\ln|x^2+2x+3|+C$；

(6) $\frac{1}{3}x^3-x+\arctan x+C$；

(7) $\frac{1}{6}\ln\left|\frac{x-3}{x+3}\right|+C$；

(8) $\arctan x-\frac{1}{1+x^2}+C$.

2. (1) $2\ln|\sqrt{x}-1|+C$；

(2) $3\left[\frac{(x+1)^{\frac{2}{3}}}{2}-\sqrt[3]{x+1}+\ln\left|1+\sqrt[3]{x+1}\right|\right]+C$；

(3) $2\sqrt{x}-3\sqrt[3]{x}+6\sqrt[6]{x}-6\ln(1+\sqrt[6]{x})+C$；

(4) $x-4\sqrt{x+1}+4\ln(\sqrt{x+1}+1)+C$；

(5) $2\sqrt{x}-4\sqrt[4]{x}+4\ln(\sqrt[4]{x}+1)+C$；

(6) $\frac{1}{3}(1+x^2)^{\frac{3}{2}}-\sqrt{1+x^2}+C$.

习题 4-4

1. (1) $-e^{-x}(x+1)+C$；

(2) $-x\cos x+\sin x+C$；

(3) $\frac{1}{2}\left(x^2\ln x-\frac{x^2}{2}\right)+C$；

(4) $\frac{x^2+1}{2}\arctan x-\frac{x}{2}+C$；

(5) $x\arctan x-\frac{\ln(x^2+1)}{2}+C$；

(6) $x\ln(1+x^2)-2(x-\arctan x)+C$；

(7) $\frac{1}{2}e^x(\sin x+\cos x)+C$；

(8) $(x^2-2x+3)e^x+C$；

(9) $2(\sqrt{x}-1)e^{\sqrt{x}}+C$；

(10) $-\frac{x\cos 2x}{4}+\frac{\sin 2x}{8}+C$；

(11) $x\ln^2 x-2x\ln x+2x+C$；

(12) $\frac{x}{2}(\cos\ln x+\sin\ln x)+C$；

(13) $\frac{1}{2}(\sqrt{4x+1}-1)e^{\sqrt{4x+1}}+C$；

(14) $\frac{x^2}{4}+\frac{x\sin x}{2}+\frac{\cos x}{2}+C$；

(15) $-\frac{1+\ln x}{x}+C$.

2. $\cos x-\frac{2\sin x}{x}+C$.

3. $\left(1-\frac{2}{x}\right)e^x+C$.

习题 4-5

1. (1) $\frac{1}{\sqrt{2}}\arctan\frac{\tan\frac{x}{2}}{\sqrt{2}}+C$；

(2) $\frac{2}{\sqrt{3}}\arctan\frac{2\tan\frac{x}{2}+1}{\sqrt{3}}+C$；

(3) $\frac{1}{2\sqrt{3}}\arctan\frac{2\tan x}{\sqrt{3}}+C$；

(4) $\frac{1}{2}\left[\ln|1+\tan x|+x-\frac{1}{2}\ln(\tan^2 x+1)\right]+C$；

(5) $\ln\left|1+\tan\frac{x}{2}\right|+C$.

总复习题四

1. (1) $\ln x+1$；

(2) $y=-\frac{1}{2}x^2+2x+3$；

(3) $f'(x),\sin(1-2x)+C$；

(4) $\frac{1}{x}+C$；

(5) $e^{\frac{x}{3}}$.

2. (1) B； (2) C； (3) D.

3. (1) $\frac{1}{3}\arctan 3x+C$；

(2) $-\frac{\cos^4 x}{4}+C$；

(3) $\frac{1}{3}\arctan 3x-\frac{1}{3}\ln(1+9x^2)+C$；

(4) $\frac{1}{2}\ln^2 x+C$；

(5) $4\sqrt{x}\ln x-4\sqrt{x}+C$；

(6) $\frac{1}{5}(1-x^2)^{\frac{5}{2}}-\frac{1}{3}(1-x^2)^{\frac{3}{2}}+C$；

(7) $\ln|x+1|-\frac{2}{x+1}+C$；

(8) $x\ln(1+2x)-x+\frac{\ln(1+2x)}{2}+C$；

(9) $\frac{1}{2}\ln\frac{|e^x-1|}{e^x+1}+C$；

(10) $\frac{1}{32}\ln\left|\frac{2+x}{2-x}\right|+\frac{1}{16}\arctan\frac{x}{2}+C$.

4. $x^2\cos x-4x\sin x-6\cos x+C$.

5. $F(x)=\arcsin x+\pi(-1\leqslant x\leqslant 1)$.

6. $D(P)=P^2-200P+1\,000$.
7. $-e^{-x}\ln(1+e^x)+x-\ln(1+e^x)+C$.

习题 5-1

1. (1) $\int_{-7}^{5}(x^2-3x)dx$； (2) $\int_{0}^{1}\sqrt{4-x^2}dx$； (3) $\int_{0}^{1}\sin(\pi x)dx$.
2. (1) 4； (2) $-\frac{3}{2}$； (3) 2π； (4) 0； (5) $\frac{\pi}{4}$； (6) 1； (7) 1.5.
3. (1) 0； (2) 0； (3) 0； (4) 4； (5) -9π.
4. $\int_{0}^{1}x^p dx$.
5. 至少 1.444 km，最多 1.672 km.
6. 约为 2 330 m^2.

习题 5-2

1. (1) 4； (2) 16.
2. (1) $>$； (2) $>$； (3) $>$； (4) $<$.
3. (1) $\frac{1}{2}\leqslant I\leqslant 1$； (2) $\frac{3}{8}\pi\leqslant I\leqslant\frac{\pi}{2}$； (3) $\frac{7\pi}{24}\leqslant I\leqslant\frac{7\pi}{12}$.
4. 略.
5. 5.
6. 88.2(kN).

习题 5-3

1. $0;\frac{1}{2}$.
2. 不可以用. 因为在$[-3,3]$上，被积函数存在不连续点 $x=1$.
3. (1) $\sqrt{1+x^2}$； (2) $\sin 2x$； (3) $\frac{\cos x}{2\sqrt{x}}$； (4) $-\frac{2\sin x^2}{x}$； (5) $-\sin 2x$；

   (6) $\sin 4x\cdot\sin 2x-\frac{\ln^2 x}{x}$.
4. $\pm\frac{1}{4}$.
5. (1) 1； (2) 2； (3) e； (4) 0； (5) $\frac{1}{3}$； (6) $-\frac{1}{6}$.
6. (1) $2\frac{5}{8}$； (2) $\frac{3}{2}-2\ln 2$； (3) $\frac{8}{3}$； (4) $2-\frac{\pi}{2}$； (5) $-\frac{31}{3}$； (6) $1+\frac{\pi}{4}$；

   (7) 1； (8) $2(e^2-1)$； (9) $\frac{4\sqrt{3}}{3}$； (10) $2-e^{-3}$； (11) $\frac{2\pi}{3}$； (12) $4\sqrt{3}-\frac{10}{3}\sqrt{2}$；

   (13) 2； (14) $\sqrt{3}-\frac{\pi}{3}$； (15) $2\frac{5}{6}$； (16) $\frac{\pi}{4}+e^{\frac{3}{2}}-e$.
7. π.

8. (1) $20(e^5-1)$； (2) $20(e^5-e)$.

9. $\sqrt[3]{36}$.

10. (1) 2 m/s； (2) 负； (3) $\int_0^3 f(x)\mathrm{d}x$； (4) $t=6$ s； (5) $t=4$ s 和 $t=7$ s；

(6) $t=6$ s 时向靠近原点方向运动，$t=0$ s 时远离原点方向运动； (7) 右侧.

习题 5-4

1. (1) $-\frac{1}{4}$； (2) $\frac{12}{121}$； (3) 0； (4) $\frac{1}{3}$； (5) $\frac{\pi}{4}$； (6) $\frac{\ln^3 2}{3}$； (7) $\frac{\ln^2 3}{2}$；

(8) $\frac{(1+e)^3-8}{3}$； (9) 1； (10) 0； (11) 0； (12) $1-e^{-0.5}$； (13) $\frac{1}{3}(e^{27}-e)$；

(14) $\frac{3}{2}$； (15) $\frac{25-\ln 26}{2}$； (16) $1\frac{1}{3}$； (17) $2-2\ln 2$； (18) $8\ln 2-5$；

(19) $2e^2+2$； (20) $\frac{1}{6}$； (21) $3\ln 3$.

2. (1) 1； (2) $-\frac{1}{2}$； (3) $\frac{\pi}{4}-\frac{1}{2}$； (4) 1； (5) $\frac{e^2-3}{4}$； (6) $-\frac{1}{4}\ln(\pi^2+1)$；

(7) $\frac{1}{2}(e^{\frac{\pi}{2}}+1)$； (8) $2\left(1-\frac{1}{e}\right)$； (9) $\frac{8}{15}$； (10) $\frac{3\pi}{16}$.

3. 略.

4. (1) $\frac{1}{2}(\cos 1-1)$； (2) -1.

习题 5-5

1. (1) B； (2) B； (3) C.

2. (1) $\frac{1}{2}$； (2) 发散； (3) $\frac{1}{2}$； (4) 1； (5) $\frac{1}{2}$； (6) 发散； (7) $\frac{\pi}{4}$； (8) 发散；

(9) $\frac{4}{3}$； (10) 发散； (11) π； (12) 2.

习题 5-6

1. (1) $\frac{8}{3}$； (2) $\frac{9}{2}$； (3) 1； (4) $\frac{32}{3}$； (5) $20\frac{5}{6}$； (6) $\frac{1}{6}$； (7) $\frac{3}{2}-\ln 2$；

(8) 4.5； (9) 18.

2. $0.5e-1$.

3. $\frac{3}{2}\pi a^2$.

4. πa^2.

5. (1) $V_x=18\frac{2}{7}\pi, V_y=12\frac{4}{5}\pi$； (2) $V_x=\frac{\pi}{2}, V_y=2\pi$； (3) $V_x=\frac{6}{5}\pi, V_y=\frac{3}{5}\pi$；

(4) $V_x=7.5\pi, V_y=24.8\pi$.

6. 8 cm.

习题 5-7

1. $6a-2b$.
2. (1) 19 万元； (2) $C(Q)=4Q+\frac{Q^2}{8}+1, R(Q)=8Q-\frac{Q^2}{2}, \bar{R}(Q)=8-\frac{Q}{2}$；

   (3) 产量为 $3\frac{1}{5}$ 百台时总利润最大,最大利润 5.4 万元.
3. 96.73(万元).
4. 约 2 528.5 万元;约 4.46 年.
5. 每年应付款 32.952 5 万元.

习题 5-8

1. 18 k.
2. (1)57 697.5(kJ)；(2)17 629.79(kJ).
3. $\sqrt{2}-1$(cm).
4. 1.65(N).

总复习题五

1. (1) 0； (2) $\frac{1}{3}$； (3) -1； (4) $y=x$； (5) $\frac{\pi}{2}$.
2. (1) C； (2) D； (3) C.
3. (1) $\frac{3}{2}$； (2) $\pi-\frac{4}{3}$； (3) 1； (4) $1-\frac{\pi}{4}$； (5) $8\ln 2-5$； (6) $10-\frac{8}{3}\sqrt{2}$.
4. $F(0)=0$ 为最大值,$F(4)=-\frac{32}{3}$为最小值.
5. $1+\frac{3}{2}\sqrt{2}$.
6. $\frac{5}{6}$.
7. $a=3$.
8. $\frac{\pi}{2}$.
9. (1) $q=4$ 百台;(2) 0.5 万元.

习题 6-1

1. (1) $\boldsymbol{a}$ 垂直于 $\boldsymbol{b}$； (2) $\boldsymbol{a}$ 与 $\boldsymbol{b}$ 同向.
2. $5\boldsymbol{a}-11\boldsymbol{b}+7\boldsymbol{c}$.
3. $\overrightarrow{AB}=\frac{1}{2}(\boldsymbol{a}-\boldsymbol{b})$;$\overrightarrow{BC}=\frac{1}{2}(\boldsymbol{a}+\boldsymbol{b})$.

习题 6-2

1. (1)Ⅳ； (2)Ⅴ； (3)Ⅷ； (4)Ⅲ.

2. 特征略.(1)xOy 面上；(2)yOz 面上；(3)x 轴上；(4)y 轴上.

3. 略.

4. x 轴:5;y 轴:$\sqrt{41}$;z 轴:$\sqrt{34}$.

5. $\pm\left(\frac{6}{11},\frac{7}{11},-\frac{6}{11}\right)$.

6. 略.

7. $\frac{3}{2}\boldsymbol{i}+\frac{3\sqrt{2}}{2}\boldsymbol{j}+\frac{3}{2}\boldsymbol{k}$.

习题 6-3

1. -103.

2. $\left(\pm\frac{3}{\sqrt{17}},\mp\frac{2}{\sqrt{17}},\mp\frac{2}{\sqrt{17}}\right)$.

3. 2.

4. $\lambda=2\mu$.

5. (1) $-8\boldsymbol{j}-24\boldsymbol{k}$;(2) $-\boldsymbol{j}-\boldsymbol{k}$;(3) 2.

习题 6-4

1. $2x+3y-5z-31=0$.

2. $2x+9y-6z-121=0$.

3. $2x-y-3z+5=0$.

4. $x+y-z=0$.

5. 1/3,2/3,2/3.

6. 1.

习题 6-5

1. $\frac{x+3}{4}=\frac{y+1}{3}=\frac{z-2}{3}$.

2. $\frac{x-2}{3}=\frac{y+1}{-1}=\frac{z-5}{-1}$.

3. $\frac{x+1}{7}=\frac{y-3}{-1}=\frac{z+1}{5}$,$\begin{cases}x=-1+7t,\\y=3-t,\\z=-1+5t.\end{cases}$

4. $\frac{x}{-2}=\frac{y-2}{3}=\frac{z-4}{1}$.

5. $\varphi=0$.

6. (1) 平行;(2) 垂直;(3) 平面内.

习题 6-6

1. $x^2+y^2+z^2-2x+4y-4z=0$.

2. $4x+4y+10z-63=0$.

3. 以(1,−2,2)为球心,半径为4的球面.

4. $x^2+y^2+z^2=9$.

5. $y^2+z^2=5x$.

6. 略.

7. (1) xOy 平面上的椭圆$\frac{x^2}{4}+\frac{y^2}{9}=1$绕 x 轴旋转;

(2) xOy 平面上的双曲线 $x^2-\frac{y^2}{4}=1$ 绕 y 轴旋转;

(3) xOy 平面上的双曲线 $x^2-y^2=1$ 绕 x 轴旋转.

习题 6-7

1. 表示两直线的交点;表示两平面的交线.

2. 在平面解析几何中,表示椭圆$\frac{x^2}{4}+\frac{y^2}{9}=1$与其垂直切线 $x=2$ 的交点;

在空间解析几何中,表示椭圆柱面$\frac{x^2}{4}+\frac{y^2}{9}=1$与其切平面 $x=2$ 的交线.

3. yOz 平面上的曲线:$9y^2+z^2=9$.

4. $3y^2-z^2=16$ 及 $3x^2+2z^2=16$.

5. $x=y=\frac{3}{\sqrt{2}}\cos\theta, z=3\sin\theta(0\leqslant\theta\leqslant 2\pi)$.

总复习题六

1. $\frac{\pi}{3}$.

2. $\lambda=40$.

3. $(-4,2,-4)$.

4. $\boldsymbol{c}=5\boldsymbol{a}+\boldsymbol{b}$.

5. $5x+7y+11z-8=0$.

6. $3x+4y-z+1=0, x-2y-5z+3=0$.

7. 略.

8. $(12,-4,18)$.

9. $\frac{3}{2}\sqrt{2}$.

10. $\frac{1}{14}$.

11. 绕 x 轴:$4x^2-9y^2-9z^2=36$;绕 y 轴:$4x^2-9y^2+4z^2=36$.

12. $x^2+y^2=z^2+4(z-1)^2$.

13. 略.